用户体验

— 筑 梦 之 路 · 上 善 若 水 —

网易互动娱乐事业群 ｜ 编著
网易游戏学院 ｜ 游戏研发入门系列丛书

清華大学 出版社

北 京

内 容 简 介

本书为"网易游戏学院·游戏研发入门系列丛书"中的系列之五"用户体验"单本。游戏用户体验是一个涉及面非常广的门类，本书聚焦在体验设计和用户研究两个维度，用8篇（共计33章）的篇幅将面向新人培训的知识体系进行了重塑和整理。前半部分从设计的内涵、外延、检验三部分进行了抽丝剥茧般的叙述，后半部分呈现了游戏用户研究的基础流程、方法与技术支持。本书内容来自用户体验中心一线设计和研究人员的实践经验，本书既可作为体验设计从业人员的案头参考书，也适合所有对体验创造感兴趣的人士阅读。

图书在版编目（CIP）数据

用户体验：筑梦之路·上善若水 / 网易互动娱乐事业群编著 . 一北京：清华大学出版社，2020.12（2021.11重印）
（网易游戏学院·游戏研发入门系列丛书）
ISBN 978-7-302-56921-3

Ⅰ.①用… Ⅱ.①网… Ⅲ.①游戏程序－程序设计 Ⅳ.①TP317.6

中国版本图书馆CIP数据核字（2020）第226869号

责任编辑：贾 斌
装帧设计：易修钦 庞 健 殷 琳 刘峪池
责任校对：胡伟民
责任印制：沈 露

出版发行：清华大学出版社
   网 址：http://www.tup.com.cn，http://www.wqbook.com
   地 址：北京清华大学学研大厦A座   邮 编：100084
   社 总 机：010-62770175   邮 购：010-83470235
   投稿与读者服务：010-62776969，c-service@tup.tsinghua.edu.cn
   质量反馈：010-62772015，zhiliang@tup.tsinghua.edu.cn
   课件下载：http://www.tup.com.cn，010-83470236
印 装 者：小森印刷（北京）有限公司
经 销：全国新华书店
开 本：210mm×285mm 印 张：23   字 数：795千字
印 数：3001~4000
版 次：2020年12月第1版   印 次：2021年11月第2次印刷
定 价：188.00元

产品编号：085402-01

INTRODUCTION
OF SERIES
丛书简介

"网易游戏学院 · 游戏研发入门系列丛书"是由网易游戏学院发起,网易游戏内部各方面专家联合执笔撰写的一套游戏研发入门教材。这套教材包含七册,涉及游戏设计、游戏开发、美术设计、美术画册、质量保障、用户体验、项目管理等。书籍内容以网易游戏内部新人培训大纲为体系框架,以网易游戏十多年的项目研发经验为基础,系统化地整理出游戏研发各方面的入门知识,旨在帮助新入门的游戏研发热爱者快速上手,全面获取游戏研发各环节的基础知识,在专业领域提高效率,在协作领域建立共识。

丛书全七册一览

01	02	03	04	05	06	07
游戏设计	**游戏开发**	**美术设计**	**质量保障**	**用户体验**	**项目管理**	**美术画册**
筑梦之路 · 万物肇始	筑梦之路 · 造物工程	筑梦之路 · 妙手丹青	筑梦之路 · 臻于至善	筑梦之路 · 上善若水	筑梦之路 · 推演妙算	筑梦之路 · 游生绘梦

PREFACE

丛书序言

网易游戏的校招新人培训项目"新人培训 – 小号飞升，梦想起航"第一次是在 2008 年启动，刚毕业的大学生首先需要经历为期 3 个月的新人培训期：网易游戏所有高层和顶级专家首先进行专业技术培训和分享，新人再按照职业组成一个小型的 mini 开发团队，用 8 周左右时间做出一款具备可玩性的 mini 游戏，专家评审之后经过双选正式加入游戏研发工作室进行实际游戏产品研发。这一培训项目经过多年成功运营和持续更新，为网易培养出六千多位优秀的游戏研发人才，帮助网易游戏打造出一个个游戏精品。"新人培训 – 小号飞升，梦想起航"这一项目更是被人才发展协会（Association for Talent Development，ATD）评选为 2020 年 ATD 最佳实践（ATD Excellence in Practice Awards）。

究竟是什么样的培训内容能够让新人快速学习并了解游戏研发的专业知识，并能够马上应用到具体的游戏研发中呢？网易游戏学院启动了一个项目，把新人培训的整套知识体系总结成书，以帮助新人更好地学习成长，也是游戏行业知识交流的一种探索。目前市面上游戏研发的相关书籍数量种类非常少，而且大多缺乏连贯性、系统性的思考，实乃整个行业之缺憾。网易游戏作为中国游戏行业的先驱者，一直秉承游戏热爱者之初心，对内坚持对每一位网易人进行培训分享，育之用之；对外，也愿意担起行业责任，更愿意下挖至行业核心，将有关游戏开发的精华知识通过一个个精巧的文字共享出来，传播出去。我们通过不断的积累沉淀，以十年磨一剑的精神砥砺前行，最终由内部各领域专家联合执笔，共同呈现出"网易游戏学院 · 游戏研发入门系列丛书"。

本系列丛书共有七册，涉及游戏设计、游戏开发、美术设计、质量保障、用户体验、项目管理等六大领域，另有一本网易游戏精美图集。丛书内容以新人培训大纲为框架，以网易游戏十多年项目研发经验为基础，系统化整理出游戏研发各领域的入门知识体系，希望帮助新入门的游戏研发热爱者快速上手，并全面获取游戏研发各环节的基础知识。与丛书配套面世的，还有我们在网易游戏学院 App 上陆续推出的系列视频课程，帮助大家进一步沉淀知识，加深收获。我们也希望能借此激发每位从业者及每位游戏热爱者，唤起各位那精益求精的进取精神，从而大展宏图，实现自己的职业愿景，并达成独一无二的个人成就。

游戏，除了天然的娱乐价值外，还有很多附加的外部价值。譬如我们可以通过为游戏增添文化性、教育性及社交性，来满足玩家的潜在需求。在现实生活中，好的游戏能将世界范围内，多元文化背景下的人们联系在一起，领步玩家进入其所构筑的虚拟世界，扎根在同一个相互理解、相互包容的文化语境中。在这里，我们不分肤色，不分地域，我们沟通交流，我们结伴而行，我们变成了同一个社会体系下生活着的人。更美妙的是，我们还将在这里产生碰撞，还将在这里书写故事，我们愿举起火把，点燃文化传播的引信，让游戏世界外的人们也得以窥见烟花之绚烂，情感之涌动，文化之多元。终有一日，我们这些探路者，或说学习者，不仅可以让海外的优秀文化走进来，也有能力让我们自己的文化走出去，甚至有能力让世界各国的玩家都领略到中华文化的魅力。我们相信这一天终会到来。到那时，我们便不再摆渡于广阔的海平面，将以"热爱"为桨，辅以知识，乘风破浪！

放眼望去，在当今的中国社会，在科技高速发展的今天，游戏早已成为一大热门行业，相信将来涉及电子游戏这个行业的人只多不少。在我们洋洋洒洒数百页的文字中，实际凝结了大量网易游戏研发者的实践经验，通过书本这种载体，将它们以清晰的结构展现出来，跃然纸上，非常适合游戏热爱者去深度阅读、潜心学习。我们愿以此道，使各位有所感悟，有所启发。此后，无论是投身于研发的专业人士，还是由行业衍生出的投资者、管理者等，这套游戏开发丛书都将是开启各位职业生涯的一把钥匙，带领各位有志之士走入上下求索的世界，大步前行。

文富俊

网易游戏学院院长、项目管理总裁

TABLE
OF
PREFACE

序

即使在信息技术快速发展，新兴行业层出不穷的当下，游戏行业发展之迅猛仍是一个让人瞩目的奇迹。毫无疑问，游戏是一个"大行业"，所谓大行业不仅意味着产值高，从业人员数量大，还表现在其对社会有着广泛而深入的影响。对于很多玩家来说，游戏中所经历的挑战、竞争与合作等过程扩展了他们的"人生经历"，让他们能够获得一种兴奋、充实的幸福体验。游戏的魅力不仅仅是面向玩家，美国的沃顿商学院的教授凯文·韦巴赫（Kevin Werbach）等人认为，游戏设计中的目标设定、机制设计和方法等可以运用到以用户为核心的商业管理中，并将"游戏化思维"称为"改变未来商业的新力量"。在很多需要考虑用户黏性的应用性用户体验设计项目中，游戏化机制运用得好坏就是项目成败的关键，对此我深有体会。

在互联网产业经济大潮的推动下，用户体验的设计越来越受到重视。国际标准化组织（ISO9241-210，2010）将用户体验定义为用户使用或期待使用产品、系统或服务时的所有反应和结果。游戏中包含大量的、实时的叙事与互动，游戏设计所关注的用户需求、操作模式与流程、界面设计、激励机制等要素也正是用户体验设计所要解决的主要问题。很难找出一个领域能够这么完整、密集、强烈地把娱乐和生活，个人与社会，技术与艺术，认知与行为，情感与体验结合在一起，完美地展示出用户体验设计的价值和意义。

网易是游戏行业的佼佼者，我在网易参观、访问的过程中，除了了解到多部其出品的"爆款"游戏，更结识了很多极具创新意识，对游戏、对生活充满热爱的年轻游戏人。他们关心的不仅仅是如何做出大卖的游戏，还在思考着游戏行业的发展，关心着如何转变人们对游戏的偏见，如何让游戏对社会产生积极的作用和影响，所以我完全理解他们为什么能够在疯狂工作之余，还能耗费心力出版这本《用户体验：筑梦之路·上善若水》。这些年轻却资深的游戏玩家和设计者们认真而详细地总结了游戏用户体验设计的目标、流程和方法，分享了诸多知名游戏的用户体验设计过程，诚意十足，也让这本书"干货"满满。相信本书一定能够让有志于从事游戏行业的人受益，也让更多的人看到这些游戏人的执着和思考，让我们感受游戏改变世界的力量。

——吴琼

清华大学美术学院副教授

PREFACE

前言

我们常常思考，游戏和其他领域互联网产品的 UI 在设计上有什么区别？本质上说，软件或互联网产品和游戏最大的区别是，前者为了完成特定的功能或目标而去提升体验，而后者的一切设计本身就是为了体验，所以用一句话来形容就是，游戏的 UI 设计会更加的"自由"。

游戏给了我们工具和创意的"自由"，UI/GUI 设计师们可以用别人从来没有用过的控件；可以用一个非常形式化的主题去包装整个 UI，让人产生自己是一个受奴役的矿工或者一个风流侠客的代入感；可以用更夸张的动效、特效和声音，打造丰富刺激的反馈体验；还可以有很多机会去解决没有现成解决方案的难题，比如如何用两个大拇指在电容屏上等效代替整个鼠标键盘的十指输入。自由是一件让人神往的东西，因为有更多机会创造出刷新体验高度的佳品，但这令人激动的事实背后也有另一面，即也有可能做出突破体验下限的作品。所以我们需要去不断的推高我们的上限，但是也要想方设法地确保和逐步提高我们的下限标准，保障用户体验的基础，这也是本书的主旨。

本书用 8 篇 33 章的篇幅进行了整体的阐述。其中，第一篇对整体游戏 UI 的发展和特点进行了综述，探索了游戏 UI 的前沿趋势以及工作流程。第二篇和第三篇，分别从设计内涵和外延的角度，既对设计创意的概念形成过程、核心体验等进行了阐述，又关注了设计实现维度的诸多原则、标准、规范。第四篇关注设计落地环节，包含资源管理预验收，面向海外和多平台的适配规则。第五篇，以案例的形式对网易游戏的典型体验案例的设计过程进行了拆解。第六篇和第七篇，关注游戏用户研究的流程、技能和方法，介绍了用研领域的思维模式和分析思路。第八篇介绍了网易游戏用户体验维度的数据支持和工具支持。在后记中，介绍了如何在基础体验、付费体验中关注青少年等群体，以及做出更好的文化性等内容。

游戏体验的设计过程如同造梦，体验的铸造者就是在用双手成就梦想。设计者需要兼具对个人价值的探索，绝妙体验的再现以及对文化的深度理解，需要兼备理性逻辑与感性浪漫，唯有此，才能创造能引人共鸣的游戏体验。

本书的付梓离不开网易游戏的游戏体验专家和交互设计专家，他们是一群奋战在各个重点游戏项目并践行这些学问的一线人员，感谢他们在繁忙的工作中抽出时间对本书内容进行编写和校对。感谢清华大学美术学院副教授吴琼为本书作序。感谢业务专家许世杰的统筹支持。感谢网易游戏学院－知识管理部的同事们在内容整理和校对上的付出。感谢清华大学出版社的贾斌老师，柴文强老师以及其他幕后的编审人员为本书进行的细致的编辑审校工作，保证了本书的质量。

期望通过本书，无论是游戏行业人员还是普通玩家，都能对网易游戏的游戏体验的创作过程有清晰明了的理解。大家能愿意去阅读，来思考，能达到这样的目标，本书的存在就非常出色了。

网易互娱·用户体验书籍编委会

TABLE
OF
CONTENTS

目录

01

游戏 UI
综述

GAME UI
INTRODUCTION

02 设计创意（内涵）
DESIGN CREATIVITY (CONNOTATION)

07 研究技能和方法
RESEARCH SKILLS AND METHODS

08 用户研究的技术术与工具支持

TECHNICAL AND TOOL
SUPPORT FOR USER RESEARCH

后记
案例研究

AFTERWORD-
CASE STUDY

GAME UI
INTRODUCTION

01

游戏 UI 综述

01 了解游戏 UI
Things You Need to Know about Game UI

1.1 游戏 UI 的发展

随着如今游戏产业的发展，游戏的种类越来越丰富，画面越来越精致，内容越来越多样。游戏 UI 为了适应越来越复杂的电子游戏，也经历了一系列进化，游戏 UI 的概念越来越不再是一个泛泛而谈的信息界面这么简单，我们先回头了解一下游戏 UI 出现的背景。

电子游戏行业最早运用的一种玩法是，在游戏难度不断上升中考验玩家的操作或者反应能力。玩家在这类游戏中目标可以是通过保持必要的技能水平来打败另一名人类玩家或 AI 或求生，这段时期的游戏更多是一堆画面的简单组合，内容十分单一。

直到 20 世纪的 80 年代，电子游戏又加入其他功能来测试玩家的反应和解谜能力。由 Namco 公司的岩谷彻设计并由 Midway Games 在 1980 年发行的《吃豆人》（Pac-Man）就是一款集得分、强化和避开敌人为一体的经典游戏。在游戏中出现了无法用画面直接表达的概念信息——"积分""生命数"这些数值信息出现了，游戏内容开始出现了游戏内画面与部分额外信息的组合形式。这可以算作游戏 UI 的初步亮相，只不过这时候的所谓的游戏 UI 更多是单纯展列信息，内容单一。

20 世纪 80 年代后期，画面的横卷轴显示技术的出现，游戏画面跨页的出现，令游戏操作不再只受限于单一静止区域。游戏区域的拓展使横卷轴形式画面的游戏在平台游戏中普及，比如后来的《超级马里奥》和《冒险岛》。

另外，其他游戏也大量使用剧情线刺激玩家完成游戏。角色扮演游戏（RPG）就是由故事型游戏演变而来的，并加入角色升级系统。《最终幻想》尽管不是游戏市场上的第一款 RPG，但正是它使这种类型游戏流行开来。游戏开始出现越来越多无法用画面直接表达就能传递的信息，游戏 UI 开始大量的出现并且承载的信息越来越多，信息开始出现了层级关系、收纳、跳转等多页面内容，游戏 UI 逐步开始变得丰富。

20 世纪 90 年代兴起的 3D 图像技术使游戏从 2D 跨越到 3D。3D 技术使第一人称视角玩法成为可能，也就是玩家可以通过游戏角色的眼睛看到活动。这种玩法已经在第一人称射击游戏（FPS）中普及了，如《德军总部 3D》。它也许不是第一款 FPS，但它为后来的经典如《毁灭战士》和《雷神之锤》打下基础，并且随着 3D 开放世界动作冒险游戏兴起，游戏发展到达另一个里程碑，游戏世界的信息呈现爆炸式的递增，越来越系统化的、成熟的游戏 UI 在各种游戏作品中，为大家所熟知。

随着游戏平台的多样化，出现了移动端、主机端、PC 端，还有近年来 VR 和 AR 游戏的加入，游戏 UI 的展现形式越来越多样化。

1.2　常见的游戏 UI 的形式

随着电子游戏的发展，游戏的平台越来越广泛，游戏 UI 的形式也变得多样化起来。随着上海自贸区的落成，越来越多的主机游戏在国内大众化，近年移动端游戏的飞速发展，以及新兴的 VR、AR 技术的出现，我们心目中的电子游戏不再只是单一的游戏机和 PC 游戏的代言词，也有许多适配多个平台的游戏能让我们体验。

主机游戏由来已久，原名 Console Game，又名电视游戏，包含掌机游戏和家用机游戏两部分，是一种用来娱乐的交互式多媒体。通常是指使用电视屏幕为显示器，在电视上执行家用主机的游戏，在美国、日本及欧洲等国家和地区，电视游戏比电脑游戏更为普遍。由于游戏软件种类多、设计也较亲切、容易上手，主机游戏比电脑游戏更有可玩性。但在亚洲地区（尤其是韩国、中国），电脑网络游戏的蓬勃发展，再加上电视游戏的语言大多并非母语（通常是日语或英语），这些地区的电脑游戏比主机游戏更为发达。

主机游戏大多画面精良、内容丰富，对于 UI 十分强调沉浸式的设计，许多的信息设计归纳十分精简，以及对场景、物品都有赋予一定的 UI 机制的功能以加强沉浸感。

PC/ 电脑游戏（Computer game），即游戏形式的一种，是随着个人电脑产生而出现的一种由个人电脑程序控制的、以益智或娱乐为目的的游戏。20 世纪 70 年代（特别是 80 年代）以来，随着个人电脑技术的高速发展，电脑游戏的内容日渐丰富，种类日趋繁多，游戏的情节也越来越复杂，图像越来越逼真。游戏内容来源于现实生活和对现实生活的加工，大体分教育性电脑游戏和娱乐性电脑游戏两类。前者用于教育和教学，可使知识的掌握变得更加容易和富于趣味，有助于促进对个体智力的开发和训练，可进一步扩展思维的空间，有助于培养想象力、创造性以及思维的灵活性、敏捷性和求异性等。

PC 作为游戏平台比较中性，许多主机端游戏都有对应 PC 平台版本或者类似制作精良的单机游戏，还有一些大型网络游戏一般都是 PC 端游戏，后者更能诠释一些 PC 游戏 UI 的特质，讲究高效便捷的同时，由于在 PC 平台可以使用便捷的鼠标、键盘和类似 PC 程序灵活的操作流，游戏一个页面内可以展现的信息十分多，搜索、社交、归纳信息显得十分方便。

移动端游戏一般是指手机或者平板电脑上安装的游戏，这是相对于台式电脑说的。手机游戏也远远不是我们印象中的诸如"俄罗斯方块""踩地雷""贪吃蛇"之类画面简陋、规则简单的游戏，进而发展到了可以和掌上游戏机媲美，具有很强的娱乐性和交互性的复杂形态了。

移动端游戏 UI 的特性与移动端的硬件特征是分不开的，手机屏幕相对于 PC 和主机要小很多，一屏幕内的展示空间非常有限，操作上更追求便捷高效。同时，为了照顾手机本身的性能，经常要在画面的精细度、信息的丰富程度和游戏运行的流畅程度上做取舍。

如图 1-1 所示，《终结战场》体现了移动端游戏 UI 的特性。

图 1-1　《终结战场》

1.3　游戏和互联网产品的不同

要了解游戏和互联网 UI 的不同，设计师需要知道游戏和互联网产品到底有哪些不同。那么，什么是游戏呢？

"游戏"，可以将其拆解为"游"和"戏"，即"游而戏之"，通过搭建一定的虚拟环境，让玩家沉浸其中，并且在其中发生各种行为交互，得到情感、认知上的体验，此为游戏。所以，游戏的本质，就是利用时间的消耗，来换取精神、意识上的收获。而这种体验，是特别的，是超自然的，是我们通过其他的日常行为难以获得的。游戏产品关注的是人的精神娱乐需要。

而互联网产品，从第一代的门户网站到后来的线上聊天室，再到后来的电商网站、SNS、O2O 等都在做同一件事情，就是把线下的需求、关系、体验，通过解构、重塑，转移到线上，变成了一种时间和空间上乃至生产关系上更加经济的方式。第一代门户网站，就是把线下的纸媒、广播、电视，搬到了线上。现在的电商网站，就是线上的商超和便利店。互联网产品关注的是人的生产生活。

所以，这两种类型产品核心诉求不同，本质上是源于游戏和互联网对时间的理解不同。游戏希望将时间转化为独特的精神意识收益，而互联网希望通过提升效率、减少时间消耗来获得生产生活收益。

1.4 游戏 UI 的设计特点

所以对于游戏产品来说，设计师希望能够占用用户足够的时间和注意力来完成这种"精神收益转化"，在 UI 的设计上，就需要有代入感来保障玩家的基本沉浸体验，需要有可玩性作为玩家愿意留下来的理由，在玩家留下来之后需要爽快感来丰富玩家的过程体验，过程结束后，还需要荣誉感来沉淀、转化玩家的"精神收益"。代入感、可玩性、爽快感、荣誉感是游戏 UI 设计的几大特点。以下分别详述。

1.4.1 代入感

游戏作为第九艺术，核心表达和电影、小说等其他艺术类似，都是通过假定性来传递。假定性是游戏最核心的设计理念，设计师可以将游戏的背景设置为艾泽拉斯大陆的《魔兽世界》，也可以坚守《刺客信条》穿越去法国大革命时期的巴黎，没有假定性就没有游戏能够带给玩家的独特体验。假定性成立的前提是，设计师在游戏中能够提供足够的代入感。代入感在设计中的体现有三点：角色、环境、角色与环境间的互动。其中，角色与环境之间的互动最为重要，在游戏中，这种互动主要通过 UI 去传达。

图 1-2　《星际争霸》- 异虫

图 1-3　《星际争霸》- 星灵

图 1-4　《星际争霸》- 人类

图 1-5　《星际争霸 II》- 人类

图 1-6　《魔兽争霸 III》- 人类

如图 1-2~ 图 1-4 中的《星际争霸》界面，设计者巧妙地将屏幕下方的主界面栏与种族进行了融合，每当玩家操作时，就有一种融为一体的感觉。并且在后来的《星际争霸 II》（图 1-5）和另一款著名系列《魔兽争霸 III》（图 1-6）中延续和发展，让玩家记忆尤为深刻。这是一个典型的代入感设计，并做了非常好的传承和延续。UI 对于代入感的搭建至关重要，这是游戏 UI 区别于互联网产品最重要的设计特征之一。

1.4.2　可玩性

无论是娱乐向游戏，还是严肃游戏，游戏的核心都是可玩性。游戏通过搭建独特的世界，赋予这个世界规则，并让玩家在这个世界中驰骋，来传递愉悦。玩家愿意留在游戏中的根本原因是可玩性。

图 1-7 为《阴阳师》的抽卡界面，设计者匠心独运地将传统中"点击－抽卡"这一过程包装成了"画符"，玩家通过在符上画下符文来进行抽卡。很多玩家为了抽到好的式神，进行了很多符文样式的尝试，抽卡变成了一项有趣的创作仪式。

图 1-7　《阴阳师》抽卡界面

1.4.3　爽快感

爽快的意思为：此时此地，立刻满足。当玩家产生一种需求，而这种需求在当下立刻被满足时，则玩家会产生爽快感。玩家会因为可玩性留在游戏中，但玩家并不会直接通过可玩性而产生快乐，而是通过游戏过程体验中的爽快感刺激得到快乐。

爽快感是一个从紧绷到释放的过程，玩家的快乐在释放时达到顶峰。比如三消游戏《糖果苏打传奇》，每当玩家将三个以上糖果并排获得消除的效果时，都伴随有大量的视觉、声音反馈，这些反馈刺激了玩家的神经，让玩家感觉很爽，带来良好的过程体验。

1.4.4　荣誉感

爽快感带来的是过程体验，荣誉感带来的是结果体验，荣誉感转化并沉淀玩家的"精神收益"。通常，有一件独特且艰难的任务，当玩家完成了这个任务后，他的功劳被记录和传颂以达成荣誉感。

图 1-8 是《坦克连》的勋章室。玩家通过达成各种稀有的任务以获得不同的勋章，勋章获得过程会被记录在墙上，勋章的数量还会影响灯光的强度，玩家还可以对自己的勋章进行分享。通过这些设计以使玩家能够获得荣誉感。

图 1-8　《坦克连》勋章室

游戏和互联网的设计也有许多共性。对于效率、易用、容错这几点来说，两种产品是共同的。无论是游戏还是互联网，用户都希望自己能高效地完成任务，能够有着容易使用的功能操作，能够防止自己由于错误使用而造成损失。

1.5　游戏和互联网 UI 的设计共性

1.5.1　效率

效率是所有产品都会或多或少关注的点，并非游戏产品所独有。在游戏中，需要选择性地进行效率设计。有一些操作重复枯燥，有一些信息重复无用，玩家在其中花费了时间却难以获得对应的"精神收益"，设计者需要提高这些效率。

1.5.2 易用性

易用性也是所有产品都会关注的点。易用性即用户使用功能的容易程度。尤其在游戏产品中，易用性决定了玩家是否能够快速融入游戏，留存下来成为产品的用户。游戏产品通常逻辑比较复杂，设计师需要根据具体使用场景，考虑哪些部分是设计师可以给予玩家"协助"的，哪些部分是留给玩家自己去探索的。

1.5.3 容错率

游戏中容易出现误操作的情况，严重的会导致玩家流失。设计者需要关注这些情况并制定应对策略。图 1-9 为《魔兽世界》中的商店，玩家可以出售物品装备给商人，但玩家有可能按错，把不该出售的物品出售了，不过没有关系，魔兽的设计是：出售的物品会在商店里再度显示，玩家如果愿意，可以再度买回来。这样整个交易系统便有了极大的容错率，将玩家潜在的损失降到了最低。

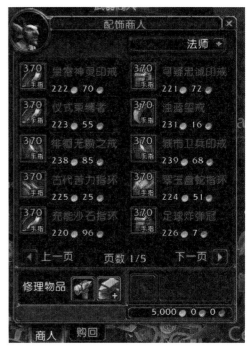

图 1-9　暴雪开发的《魔兽世界》商店界面

1.6 总结

随着电子游戏的快速发展，游戏 UI 也在一直快速发展着。近年来的趋势是，游戏的设计思维和互联网的设计思维越来越多地相互借鉴、取长补短，在效率、易用性等方面，两类产品是一致的。当然，游戏的本质一直没变，就是关注人们的精神娱乐需要。与之相对的，游戏 UI 比起互联网产品，要更加关注代入感、可玩性、爽快感、荣誉感等玩家感受。这些感受能否达成，才是决定游戏 UI 是否优秀的关键。

02 UI 前沿趋势
Future UI Trends

游戏 UI 行业在近几年得到了快速的发展，出色的 UI 对游戏的积极作用愈发凸显，UI 在游戏开发中也愈发受到重视。

一方面，更加强大的硬件运算能力与图形技术的发展使得游戏画质今非昔比，这既对 UI 的质量提出了更高的要求，同时也为 UI 的设计提供了更多的基础。如何使 UI 的存在更加合理，从而带来更佳的沉浸感，是设计师面对的重要课题。

另一方面，玩家群体的日益成熟与壮大也时时刻刻向 UI 设计发起挑战。游戏的 UI 设计如何既为经验丰富的核心玩家带来惊喜，同时也可以快速使从来没有接触过游戏的"菜鸟"玩家轻松上手，是设计师需要思考的发展方向。

本章，我们通过对近年来许多优秀游戏的分析，总结出 3 点当下 UI 前沿的发展趋势。

2.1 界面载体融入虚拟世界

在传统的游戏设计中，UI 往往是被独立于游戏世界之外，仅用于玩家对虚拟世界进行交互的工具。而在最近这些年，越来越多的游戏开始尝试将界面的呈现融入游戏世界观中，使得界面成为游戏世界的一个有机组成部分。

2.1.1 提升代入感

《炉石传说》（图 2-1）将全部系统界面都集成进了桌子上的"盒子"中，使玩家仿佛是置身于酒馆中的旅行者，游戏的世界观不言而喻。

图 2-1　《炉石传说》主菜单界面

《合金装备 V：幻痛》中，玩家接触到的大部分 UI 都是由主角手中的名为 iDroid 的设备投影呈现。

当使用界面交互时，玩家与游戏中的主角仿佛合二为一，玩家手中的游戏手柄仿佛正是角色手中的 iDroid。这种微妙的映射关系使得游戏 UI 可以真实地存在与游戏之中，极大地增强了玩家使用界面时的代入感。

2.1.2　引导玩家成长

在 2017 年发售的《地平线：黎明时分》中，玩家扮演的亚洛伊跌入洞中，发现了不应存在于原始文明中的强大装备——Focus。

在设定中，Focus 可以帮助亚洛伊寻踪觅迹、发现并锁定敌人、施展各种技能，而在本作品中，玩家并不是被强制教学以掌握以上操作，而是玩家与主角一起摸索 Focus 的使用要领。游戏中亚洛伊在熟悉 Focus 的功能，玩家则是在熟悉游戏的玩法和技能设定。Focus 承载了新手引导的功能，巧妙地把玩家和剧情设定结合在一起，避免了传统中突兀的引导形式，在玩家不经意间就营造了极好的沉浸式体验。

2.1.3　使游戏设定合理化

在《塞尔达：荒野之息》中，初期作为地图界面载体的希卡之石，随着游戏的进程，解锁了许多特殊能力，如磁力吸引、时间静止、冰冻、制作炸药等。因为希卡之石的存在，玩家对技能的控制被自然地映射为角色对希卡之石的使用，使得这些能力的存在变得合理而不突兀。

《阴阳师：百闻牌》（图 2-2）将"蜃气楼"化身为大厅界面，各功能入口被有机地布置在场景之中。主界面三屏的功能划分很明显，上层用于记载秘闻的"鲤鱼楼船"被设计为 pve 玩法的入口，中层的首屏则放置了最常用的 pvp 玩法和组牌功能，而下层的商业街则承载了消费类系统。

图 2-2　《阴阳师：百闻牌》大厅界面三层区域一览

2.2　界面切换平滑化

界面切换是指玩家在与游戏交互时，UI 的出现、关闭、变化等过程。在以往的游戏中，界面切换往往是生硬、突兀、不含情感的，而现在，越来越多的游戏开始尝试让界面切换的过程变得更加平滑、自然、契合氛围。

2.2.1　在界面中延续原有场景

在《吸血鬼》中，玩家进入技能界面时，原本背对玩家的主角突然转身并与玩家面对面，形成一种强烈的压迫感，与游戏气氛极其吻合，让人心生寒意又无比震撼。因为去除了界面的背景，界面呈现出通透与简约的视觉效果，同时使得信息的出现非常流畅。

在《底特律：变人》中，玩家可以通过对场景中物件的调查搜集情报。当进入调查界面时，伴随镜头拉近，场景颜色饱和度降低，暗示时间静止，同时信息以全息投影的方式模拟出"现实增强"的表现效果，使界面信息与游戏场景产生直接联系，从而削弱了界面呈现时的打断感。

2.2.2　在新界面中保留交互对象

在《飙酷车神 2》中，玩家可以在游戏场景中选择交通工具进入"车库"界面。在这一过程中，被选择的交通工具会被完整地保留在新的界面中，并流畅地过渡到新界面中的角度，而原场景中的背景等无关元素被替换为新界面的信息与装饰。

虽然后期出现的是一个全新的界面，但由于交互对象被流畅地保留，玩家的注意力不会被新界面的出现打断。

2.2.3　融合镜头变化

融合镜头的变化，使 2D 界面与 3D 场景进行有机的过渡，也是一个提升流畅感的方法。在《梦幻西游三维版》（图 2-3）中，考试界面就是从桌案场景通过镜头的缩进衔接到拟物化的 2D 界面。

图 2-3   《梦幻西游三维版》考试界面转场

2.3   多维度的信息呈现

在游戏世界中，存在着各种类型的信息，这些信息有可能是地图信息、装备面板、技能等级、战斗内血量、结果提示等。不同功能和形式的信息构成了完整的游戏世界。随着技术的进步和游戏制作的发展，越来越多的游戏不再满足于用简单的静态图形展示信息，转而开始使用不同的维度呈现信息，从而提升玩家的游戏体验。

2.3.1   运用动态表现

由于视觉是玩家感知游戏世界信息最重要的途径，所以游戏中大部分信息都是通过界面信息的形式展现的。界面信息包括文字、图表、各种界面控件和组件等，这些界面信息常规都是静态显示在游戏中。相比于静态信息，动态信息能够更好地吸引玩家的注意力，增强游戏的代入感，因此越来越多的主机游戏开始设计合适巧妙的动态界面信息。

动态界面信息由于其动态展示和变化的特性，常常和游戏世界中的美术模型组合显示。动态界面信息比较适合表达游戏中目标位置及状态的变化和游戏时间场景转变的信息。

在《飙酷车神 2》中，动态信息用来表达目标点位置距离信息。目标点位置信息会随着赛车距离目标位置的减少，显示高度不断下降靠近目标点。在玩家抵达目标点时，目标信息会下降至同视线齐平高度，模拟竞速比赛闯线场景，将目标距离信息设计为高度不断变化形式，加强了目标提示作用的同时，也能引导玩家不断加速向前，提升竞速游戏代入感。

在《刺客信条：枭雄》中，设计师设计了圆形围绕在角色周围的动态警觉信息。当敌方单位察觉玩家时，警觉系统信息根据察觉程度产生颜色变化，并产生波动变化，在三维空间内指示敌方位置。相比于屏幕上静态的状态指引和信息提示，动态警觉系统信息更容易让玩家察觉，能够更准确地表达方向和状态的变化。

2.3.2　运用听觉形式

除了视觉外，听觉也是玩家接收游戏信息的一个主要维度。常规的声音信息大多数在音效和音乐层面，主要作用是展现世界观，展示技能效果或烘托气氛等。由于听觉信息具有很强的辨识性和方向性，很适合表达游戏中与方向指引目标识别有关的信息。

在《守望先锋》（图 2-4）中，设计师通过敌我双方英雄技能不同的音效和文字内容，辅助玩家，让玩家在混乱的战场中，更好识别敌我双方。

在《黎明杀机》中，设计师利用声音信息替代了界面展示的目标方向信息，设计了屠夫阵营的乌鸦技能。当幸存者在屠夫周围一定距离时，乌鸦会在其周围盘旋鸣叫，提示屠夫玩家幸存者位置。这一设计营造恐怖氛围的同时，增加了听觉范畴的游戏体验。

图 2-4　暴雪开发的《守望先锋》中听觉信息的运用

2.3.3　运用触觉形式

随着硬件设备的发展，触觉震动也逐渐应用于游戏中来表现受击碰撞等效果。由于主机游戏大多使用手柄操作，很容易通过手柄上的震动马达来表达玩家受到打击效果。Switch 平台上《1 2

SWITCH》游戏中也出现了利用 HD 震动来猜盒子中球数量的休闲玩法。触觉信息适合表达游戏中玩家真实的打击效果和反馈信息。

UI 工作流程（图 2-5）在这里主要指设计团队在游戏项目制作及运营的过程中，融入整个项目组，完成游戏 UI 相关的设计和制作的过程。在这个过程中，设计团队不仅内部需要有一致的设计目标，提出优秀的设计方案并进行评估，为产品解决问题、提供思路，也要与整个项目组的成员协同工作，确保项目能高效地进行开发。

在 UI 设计阶段，游戏策划会产出一份文档，交给设计团队来完成相关工作。设计过程中，会有交互设计师、视觉设计师来共同参与完成，一些表现型的界面会需要动效设计师的加入，在制作实现上遇到难题还可以向界面技术美术需求帮助。以下对这些职位进行简要的介绍。

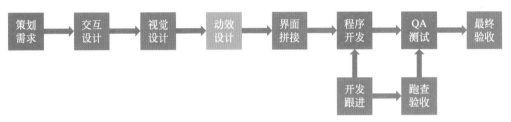

图 2-5 UI 工作流程图

/ 游戏策划

游戏的主要设计者，也是需求的主要发起方。策划负责游戏系统以及玩法规则的设计和撰写，通常产出一份设计文档，文档中包括了设计说明和相关的美术、UI、程序需求。

/ 交互设计师（UI）

定义玩家与游戏的交互规则，搭建整体的界面框架，制定控件、层级规范。UI 分析需求，梳理功能结构和操作流程，进行交互原型的设计，最终产出交互原型图以及说明文档。

/ 视觉设计师（GUI）

设定游戏的界面视觉风格，为游戏设计富有创意、特色和视觉吸引力的界面资源效果。GUI 通常会在交互原型稿的基础上进行视觉包装，产出对应的视觉效果图。

/ 动效设计师（VX）

为游戏界面设计动态的视觉表现，根据游戏的世界观以及界面功能，去提升界面的展示性和反馈效果。一般会产出一份界面动效演示视频。

/ 界面技术美术（UITA）

评估实现的方式，通过技术方案的选择和推进来帮助 UI 和程序更好地实现复杂的界面效果。

设计完成后，设计师会输出界面配置文件，将视觉效果图在界面编辑器中进行还原，并根据 VX 的动态演示效果制作相关的界面动画，再交给程序实现交互逻辑，实装进游戏中，最后跑查验收。

需要特别注意的是，以上的流程是实际项目开发过程中的普遍情况，但却不是最理想的情况。理想的设计流程，应当是游戏的 UI 设计负责人去主导设计目标，去理解和结构策划需求。设计师充分介入需求前期，在策划案开始阶段就能够贡献体验的力量，成为游戏需求环节的共同发起人和体验保障者。同时，设计负责人在概念阶段，需要对交互、视觉、动效做出通盘考虑，进行一体化设计。这样的流程，对游戏体验的独创性和提升都会有巨大的帮助，令游戏产品有机会做出超越期待的游戏体验。同时也对设计师本身提出了更高的要求，需要设计师对游戏的核心理念、设计机制、系统架构等都有着深入的理解。图 2-6 就是理想的工作流程图。

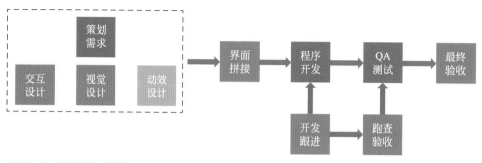

图 2-6　UI 工作流程图（理想）

03 UI 工作流程
UI Design Workflow

3.1 交互设计

在整个工作流程中，最先接触到策划需求的人是交互设计师。一般策划会提供一份需求说明文档，文档中包含详细的系统规则、关键界面说明、程序说明、美术说明等。

游戏的交互设计也会采用"目标导向"的设计方法，遵循理解、抽象、架构、呈现和细节的设计流程。在接到需求后，交互设计师工作的第一步是去理解需求，通读策划文档，划分需求类型，发现文档中不完整或者有问题的内容，对需求形成一个大致的印象。下一步，则是与策划交流确认，了解策划的设计目标、设计思路以及对最终产出的期望，尽可能地获取线索，挖掘深层次的需求。

设计师在理解策划需求的同时，也可以提出自己的想法和意见，沟通的最终目标是能与策划达成共识，梳理出真正的设计方向，避免一开始设计的方向不对，导致无效的人力时间投入。沟通过程中，设计师可以通过画初稿的方式形象表达自己对设计的理解，将需求落实到界面设计上，确保双方理解的一致性。或者，通过竞品的截图加上口头描述的方式，简单直接地描述利弊以及自己的设计方向，是否与策划的设定一致。

充分理解需求后，设计师会对需求重新解读，将策划的想法与玩家的诉求进行结合，从多角度全方位的分析，确定明确清晰的设计目标，为下一步的工作做好充分的准备。以下提供一些需求思考的角度：

（1）现有问题分析：主要适用于更新优化相关的设计，针对现有的交互进行问题分析，在更新中去调整修改；

（2）功能结构分析：适用于较大的功能系统设计，设计师会为基础的功能系统构建框架，在加入新的功能时，需要去思考它在整体布局中的位置，保持内在的一致性；

（3）操作流程分析：主要是对需求进行任务细分，确定交互细节，设计出简洁合理的流程，同时覆盖兼容所有的异常情况；

（4）竞品分析：主要是对竞争对手的同类型功能进行分析评价，了解其优缺点。分析的维度有很多，可以从视觉设计、交互设计、信息架构等方面进行分析，也可以就具体的功能模块进行分析。

关于需求分析部分的详细内容，在后面的需求分析章节中会继续介绍。

完成需求分析后，设计师会将分析结果用原型图呈现出来。原型设计是交互设计师的核心能力，其体现了一名交互设计师的思维逻辑以及逻辑的严密性。通过需求分析得出各种局限条件，在这些条件中，找出设计平衡点，再经历多方案设计、定稿方向细化、定稿等流程，最后确定方案。

针对不同类型的需求，方案设计的复杂程度也有所不同：

（1）重要系统 / 玩法：通常是游戏的核心功能系统和形式感较强的系统需求，这种类型的需求设计流程更为复杂一些，常常要花费更多的精力去设计它们的交互规则和视觉表现，在原型设计前期进行多方案设计，明确设计方向后再进行细化。

（2）常规系统：此类需求一般会在既定的交互以及视觉规范上去做延展设计，更加注重易用性。

（3）敏捷需求：包括一些策划的口头需求和简单的更新需求，这类需求则更为简单，工作量较少，设计方向明确，效率优先。

图 3-1 描述了整个交互设计的工作流程。

图 3-1　交互设计流程

3.2　视觉设计

方案设计最终会输出原型图以及交互说明文档，对于重要的系统，还可以制作模拟演示版本进行操作快速调研。

交互原型设计工作之后，便进入了视觉设计的阶段。

游戏的视觉设计也是一个非常重要的环节，它并非只是在交互设计结束之后的锦上添花。在原型设计期间就已经开始考虑视觉的元素，交互设计师和视觉设计师需要有良好的配合，共同确定视觉的设计方向。特别是一些需要较强的形式感以及创意包装的界面，视觉设计师可以在原型设计阶段就介入进来，和交互设计师一起思维碰撞，也可以在整个设计团队中去收集有趣的点子，最终确认一个具有可行性、视觉展示性较强的方案，在原型和操作流程的设计中，就将方案融入进去。

在视觉设计前期,视觉设计师也会进行需求解析(图3-2)。视觉设计师和交互设计师确认设计尺寸、信息层级、操作流程和详细的界面功能等，了解策划对界面表现的期望，理解程序的实现机制，结合需求目标和游戏现有视觉风格，再进行设计。

图 3-2　视觉需求分析

视觉设计的关注点主要在于可视元素的安排和处理，以易于理解和使用的方式呈现信息，与游戏整体的视觉语言保持统一。不同类型的界面设计重心会有所区别，例如系统功能界面注重易用性，需要保持界面功能简洁清晰，信息传递快速准确，符合玩家的使用习惯。同时还需要考虑到资源设计的复用性，有效控制界面资源；活动界面则会更注重创意和氛围烘托，使氛围的营造更加贴合活动主题。在视觉审核交流的过程中，或多或少会受到一些主观审美的影响，这时前期的需求分析可以作为设计依据，用来阐述设计的思路和目标，与策划达成共识。

3.3　动效设计

为了让整个设计的展示更加直观，一些偏表现型的界面以及流程较复杂的系统，例如游戏从登录—创建角色—进入游戏大厅的一整套完整流程，需要 VX 同学参与并进行动效设计。动效设计会依据交互流程和视觉效果，输出完整的动效 DEMO 视频。在交互以及视觉的基础上，动效设计师会将所有的界面及反馈效果按照操作流程串联起来，增加界面动画和特效，一些复杂的流程还需要与美术合作，添加角色模型动作和场景切换的效果。

有了动效设计师的产出，与策划过稿的时候可以让他们更容易地理解界面的意图，在与程序交流实现效果的时候也更加方便，后期跑查测试的时候也有了参照。

3.4　实现与验收

设计完成后进入到制作实现的环节。设计师会在游戏界面编辑器中还原视觉效果图并制作好界面动画，也就是界面拼接的工作。再将界面配置文件交给程序实现在游戏中。

实现的阶段是最为烦琐的一个环节，也是设计方案落地，收获劳动成果的环节。这个阶段更加考验大家的执行能力和响应速度，需要保持足够的耐心和严谨的思路，把控好制作的每一个细节。

游戏的 UI 制作是一个复杂的过程，工作流程中的每一环都会对最终的用户体验产生影响。每一个方案的设计实现，都是项目成员悉心合作得到的成果。对于设计团队而言，不仅要在自己的设计专业性上进行提升，也要能够跨领域去和其他职能合作沟通，提升团队的协作性，让工作流程更加顺畅。

DESIGN CREATIVITY (CONNOTATION)

02

设计创意（内涵）

04 需求分析
Demand Analysis

设计师在进行任何方案设计之前，需要对项目的各项信息有充分的理解。准备充分，才会顺利地开展设计工作。

4.1 游戏基础信息

4.1.1 研究目的

在开始具体的设计工作之前，设计师应该对游戏基础信息进行充分了解，以帮助其统筹全局，科学规划设计策略。这要求对游戏的设备平台、世界观类型、玩法类型和项目开发阶段等熟悉，并准确判断。

该研究目的是使设计师对平台特点、美术风格、玩法特点和开发流程等有全方位的了解，对设计方向进行预判，提取 seed，成为设计创意的基础。

同时，这项研究可以帮助设计者从市面上林林总总的游戏中发掘与自己相似的竞争产品，作为科学合理的依据，避免出现设计方向偏离。

4.1.2 设备平台

通常所说的游戏是指运行于某类设备平台的电子游戏。因为游戏由机器设备驱动，所以游戏开发必须要围绕一个或多个机器设备进行。目前常见的游戏设备平台包括：PC、智能手机 / 平板、家用主机、便携式主机、虚拟现实设备。

设计师需要关注不同平台对游戏设计有哪些影响因素，概括为 3 点：交互的输入 / 输出方式；使用情境；设备性能。

4.1.3   世界观

在开始设计前，设计者需要跟制作人、策划沟通了解其世界观设定。游戏世界观被认为是对游戏场景的主观先验性假设。它是对游戏世界的一个总体的描述，描述了游戏世界所发生的地方、时间背景、人物、事件等。在一个游戏中，几乎所有元素都是世界观的组成部分。比如游戏时代设定，是古代、近代还是现代；游戏画面风格，是写实、日式唯美还是哥特式；游戏中的背景资料设定，包括游戏世界的政治经济文化宗教，还有人物造型设计甚至游戏中的色彩音乐等一切都构成了游戏世界观的要素。

对于设计师，熟悉世界观是必要的，它影响之后界面视觉美学风格，它是创意设计的来源。

通过多年来众多游戏开发者的积累，目前游戏的世界观有了相对明确的划分，每种世界观都诞生了十分优秀的游戏作品。

一些常见的世界观类型如：西方魔幻、东方武侠、二次元卡通、玄幻仙侠、军事战争、科幻太空、都市学院、废土生存等，不一而足。

4.1.4   开发阶段

设计者应该对游戏的开发流程进行全面了解，熟悉人力配置、合作模式、开发工具等。在不同的流程，设计师需要承担不同的责任，扮演不同的角色：

在开发前期，设计师要了解游戏类型，能对游戏的整体框架、玩法、核心乐趣有个大概的预判，寻找和挖掘更多的竞品，并完成前期设计开发环境搭建；开发铺量阶段，需持续稳定地输出设计成果，并关注开发效率和质量；上线阶段，关注设计验收和修复推进，完善游戏完成度；运营阶段，追求稳定，关注玩家反馈的问题，做出合适的设计修改，提升品质。

每个阶段的开发重点都不同，根据不同的开发阶段制订不同的工作计划。

4.2   玩法核心

雨天的放学路上，看到浅浅的水坑，你是否曾玩心大起，踢水作乐？抑或是看到一个瘪瘪的易拉罐，便忍不住要一路将它踢回家，假想自己是一名足下生风的球星？又或者，看到双色的铺地砖，便将一种砖当作熔岩，另一种砖当作地面，蹦蹦跳跳地踩着安全区到达彼岸？生活中有无数这样的体验碎片，而游戏通过将碎片融入到玩法中，让玩家感受到这些体验。小说、戏剧、电影虽然也能将读者带入生动的爱情故事中，或让观众体验卓绝的奋斗场面，但游戏却能让玩家通过玩法互动深入体验之中，成为一部分。

玩法类型按照特性可以粗略分为以下几个大类：

4.2.1 动作

英文全称为 Action Game，缩写为 ACT。这类玩法中，玩家通常依靠反应力控制游戏角色以应对环境变化或者是敌人进攻。这类玩法操作简单，易于上手，紧张刺激，属于"大众化"游戏。典型的动作类游戏有《魂斗罗》《洛克人》《鬼泣》。

4.2.2 射击

英文全称为 First Person Shooter，缩写为FPS。严格来说射击类游戏是动作类游戏的一个分支，特指以现代枪械远程攻击为主要战斗方式、兼具战术配合的动作玩法。

4.2.3 冒险

英文全称为 Adventure Game，缩写为 AVG 或 ADV。玩家控制游戏人物在虚拟的世界中探索、解谜、冒险，并从中了解世界背景和故事情节。比起动作类游戏，冒险类游戏更注重观察力、记忆力、推理能力等。冒险类游戏根据玩法表现不同，又会细分为动作冒险（《古墓丽影》）、图形解谜（《神秘岛》）、文字冒险（《逆转裁判》）等。

4.2.4 角色扮演

英文全称为 Role Play Game，缩写为RPG。玩家扮演特定的一个或数个角色，在庞大的世界中行走、交谈、探索、交友或者御敌，体验一段惊心动魄的传奇故事，或是感受一种截然不同的第二人生。与同样是操作角色、探索世界的冒险游戏相比，角色扮演类游戏对角色和世界的描绘往往更加细致丰富，玩家的行为也更加自由。典型的角色扮演游戏有《轩辕剑》《最终幻想》《上古卷轴》《巫师》等。

4.2.5 策略

英文全称为 Strategy Game，缩写为 STG。玩家运用策略与电脑或其他玩家较量，以取得各种形式的胜利。典型的策略类游戏有回合制策略（《文明》）、即时制策略（《魔兽争霸》）、模拟经营（《海岛大亨》）、养成（《美少女梦工场》）。

4.2.6 益智

英文全称为 Puzzle Game，缩写为 PUZ。益智类游戏更为休闲，和冒险游戏相比通常体量更小，没有大的故事或者丰富的角色，玩家理解游戏规则后通过思考、判断即可体验玩法。典型的益智类玩法有《俄罗斯方块》、连连看、三消、棋牌扑克等。

4.2.7 体育

体育类游戏是对现实中各种运动竞技的模拟，例如篮球、足球、赛车等，以极强的真实感和细腻的操作控制为特征。典型的体育类游戏有FIFA 系列、NBA Live 系列等。

同时，越来越多的游戏开始以一个玩法核心为主，融合其他类型游戏的特色。还有的会将一些类型做成小游戏，嵌入到游戏中，丰富玩法体验。

4.3　目标用户与玩家类型

4.3.1　目标用户的概念

/ 什么是目标用户？

目标用户简单来说就是游戏最核心的使用人群。举个简单的例子：有些用户酷爱赛车运动，但因现实生活中被场地、时间、金钱因素所制约无法参与到此项活动。为了解决此类现象便产生了"竞速类"游戏。

/ 为什么要定义目标用户？

只有定了目标用户，才能输出更精准的游戏定义。定义目标用户核心的准则是：聚焦！

纵观整个市场，用户结构之复杂，不同年龄、性别、家庭、不同的文化程度、是否婚育、不同职业、不同收入等。不同的人群都有不同游戏需求，如果一款游戏把所有的人群都作为自己的目标用户，将会非常臃肿零散。所以，这时候一定要对人群进行划分、统计，将相似的人群聚焦到一起再浓缩收敛出自己的游戏目标用户。

4.3.2　定义目标用户的方法

用户画像又称用户角色，作为一种勾画目标用户、联系用户诉求与设计方向的有效工具，用户画像在各领域得到了广泛的应用。在实际操作过程中，设计师往往会以最浅显、最贴近生活的词语将用户的属性、行为与期待联结起来。作为实际用户的虚拟代表，用户画像所形成的用户角色并不是脱离游戏和市场之外所构建出来的，形成的用户角色需要有代表性，能代表游戏的主要受众和目标群体。

除此之外，设计师还可以通过一些较为敏捷的方法定义用户画像。

/ 询问好友或询问同类游戏用户反馈

可以和身边的朋友（尤其本身就是此类游戏目标人群范围内的那些朋友）多交流，挑选其中具有普遍性的建议，作为定位精准目标人群画像的思路。也可以从玩家的反馈中来分析自己的玩家群体定位是否准确，或者还有哪些未曾关注过的潜在需求可以进一步满足。善待用户反馈可以帮助设计师改进游戏，拓展更多的精准用户群。

/ 网上资料搜集

通过网上查找资料方式来定位目标人群，让定义的范围变得更有保障。

4.4 竞品分析

了解游戏的目标竞品有哪些，并重点加以体验。分析其可借鉴的设计点，以及需要规避的设计。

4.4.1 竞品分析总述

竞品分析最直接简单的分析方法可以是这样的：首先把自己完全当成一个玩家，去解析自己在体验某款游戏时，被它打动的点点滴滴。可能是某段感人至深的剧情、是帅气的角色、是美轮美奂的游戏场景、是游戏中结识的朋友所产生的友情……记录下那些令人深刻的情感体验；接下来再去体验游戏，作为一个客观者去思考，究竟游戏是如何设计某段剧情高潮？之所以感受到角色的帅气又是因为做了什么人设处理？怎么一步步在游戏中结识了朋友、和朋友进行了哪些共同经历、产生了情感链接……

对体验一层一层抽丝剥茧的过程就是分析的过程。除了分析好的体验、不好的体验、失败的设计案例也是值得分析的。为何不够好？根本原因是哪里？如何避免和改进？前人的设计，都为以后的设计提供了经验。

通过竞品分析，分解竞品良好体验的根本原因，溯源设计的出发点，得出结论，为设计师开拓思维、提供不同维度的思考方式、完善设计的体系。一个好的竞品分析，能够让设计师的设计事半功倍。

4.4.2 确认需求方

为了确保制订合理的分析计划、当开始竞品分析前，首先需要明确任务提出的需求方是谁，理解需求方的分析需求，确定分析目标、分析范围、筛选竞品、进行分析任务。

在竞品分析活动中，总是存在一个需求方。

- 需求方是这次竞品分析活动的发起者，是设计师这次工作的直接受益者。

- 需求方可以是一个人，也可以是多个人，甚至是一个组织，有的时候设计师自己就是需求方。

设计师需要根据需求方的需求，来制定竞品分析的相关目标以及策略。

通过前期与需求方的沟通，设计师能够进一步地确定本次竞品分析的主要目的、侧重点。在分析进行中，如果遇到问题，需及时向需求方反馈，以保证整个流程不会出现目标偏差。

4.4.3 确定目标

带着明确的目标，将会帮设计师更准确高效地完成分析任务，所以设计师在工作之前需要尽可能精准地确定和理解分析目标。

例如，策划想要在游戏结算界面中增加好友添加按钮，而设计师从自己的角度出发，作为一名设计师，设计师分析了加好友这一需求背后是增加社交粘度。需求分解为：添加好友按钮出现在结算哪个流程（何时出现）、出现在什么位置、以怎样的形式出现，能够提高玩家点击欲？在此情景下，玩家需要什么样的好友（推荐的好友类型）能够帮助他更好地游戏……通过分解需求、确定目标后，分析同类竞品中是如何进行此类的设计，帮助自己产出最优方案。既解决了策划的问题，又优化了游戏体验。

图 4-1 是一个游戏产品的竞品分析中各个环境常关注的调研内容，而作为用户体验设计师，设计师会更多聚焦在产品体验与功能点调研这两个区块，而其他的内容则会作为一个次要关注点。

图 4-1　竞品分析关注的内容

4.4.4　认定竞品

明确了分析目标后，设计师需要在竞品中筛选出符合目标的竞品、剔除不符合目标的竞品，而不是宽泛地体验很多。

任何游戏都能够浓缩成一些关键词、一些标签，这些标签可以归纳到不同的维度之中，设计师在竞品分析的过程中，建立起自己的分析维度之后就能够系统性地、尽可能完整地进行竞品认定。

例如，制作人希望制作一款有着和《贪食蛇大作战》类似特性的游戏，此时设计师可以从目标竞品上提取一些关键词 / 标签——轻竞技、卡通、实时排名、社交分享等。然后设计师可以继续寻找带有这些关键词的游戏来扩充竞品列表。

竞品的选择需要结合需求方和目标，将设计师的目标转化为筛选竞品的维度，满足所筛选维度的即可认定为是竞品。

4.4.5　体验竞品

上面两种方法是从侧面获得产品的相关信息，但在竞品体验部分中，需要设计师自己变成竞品的使用者，正面地收集竞品的信息与体验。这是调研的核心部分，可以分为两个部分：

- 一是长时间、多情境地正常使用竞品，并注意记录正常使用情况下设计师发现的痛点与优点，以及某些很特别的表征。这些特殊的表征一般包含：设计师不自主形成的某些操作习惯、某些竞品中难以理解却一直出现的设计点等。

- 二是带着第一部分产出的问题（问题也可以是用研与资料收集阶段积累下来的）进行目的性的竞品体验，这种体验需要进行特殊的操作，并注意记录一手数据资料。

另外，对于某些需要长期深度体验才能产生的数据与资料信息，不能用自己的短期密集体验代替长期深度体验以获取信息，需要兼顾使用资料查找与用户研究这两种方法。

4.4.6　分析方法与分析结果展示

到这里，设计师已经拥有了相当数量的数据与资料，这时候就能够进行系统的竞品分析，虽然有较大一部分分析结果往往会是在上面的环节中零碎产生的，但在本环节，设计师还是要从整体上来进行竞品的分析，综合所有的数据与零碎分析结果。

分析的方法和模型有很多，最通用也是最高效的就是 T 型分析表，即将竞品的优劣两面全部列出在一个 T 型的图表里（图 4-2），左边表示竞品的优点，右边一列标识竞品的缺点。

例如，进行游戏内聊天系统的竞品分析。假设在竞品 A 中，使用了游戏内置的语音聊天室，设计师可以先列出其优点：增加玩家社交参与度、营造强社交氛围等；然后再列出其非对称的缺点：会造成界面上的信息拥挤等。这里可以看到优点与缺点并非是一个维度上的问题，即非对称的。接下来，设计师就可以针对每一个条目，列出其对称的条目：营造强社交氛围——增加了游戏社交环境管理的成本。当然，不是每一个条目都会有其对称条目，不必牵强附会。在列完所有的对立优缺点之后，应该对缺点进行解决方案上的发散，发散的方法可以使用"替代法"，即思考有什么方案或设计元素能够代替造成这些缺点的方案。在替代法的过程中，可以综合列出的优点条目一起进行脑洞。T 型表参考如下，通过这种方法，设计师可以较为全面分析竞品。

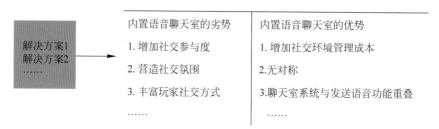

图 4-2　T 型表参考示例

以上（图 4-2）就是竞品分析输出展示需要包含的主要内容，整个展示内容需要充分提炼，才能让本轮竞品分析达到最佳效果。

05 交互核心
Core Interaction

5.1 核心体验

核心体验的概念非常宽泛，涵盖的维度也比较多；究竟一款游戏哪些部分可以算是核心体验，始终是一个较难定义的事情。设计开发者常常会根据自己的经验对核心体验给出自己的理解或是概括。因为很多时候一个游戏世界所带给玩家的感受是全方面的，犹如一个真实的世界，玩家的所见所得、所听所感都可以成为游戏体验的一部分。而不同的人对不同的刺激又有着不同的反馈，所以不同玩家所感知和在意的游戏感受会造成游戏核心体验的评判差异。在虚拟的游世界中，我们的感官不断接受来自游戏世界的反馈，应接不暇的信息在场景或是界面上接踵而现。即便如此难以定义，我们却仍然可以列举一些游戏中令所有人赏心悦目的体验，例如：《绝地求生》中逼真的战场环境以及令玩家心惊胆战的受击音效，玩家可以从逼真的 7.1 声道的游戏耳机中感受真实战场带给他们的真实感和紧张；《战神 4》中奎托斯爽快的连续技，玩家可以从拳拳到肉的连招技能操作中感受到无与伦比的爽快感。

我们还能列举出更多优秀的体验案例，这些生动的例子来自游戏提供给玩家的视觉体验、触觉体验、听觉体验……当然，概括讲是沉浸式体验。交互设计师试图将玩家带入游戏世界使其可以沉浸其中。期望他们在短暂的游玩过程中能够进入忘我的游戏状态；Mihaly Csikzentimihalyi 将其称作——心流体验。即"心流——在感觉轻松的情况下，玩家们会进入一个愉悦的最理想行为状态"（摘自《游戏情感设计：如何触动玩家的心灵》[美]）。在这个状态中，玩家达到了身心合一的境界，时间似乎融化了，个人的问题好像都消失了。那些设计优秀的游戏往往能够通过在虚拟世界中为用户提供行为的控制感，从而稳步引导玩家们进入心流状态。

在 Mihaly Csikzentimihalyi 团队研究中提到，达到心流的玩家往往会存在 8 种状态（图 5-1）：

- 需要技巧并且具有挑战的操作；
- 动作与意识配合；
- 清晰的目标；
- 直接的立即的反馈；
- 专心于手上的任务；
- 控制的感觉；
- 自我意识的消失；
- 改变了的时间意识。

这 8 种状态较准确地概括了一款具备优秀核心体验的游戏所带给玩家的基本游玩感受。我们不妨回想一下曾经沉溺的那些快乐的游戏时光中，是否体验过上述提到的 8 种状态。

在研究游戏核心体验的过程中,设计师将"核心"的范围限定在战斗内的核心玩法上。战斗外的交互体验将以辅助或衬托核心体验的作用来呈现。设计师认真审视思考 Mihaly 提出的 8 种状态,并思考他们分别属于哪一方面的体验维度。这样的思考,有助于开发者在游戏体验的设计思考方向上能有较准确地把握。体验设计师将 8 种状态分成三个类别:竞技层面的操作感受、手感的设计维度以及信息布局设计的维度。

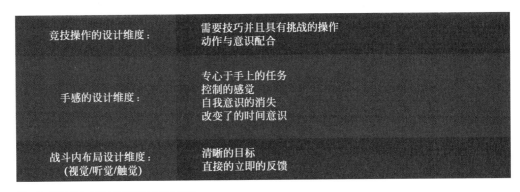

竞技操作的设计维度:	需要技巧并且具有挑战的操作 动作与意识配合
手感的设计维度:	专心于手上的任务 控制的感觉 自我意识的消失 改变了的时间意识
战斗内布局设计维度: (视觉/听觉/触觉)	清晰的目标 直接的立即的反馈

图 5-1　基于战斗内核心操作的三个设计维度

接下来将对这三个设计维度分别进行介绍。

首先,在竞技层面的操作维度上,玩家倾向于具有成长空间的操作体系。在竞技类的游戏中,玩家希望通过反复练习自己的操作技巧,以此来提高自己的对战水平和胜率。操作上的成长来自玩家对已有操作方式的演绎深度与操作选择。职业选手会将某个操作使用到极限,例如《英雄联盟》中的补刀,《星际争霸 II》中闪烁追猎的闪跳阵型,以及 RTS 或 MOBA 游戏中常说的Hit&Run 操作。当然,对已有操作的演绎深度往往来自玩家对兵种技能的个人理解,而非是操作设置。即便如此设计师们仍然需要注意的是:

在极限状态下 (极短的时间内 0.2~0.5s) 以及在连续操作的情况下,游戏所提供的控件位置以及释放方式是否可以让玩家顺利完成想要的操作。

其次,合理的操作选择也会区分普通玩家与高手玩家,从而影响操作水平的高低;在这一点上,玩家需要用积累的游戏意识配合不断熟练的操作动作,才能在每一次选择中做出正确的决定。这里,有几点关于设计竞技类游戏核心操作的经验可以与大家分享:

● 明确游戏的类型与操作节奏,节奏快的游戏容错率低,节奏慢的游戏容错率高;

● 在操作设计上给玩家更多的选择空间;

● 在手游设计中,设计一些需要复合功能控件以满足同一时间的多项指令输入需求;

● 明确哪项操作不能被打断,哪项操作可以被打断;

● 慎重设计默认操作布局;

关于"操作选择设计",可以从开发过的项目中举出实例。在战术竞技手游的核心体验研发过程中,引入左手开火的目的不仅仅在于方便打击移动中的目标,更重要的是提供给玩家另一种射击操作的选择空间(图 5-2)。左手开火可以提高射击精度,但是牺牲了移动;右手开火可以边移动边打,但是稳定性相对较差,而且会有瞄准与射击的打断。两种方式有各自应用的情景,也各有操作上的利弊,通过长期的游戏练习,玩家会总结出在何种情况下应该选择何种射击操作方式。这个操作的设计,是设计师提供竞技选择空间的较好例子。事实上,由于移动平台同时输入操作指令数量的限制（一般是 1~2 个），为同一个玩法目标提供多个操作实现方式，就成为常用的提升竞技深度的设计思路。

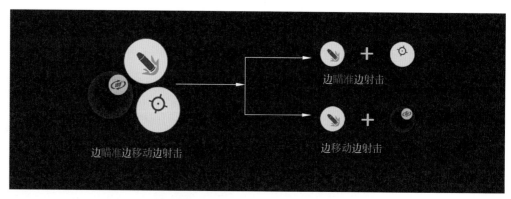

图 5-2　"边瞄准边射击？"还是"边移动边射击？"

玩家的瞬时操作会有多快呢？以 RTS 代表作《星际争霸 II》这款游戏为例：优秀的职业玩家的 Apm 均值在 260~360，高手玩家会稳定在 200~260，普通玩家则在 60~180。所谓的 APM 即指每分钟的操作次数—Action Per Minute，职业玩家在对战拉阵型时的极限 Apm 可以达到 400~500，相当于 0.15s 就有一次操作。因此，如果我们的技能按键不能满足玩家在 0.5s 内即可触发，那么显然技能在竞技层面的设计是不成功的。因此在这里，想和各位读者或者游戏体验设计师强调的是，想要设计出好的核心体验，尤其是竞技类型的游戏，设计者本人必须是这类型游戏的高手玩家。只有这样，才能在游戏操作理解足够深入的情况下设计出好的交互方案。

在良好的操作手感体验中，会极大地增强玩家的沉浸感。生活中我们常常会发现有些玩家在体验游戏时会不自主地伴随身体的前倾，或者忽然向某个方向上的用力，或是伴随游戏操作发出各种声音；有时身边朋友会笑称他们可以把传统平台上的游戏变成"体感游戏"。实际上这是游戏良好的控制感觉带给玩家的自我意识的消失。还有很多鲜活的例子，如在《街头霸王》中打出 KEN 的升龙拳：↓↘→ + P，仿佛每一个招式的力量都由玩家自己发出；例如《马里奥》中的跳跃操作，玩家总是感觉用力按压会比普通按压跳得更远；例如《实况足球》的传球射门的力度，会让人感觉犹如真实在赛场上腿部的摆动与发力蓄力感受一样，如果说操作布局设计是核心体验的筋骨，那么手感设计就是赋予这筋骨的灵气与神韵。同样的操作方式，不同手感，会给玩家带来天差地别的游戏体验。

在 FPS 游戏中，设计师会小心地调试一些操作指令触发的时间长短与节奏快慢。例如全屏单击开火功能中，开发者会研究每次抬手与再次落下的时间间隔究竟是多少时，才会让玩家有最好的射击体验；滑动视角时的速率公式是线性的还是非线性的？因为不同的曲线会影响玩家观察周围世界及瞬间转身操作的手感体验；在手感的设计上，这里也有一些小 tips 提供给大家，算是一些小经验：

- 按钮的大小取决于该按钮功能的使用频率；
- 核心操作控件的布局要满足玩家的"盲操"需要；
- 关注点击、划碰控件时的操作反馈；关注短按与长按控件时的反馈变化；
- 注意极限操作状态下，核心控件是否依旧方便点击；
- 设置与自定义可以帮你解决很多问题。

最后，清晰的目标与直接立即的反馈，直接影响玩家下一步的游玩决策；玩家会根据接收到的反馈信息判断当前的游戏局面，以此决定接下来的操作计划。如果反馈的信息不够清晰，或者不够及时，就会给玩家造成诸多困扰。

设计师需要明确即便操作设计得再精彩，如果缺乏合理及时的信息反馈，那么也不会设计出好的核心体验。合理立即的反馈包含玩家游玩时所有的信息发生与传递，玩家的每一次操作，会对游戏世界造成什么样的影响？游戏世界自主产生的事件，会怎样通知到玩家？这些信息的发生所造成的变化全部需要清晰直观地反映在游戏的输出设备上。具体地讲，这里的"输出设备"不仅是视觉维度上的设备，如手机屏幕、电脑屏幕，还包括听觉维度与触觉维度，如耳机、音响、手柄、方向盘等。

视觉维度上的反馈，最直观的就是游戏主界面的布局。优秀的界面布局会以良好的"秩序感"来组织游戏世界的各种信息——无论是伤害跳字还是信息弹窗，无论是血条的增减变化，还是技能释放的预显示范围，合理的布局呈现会让玩家在感受到信息井井有条的同时，以最小的学习成本获取最需要的反馈内容。

触觉维度维度上的反馈，以最直接的方式将游戏的反馈作用于玩家；如 PS4 独占游戏《战神 4》在奎托斯挥拳时，受击时以及推动物体时的手柄震动，都带给玩家极好的手感体验。主机游戏厂商基本上全部将震动的技术应用在他们各自的游戏设备上，如 Playstation4、Xbox One、Nintendo Switch 等。在移动设备上，越来越多的游戏开发商将震动反馈加入进游戏的核心体验部分，如 FPS 射击时的震动、弹球游戏的震动等。

在听觉维度上的反馈，玩家第一反应就是游戏中的释放技能时角色发出的各种配音、音效以及背景音乐；如《守望先锋》中释放技能时的角色的台词；如《星际争霸Ⅱ》中，选定一个兵种的角色台词，战斗中小兵在不同指令时的不同语言反馈。

以人族掠夺者为例：

出生："呦，卡崩"

选中："别让我晾着"

确认命令："搞点大动静吧"

攻击："炸他个稀巴烂"

求救："我快要完蛋了"

这样的反馈设计，给玩家的直观感受是他们在游玩时操纵的是一个具有鲜活生命和独立思想的角色。另一方面，玩家可以从反馈的台词中获得角色的移动状态、血量状态、攻击状态等信息，便于"盲操"。

需要强调的是，在视觉、触觉以及听觉维度上的信息反馈并非相互独立，而是交织出现在游戏中并在同一时间反馈给玩家。这种立体的多维度的即时反馈，极大增强了游戏的代入感与玩家的沉浸感。

在核心体验这部分的最后，想提一下自定义按键布局。设计师在设计战斗内游戏按键布局的过程中，逐渐意识到想用一套固定的默认界面来满足所有玩家的操作舒适需求是非常困难的。众口难调的情况的确存在。即便《终结战场》在上市前对按键的大小与布局做了反复的调试，但是玩家仍然会有自己的布局习惯（图 5-3）。当自定义界面功能推出的时候，各个直播平台上随即可以看到各种各样的界面布局，例如有的人将左手开火按钮放在左上角且按键调的很大，例如有的人将开镜按钮放大 2 倍等。一套完善的自定义布局系统，在某种程度上极大地解决了玩家操作习惯多样性的问题。当然，即便如此，仍然需要提出的观点——慎重设计你的默认操作界面。因为好的默认界面即是游戏拥有良好核心体验的基础，也是构建玩家习惯壁垒的重要前提。为什么设计师们如此重视核心体验的设计？因为习惯的养成会固定玩家的操作思维，一旦操作习惯被建立起来，想要进行更新或者改变就是一件非常困难的事情。在设计师的工作中，尤其是在创新类型游戏的开发中，应该格外重视核心操作的第一次设计呈现。设计师应当明确操作体验上的好坏将会直接影响玩家对游戏的第一印象。好的操作体验不仅可以很好地增强玩家的粘合度，同时也可以在操作设计上打造产品的设计壁垒。

图 5-3　《终结战场》战斗内 UI 截图

5.2　信息架构

5.2.1　什么是信息架构

信息架构的一般定义："组织信息和设计信息环境、信息空间或信息体系结构，以满足需求者的信息需求的一门艺术和科学。"

从信息架构的定义和基本思想来看，信息架构的理论与方法应该适合于所有的信息集合。众多的信息片段聚集在一起，形成了信息集合，当玩家需要从复杂的、巨量的信息集合中有效地提取信息，就需要调动人的智能去组织信息内容，精心设计信息结构，建造一个优化的信息空间，让信息变得清晰、易理解、易获取和易使用。

举个简单的例子，大家都有逛过商场，一般商品首先会根据楼层分类。如一楼是国际名牌世界，二楼是名媛衣装天地，然后在进一步地对同一个楼层的商品进行区域的划分。如在一楼的国际名牌世界中 A 区为名牌手表专柜，B 区为名牌包包专柜。通过这样的楼层架构顾客可以更好地去找到自己想买的东西，至少会很清晰地知道每一层有什么商品，同一层商品怎么分布。各位设想下如果商家把所有的商品都放在一个楼层卖的话，会怎么样？会乱七八糟，顾客完全不知道该如何下手。

其实设计师在做信息架构的时候与上述商品楼层架构的梳理是有异曲同工之处的。如何将需要呈现的各种信息进行分类，划分层级是建立信息架构的主要工作。对一个系统而言，设计师需要思考哪些信息排布在第一级界面中，哪些信息排布在二三级界面中，对信息进行三维层级的划分（图 5-4）。

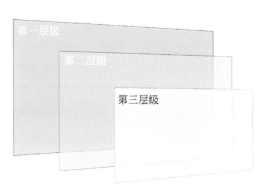

图 5-4　三维层级示意图

对单张界面而言，就像百货大楼的某一层楼那样，信息也有层级的划分。哪些信息处在这张界面的第一层级上（占用区域最大或者视觉中心位置上），哪些信息处在界面的第二或者第三层级上。这种信息的划分方法称为信息的二维层级划分。

5.2.2　如何划分层级搭建架构

如何划分信息层级，这里先来看一个例子：

图 5-5 是《天下 × 天下》这款手游的角色系统，在系统的一级界面上显示角色名称、形象、等级、修为等一些重要属性值。而把英雄的详情、定位说明、玩家对英雄的讨论这些信息隐藏在了系统的二级界面上（图 5-6）。

图 5-5　《天下 × 天下》的角色系统一级界面

图 5-6　《天下 × 天下》的角色系统二级界面

通过这个例子看出，设计师根据信息的优先级以及重要度进行规划，将重要的信息放在层级较上的界面上。同理，相对次要的信息可以放在下层界面。所以在设计的时候需要经常问自己两个问题：游戏开发者最想让玩家知道什么干什么，玩家在这里最想知道什么干什么。

再看一个例子：《炉石传说》的对战模式界面，图 5-7 所示的第一张是 PC 端上的对战模式界面，图 5-8 是移动端的对战模式界面。

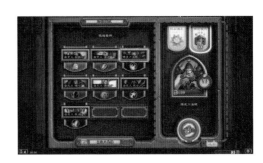

图 5-7　暴雪开发的《炉石传说》PC 端对战模式界面

图 5-8 《炉石传说》移动端对战模式界面

从这个例子看出，对战界面从 PC 端移植到手机端时，根据操作前后顺序对信息内容进行了层级的划分。把第一步选择英雄套牌的操作保留在手机端的第一层级上，而把英雄信息以及开始这些操作放在第二层级上。

这样的规划对手机端的操作是很友好的，毕竟屏幕的限制，减少每一层级的可操作选项。玩家的操作更明确更易于理解。

通过以上例子，这里可以总结出信息层级的规划方法：基于目标下，根据内容重要度以及逻辑顺序进行层级的划分。其中目标分为策划的目标和玩家的目标。

5.2.3 操作流与信息架构的平衡

当进行信息架构层级规划的时候，设计师还需要注意玩家的操作流。信息架构层级和操作流是息息相关的。

设计师根据策划或者玩家的目标，依据逻辑内容以及重要性原则把内容拆分在不同层级上，让每层每张界面的信息显示量得到了控制，玩家更易理解学习，但是也无形中会将玩家的操作流程变长，操作效率降低。反之，若把信息并在一张界

面中，就会导致信息量过大，变得复杂不够简明。如图 5-9 所示，这里存在一对矛盾体。

步骤少	界面信息少
优势	优势：
高效便捷	易学易理解
劣势：	劣势：
信息量过大导致不够简明	多流程导致效率降低(频率高的操作)

▲

图 5-9 矛盾示意图

举一个例子：《一梦江湖》身份选择系统（图 5-10）。

图 5-10 《一梦江湖》初版身份选择系统

初版《一梦江湖》的身份选择系统可以看出角色的信息和形象是放在同一层级上的，处在系统的第一层级上，玩家直接切换 Tab 键即可查看不同的角色，效率为上。

替代版的身份选择系统（图 5-11）。

图 5-11 《一梦江湖》替代版身份选择系统界面

在这版中可以看出系统的设计更注重身份角色之间形象包装以及对比展示，系统第一级层级上显示所有身份职位形象的展示，增强了包装形式感以及加强了职业之间的形象对比，而将每个身份的详细信息放在了第二个层级上。

可以看出设计师为了达到增强形象的对比展示这个目标，依据操作前后的逻辑关系将系统信息拆分成了两个层级，先查看所有身份的形象名称，再点击查看某一个身份的具体详情。这样的设计虽然达到了设计更新的目标，但也无疑增强了玩家在切换不同的身份查看具体信息的操作流：切换角色的操作从直接切换 Tab 栏变为了从有一个身份信息界面点击关闭返回到身份形象展示界面，然后再点击另一个身份入口进入到对应的信息界面，从之前的一步转化为了两步，若切换好几个职位查看，无疑会变得麻烦效率低下。

所以为了解决这对矛盾，在第二层级的界面上，在身份形象展示的两侧添加了一对箭头，玩家可以点击箭头直接切换到下一个身份或者上一个身份信息界面，缩短了玩家切换到别的身份信息界面的操作流程。

作为一名设计师，应该懂得设计的奥秘在于平衡好各种矛盾做合适的设计。

06 视觉方向
Visual Direction

游戏 UI 的视觉方向，对游戏整体操作体验的品质感和代入感起到了非常重要的作用。本章将从视觉主题和风格特征两部分来介绍。

6.1 视觉主题

6.1.1 什么是视觉风格

游戏界面视觉风格（Visual Style），帮助确立整个游戏的交互区块视觉感官的统一，包括色彩设计及使用、造型图案与文化的统一，质感绘制及美术风格的呼应，文字及区块功能的可用性及层级规范等多维度的统一设计工作。

6.1.2 游戏视觉主题的设计意义

游戏的视觉美术风格作为玩家感受第一个区块，能直接和用户产生交互。一个成功的游戏，其美术风格及品质虽然不是决定成功的因素，但是好的美术风格一定会为游戏吸引到大量的玩家，甚至可以成为游戏的代名词在玩家心目留下深刻印象，并带来广泛的传播，这一点就是开发人员需要研究的视觉风格的"HOOK"。

在近几年的市场分析报告中，存量市场份额抢夺战斗会日益激烈，独特新颖的视觉风格一定会为战斗带来非常好的助益。如图 6-1 至图 6-2 所示，《第五人格》和《阴阳师》依靠独特新颖的视觉风格，得到玩家一致好评。

图 6-1 《第五人格》在上线后因为美术风格独特，得到玩家的一致好评

图 6-2 《阴阳师》柔风唯美的画面配上水墨渲染，给人非常独特的游戏画面感受

6.1.3　游戏视觉风格的分类

一个游戏界面的风格诞生不仅需要来自视觉设计师的创意设计，还需要设计师在前期调研中深入地了解游戏故事背景、游戏世界观、游戏的美术风格等，才能做出游戏玩法和美术风格高度一致的界面视觉系统。

/ 根据游戏题材划分

在开始设计游戏界面的美术风格前，首先要了解这是什么类型的游戏，有什么样的世界观。很多不同国家的游戏工作者在设计游戏的时候，总会受国家历史因素和现代环境的影响，从而产生不同的游戏美术风格，继而在游戏研发中去体现。因此市场中根据地域及不同地区的审美文化大致划分成欧美风、中国风和日韩风。

1. 欧美美术风格

欧美的游戏美术风格偏重写实，展示力量，游戏风格多粗犷硬汉及夸张造型。根据年代划分：部落、中世纪、哥特、魔幻、现代、战争、科幻、赛博朋克、末世废土等，这几个题材可以相互叠加配合，展示出更有趣的游戏题材。

补充阅读：

科幻：（细分为蒸汽朋克、真空管朋克、赛博朋克等）

- 蒸汽朋克：《机械迷城》《教团 1886》《爱丽丝疯狂回归》《重力异想世界》；
- 真空管朋克：《红色警戒》系列《辐射 3》《生化奇兵》《战锤 40K》系列；
- 赛博朋克：《光晕》系列 EVE《星际争霸》《质量效应》系列《命运》；

2. 日本美术风格

日本动画片 (Anime) 较好，也形成了比较独特、干净清爽的日系风格。日本人物多偏向唯美柔和，还有较为传统的日本美学风格。

3. 中国美术风格

国内游戏以仙侠、武侠、三国等古代历史玄幻题材为主。如图 6-3 和图 6-4 所示，这类题材多见古中国元素，例如水墨、纹饰、服饰、武器、建筑、竹剑等。

图 6-3　《大唐游仙记》是网易首款 3D 回合制手游，是网易西游题材系列之一

图 6-4　网易游戏《神都夜行录》

4. 韩国美术风格

韩式美术风格在题材上特征性不强，多为混搭题材。既不像欧美画风的硬派写实，也不像日式画风的卡通二次元，也不像中国传统风格的古典，而是三者兼具，创造出一种新的符合亚洲人审美需求的绘制精细而色彩明快清新的新风格。

/ 根据美术绘制风格划分

设计师在开始准备设计游戏界面风格前，会了解到一些相关信息，如：这款游戏是 Q 版的，还是写实风格，是虚境表现或者具象写实。为了更精准地设计出和美术风格匹配度高的界面，还要进行设计语言的表达与创造。

根据美术风格的维度，游戏界面的设计由色彩、造型、质感三点来组成，在绘制上可以根据造型和绘制贴图（色彩和质感）的导向图来分析（图 6-5）。

图 6-5　造型和绘制贴图导向图

/ 根据用户群体划分

男生喜爱的游戏多为美术风格写实硬朗且有一定操作难度，节奏较快的硬核游戏，如FPS、丧尸、赛博朋克等游戏类型。

女生喜爱的游戏多为休闲游戏，色彩明快可爱，例如《梦幻西游》《对对碰》《连连看》等。

所以有了男性向、中性、女性向的三种用户分类。

6.1.4　如何选择更符合游戏的美术视觉表现呢

随着时代变化，市场快速发展，玩家的审美需求越来越高。根据研发人员的不断积累研发及市场调研结果，游戏开发人员发现，从最新的一些游戏美术可以看到传达出一种新的流行趋势：

（1）模拟更符合人性心理的情景化；

（2）更具有吸引点的视觉风格；

（3）更减负的视觉功能表现；

（4）游戏品牌效应更深层次的渗透。

6.2　视觉设计

为了更精准地设计出与美术风格匹配度高的界面，设计师需要进行设计表达的创作。目前在游戏界面中，设计师可以从色彩、造型、质感、文字、构图五方面来进行设计。

6.2.1　色彩

色彩在游戏界面设计中，对游戏的情绪影响及引导体验最直观，同时色彩可以提升游戏的品牌识别度，对品牌的推广非常重要。

舒适色彩的配色的规则可以从以下几方面展开。

/ 游戏类型

不同的游戏界面可以看到不同的色域值的分布。Q版游戏色彩的色彩一般表达规则为高饱和度、色阶明显、简单；写实游戏色彩一般为低饱和度、色阶过度自然、接近现实。

色彩在情绪上也有一定的隐喻作用，使用不同的配色传递不同的情绪，例如：《风之旅人》中根据游戏情感越来越沉重艰难，色彩也从暖色明亮逐步过渡到冷色阴暗。

我们来看下游戏的优秀配色：可以看到下面的游戏界面中，都会有补色的呼应来平衡整个画面的色彩平衡。

/ 视觉层级

舒适的界面还来自于疏松紧密有序的视觉层级排序，界面的分布有主有次，按照序列排布得当，玩家在操作的时候才会目标清晰，引导顺畅。

/ 如何进行色彩搭配：界面主色及引导色设计

首先根据目标游戏 DEMO 角色及场景的色彩进行取样分析，分析目标游戏的类型游戏给玩家带来的心理目标及功能效果等来设计与之匹配的界面视觉色彩。

在进行游戏视觉提案之前，设计师会开始进行主色及引导辅助色的设计来构成界面视觉系统（图 6-6）。

图 6-6　主色与辅助色

A 界面主色，游戏画面色彩的延续，传达氛围感，因此需要依靠分析游戏场景色彩数据来确定（图 6-7）。

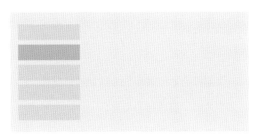

图 6-7　界面主色

B 引导品牌色，面积占用少，醒目，游戏功能及核心情绪传达，一般占据画面的重要位置，作为界面之间的延续核心存在（图 6-8）。

图 6-8　引导品牌色

6.2.2　造型

造型的定义：通过塑造物体的特有形体或者创造可视的形象来表达想法和反映文化。造型对于视觉风格也是非常重要的一环。它是决定游戏性格及特点的因素，设计师在游戏视觉设计中如何提取设计及优化。

形状：通过五官感觉捕捉的物体形态；

灵魂：物体形态中蕴含的声明及文化；

/ 认识：造型的要素与分类

1. 几何形体：点、线、面、体（图 6-9）

图 6-9　几何形体

通过有规则的点、线、面、体的排列组合形成各种形体组合，几何形体不仅仅限制于具体的几何形，现实中很多东西也是几何形（眼睛、方巾、线条），由于几何形体形状确定、规律性较强，所以极易产生人造的感觉（类似科幻题材，大量强调人造元素）。

2. 有机形体：无规律多样图形（图 6-10）

没有具体的形状规律，随机性较强，复杂多样且千差万别的形状属于有机形体，有机形体给人自然的感受，让人感觉是来自大自然或现实生活的物体，使用有机形体能创造更为真实自然的图形。

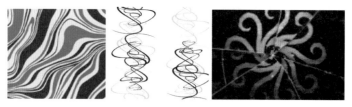

图6-10　无规律多样图形

/ 基本分类

表现形式：现实、平面、放生、装饰；

风格分类：Q、夸张、写实、心理年龄的不同表现；

Q 版——基于可爱向的形态，比例尺度给人圆润笨的感觉；

夸张——基于现实造型，夸张部分形体以获得不同的感受；

写实——根据现实造型，选择形体组合以获得真实感。

/ 造型的构成变化与统一

如图 6-11 所示，造型的变化与统一是检验造型是否合理美观的基本要素之一：

构成变化——通过疏密、比例、对称 / 非对称、布局、层级；

构成的统一——渐变、反复、对称、聚焦；

变化统一的度量标准 ——节奏感。

图 6-11　造型的构成、变化和统一

/ 造型的基本方法

造型是较为复杂多变的艺术形式，本章展示的方式是研发人员选择的主要方法。

对于形体的准确度是使用这些方法的前提（图6-12）。

剪影、夸张变形、概括、重组四个方式：

剪影——突出主体、对比与统一；

独特性的特点夸张及变形——聚焦核心、打破规则、定制特殊风格；

单纯化、概括图形——去除多余内容、直达核心意义；

结构与重组——图形结构重组、意义结构重组。

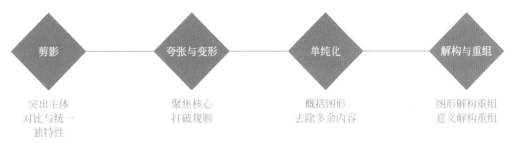

图 6-12　造型的基本方法

1. 剪影

图形设计最开始关键的一步,好的剪影开端会让后续的设计事半功倍,通常在设计一组图标的时候,通过外轮廓识别到图标的主体信息。

开发人员在设计的时候可能会添加一些周边装饰,这样在主题轮廓识别上会有一定困难,这时候可以通过一些对比来增强主体信息。

独特性需要剪影能简化出完整的图形,且又能和最基础的普通型有所区分。

2. 夸张变形

先做变化再做统一,在确定想要表达的内容,然后寻找最具有特点的部分或者元素进行再创造,来强化游戏的特点。

3. 单纯、概括

概括设计在于增强核心图标的表现力,尽量减少不必要的信息干扰,简化会干扰视觉认知的内容。不仅仅是简化图形,而是根据风格选择性地减少不必要的内容来增强图形的表达能力。

4. 重组

重组——分图形或者对含义进行分解打散分析及重组在一起的新设计。重点在于对某一物品的含义进行解读,让其在另一个形式上具备之前的本身的含义。

"当一种简单规则的形呈现在眼前时,人们会感觉极为平静,相反杂乱无章的形使人产生烦躁之感,而真正引起人兴趣的形,则是那种介于两者之间的、稍微背离规则的图形,它先是唤起一种注意或紧张,继而是使观众对其积极的组织,最后是组织活动完成,开始的紧张感消失。这是一种有始有终、有高潮有起伏的体验,是能引起审美愉悦的审美经验。

——格式塔"

6.2.3　质感

质感,是指造型艺术形象在表现质地方面引起的审美感受。通过不同的线条、色彩、明暗及相应的笔触、用光,可以真实地表现出对象所具有的特殊质地,如金属的光泽、水晶的通透、钢铁的硬重、丝绸的飘逸等,使人产生逼真之感。一个好的质感可以快速让用户感受到精致与细腻,从而提高品质。

6.2.4 文字

文字，界面交流信息的工具，是界面中最为重要的载体。它是让用户最快了解界面内容的最直接有效的工具。因此，文字的美观度也成了界面设计中非常重要的一环。图6-13同为一款游戏，这里用了两个不同的字体，虽然配图是同一张，但由于用了两种完全不同的字体，可以明显感觉到这是两个游戏。

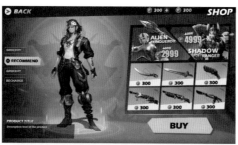

图6-13　《孤岛先锋》界面中不同字体对比

因此，需要根据产品的类型，来选择合适的字体，来更加凸显产品的风格。而往往在一款产品中，为了凸显文字的主次，可能根据标题、正文会用到两三种字体。一般情况下，标题和按钮的文字多选较为吸睛、艺术性较强的字体。正文字体多选择阅读性、扩展性较强的字体。

6.2.5 构图

讲到构图，首先要知道，所有的画面都是由"点""线""面"所构成，那么界面中的"点""线""面"，即：文字、图片、颜色，所有的界面也都是由它们所组成。

那一个好的构图，所需要具备以下几大要素：

/ 比例

说到比例，很多人都听说过黄金比例，也叫黄金分割。古希腊数学家在进行线段分割时，发现一条具有美的价值的规律，多应用在艺术、摄影等多重领域。它是将一段直线分成长短两段，使小段与大段之比等于大段与全段之比，比值为1∶1.618。见图6-14：

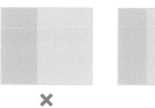

图6-14　比例效果示例

运用这套黄金分割法则，也可以找到黄金分割点，在一个画面中，可以将视觉的重心放在这个位置，从而达到聚焦的目的。

/ 聚拢

将一个界面中，彼此相关的项，统一归组到一起。如果多个项，相互之间存在很近的亲密性，它们就会成为一个视觉单元，而不是多个孤立的元素。这非常有助于组织信息，减少混乱，为读者提供清晰有序的结构（图6-15）。

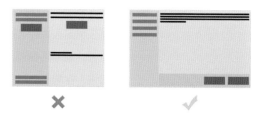

图6-15　聚拢效果示例

/ 对齐

一个看似非常简单的元素，但也是被很多人遗漏的元素。任何东西，都不应该随意在画面中摆放，每个元素都应该和画面上的另一个元素有某种视觉联系，去整齐的组合排序，这样能建立一种清晰、精巧而清爽的外观（图6-16）。

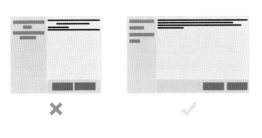

满，不会有一边倾倒的感觉（图6-18）。

图 6-16　对齐效果示例

/ 对比

对比的基本思想是：要避免画面上的元素太多相似。如果元素（文字、颜色、大小、线宽、形状、空间等）不相同，那么干脆就让它们截然不同。如果要让这个画面引人注目，对比通常是最重要的一个因素，也正是因为它，用户才会首先看到这个画面（图6-17）。

图 6-17　对比效果示例

/ 平衡

很多时候，在设计一个画面的时候，总会感觉有些地方过于空洞，有些地方过于紧密，让画面看起来，会有一边倒的趋势。因此，需要把画面上的一些信息重新排列，让画面的构图饱

图 6-18　平衡效果示例

/ 重复

在设计中，需要让一些视觉要素重复出现。可以重复颜色、形状、材质、空间关系、线宽、字体、大小和图片等。这样一来，既能增加条理性，还可以加强统一性。

/ 趣味性与独创性

界面设计中的趣味性，主要是指形式的情趣。这是一种活泼性的版面视觉语言。如果版面本无多少精彩的内容，就要靠制造趣味取胜，这也是在构思中调动了艺术手段所起的作用。画面界面充满趣味性，可以让整合游戏界面如虎添翼，起到画龙点睛的传神功力，从而更吸引人、打动人。趣味性可采用寓意、幽默和抒情等表现手法来获得。

独创性原则实质上是突出个性化特征的原则。鲜明的个性是界面设计的创意灵魂。试想，一个界面多是单一化与概念化的大同小异，它的记忆度有多少？更谈不上出奇制胜。因此，要敢于思考，敢于别出心裁，敢于独树一帜，在界面设计中多一点个性而少一些共性，多一点独创性而少一点一般性，才能赢得用户的青睐。

07 设计特色
Design Features

任何一个设计都需要有自身的特色才有机会被记住。

本章探讨的主要是基于游戏产品的设计特色。游戏作为绘画音乐电影等之外的第九艺术，具有它自身特有的设计点。有的可以制造惊喜，有的可以令人铭记，有的可以广泛传播。网易的设计师在这些方面做了大量研究和实践，总结出以下的一些设计方法，包括情感化设计、特色概念创意、设计方法和工具等。本章将从这些不同的角度和大家一起创造游戏的界面与体验特色。

7.1 情感化

设计创意的基础，是对游戏产品的基础信息有着充分的理解。

随时代的快速发展，设计师对情感化设计理念的理解目前已不再满足于设计心理学的前提基础。关于这个概念的定义也正在向更高维度演进。情感化设计作为知识模块，处于用户体验设计中较深层次的位置，是设计师们一直以来不断修炼的禅宗境界。情感化设计能够搭建产品与用户之间的情感纽带，为产品带来更高维度的价值。此处仅从互联网游戏产品体验设计的角度去定义展开。

7.1.1 如何理解情感化

从表面看，情感化设计是一种影响心理的、直达用户内心的体验设计思维，最能代表用户体验设计的核心价值。实际上在游戏体验设计的角度，情感化设计的目标大体可以定义为：

"通过对角色所处环境和交互方式的设计，对其情绪施加影响，使其在交互过程中产生或完成既定的感觉或体验。"

这句话的表述分别是针对情感化设计的方法、本质和目的定义。为了更加清晰地理解这个概念，需要将定义中的关键词含义解释一下：角色、环境、交互、情绪与感觉、影响。

/ 角色

主角定律是符合二八原则的：即便主角的位置仅有 20%，80% 的人还是希望自己可以成为主角。

设计师需要在设计前明确玩家在整个游戏中的角色位，以便针对角色位做出对位的设计，从而达到直击心灵的感官体验。

玩家在游戏中可能存在多种角色位，就像真实世界中的人，每个人都是多重人格和身份的混合体。当角色需要执行某些行为时，如果这种方式不符合角色位，就会造成很多笑话；相反如果处理得当的话，既能够提升代入感，同时也可以更加强这种角色位在玩家心目中的渗透，使角色位更加深入人心。

如图 7-1 所示案例 "《一梦江湖》飞鹰传书" ——这个需求之初，只是一个类似邮件的设计。对于这一类需求目前绝大部分同类产品在这方面的处理是均质化的——通过界面的信息列表 + 标签的形式。在《一梦江湖》中，设计师在初期的设计中做了对于角色位的思考：玩家是身处明代的侠客。纵观武侠作品中，传输信息的方式要么是千里传音的超能力，要么就是利用信鸽飞鹰等传递信件，于是产生了如下大胆设计。

图 7-1 《一梦江湖》飞鹰传书

利用镜头位移＋模型与 UI 结合的方式，使整个体验融入江湖侠客的潇洒与柔情。使玩家能够融入这种角色位，一名真正的侠客瞬间与玩家本体的合二为一。

/ 环境

环境是设计师发挥最主要的舞台。这里主要是指游戏中的种种表现，视觉、听觉、触觉等。设计师需要通过各种视觉、特效、音效的设定，搭建起一个舞台，令人身临其境。

这里举一个《一梦江湖》茶馆说书的案例（图 7-2）：需求实质就是一个答题界面。如果做成界面的话非常简单，主体就是一句问题文本加四个选项。茶馆说书是一种情景，设计师们希望在完成功能的同时将玩家的情绪接入茶馆这个主题环境，达到一种武侠世界中真正说书听书的参与感。于是就做出了针对答题环境的情感化设计，将真实游戏世界中的茶馆引入进来，以 NPC 对话作为开场的方式，烘托出了 NPC 说书，玩家听书作答的情感体验。

图 7-2　《一梦江湖》茶馆说书

/ 交互

除了针对角色与环境视觉，这种从设备输出反馈给玩家方面的设计点，交互动作在情感化过程中起到了不可替代的作用。它从反方向，也就是从玩家角度出发，向设备输入的方式完成情感化的体验。

有一个印象深刻的案例就是《战神 3》的 QTE设计：在与海神波塞冬的对抗中，奎爷最终战胜了海神，终结他的方式在游戏中设定为按碎双眼，在这里可以看出设计师在这个动作的QTE 上做出了与众不同的处理，首先视角方

面切换为波塞冬的第一视角，交互的方式是同时按下手柄的 L3 与 R3 按键，此时玩家的交互动作和奎爷的手势动作完全匹配了起来，那一刻玩家和奎爷的角色位也重叠了起来。复仇的酣畅、斩杀的爽快与痛感在这一秒钟同时给到玩家。

在整个设计过程中，情感化的每个节点和维度都被充分利用，且拿捏精准控制得当，所以算是目前情感化设计中最有代表性的设计之一。

7.1.2　情感化设计的特殊价值

目前行业内的普遍问题一直困扰着设计师们，那就是当大家满怀信心拿着一套情感化设计方案找产品方推进时，却因为各种原因被拒绝执行。这些原因或者理由中大部分集中在方案的性价比方面。

仔细分析这个问题会发现观点的核心矛盾在于设计的性价比。性价比由方案的价值和实现成本两部分构成。实现成本通常的压缩策略可以通过技术的突破和流程优化来解决。

这里主要说明一下情感化设计的价值，因为它可能被远远低估了：

通过情感化设计可以营造出很多价值，例如在游戏体验设计领域较多描述的：代入感、沉浸感、参与感等。显性的、点状的、短期的价值是相对容易发现的。但是按照价值的维度，大家通过细分就会发现一张价值网。从这张网中，大家会发现更多的、尚未被发掘的价值点，等待设计师们去突破。这里列举其中几个例子：显性价值、隐性价值、辐射价值、长期价值。

/ 显性 / 隐性价值

《炉石传说》的界面中设计了很多彩蛋，界面载体的周围摆放了一些可交互装置（图 7-3）。虽然与核心玩法没有什么相关性，但依然存在情感调动的价值。至少玩家可以在等待对手出牌的期间把玩，免去些许的无聊与紧张。

图 7-3　暴雪开发的《炉石传说》界面细节

/ 短期 / 长期价值

毕竟今朝有酒今朝醉，长期价值即便广泛存在，即便看得到也未必重视，但这种价值的保质期最长，是为数不多的可随时间增值的价值。这可能就是大家常说的品牌价值、情怀价值等。

《超级马里奥：奥德赛》中有一个比较特殊的关卡，这个关卡在交互层面没有做特别多的设计，只是在游戏的表现层做了一个简单的切换，令玩家瞬间回到了最早版本《马里奥》的世界中，在这次从 3D 世界转化到 2D 平面的过程中，儿时在游戏中体验的快乐也随着这种切换穿越回来。

7.2　特色概念创意

说到有特色的游戏界面，大家脑海里首先浮现出来的有哪些？例如，《女神异闻录（Persona 5）》极简漫画和强对比的特色剪报 UI；《合金装备 V（Metal Gear Solid V）》里的 iDroid——充满代入感的动态科技显示 UI；《Splatoon2》里乌贼娘们的喷墨 UI；《全境封锁（The Division）》的车窗捏脸 UI……

每一个界面都与其自身游戏的结合极为紧密，令人记忆深刻。

7.2.1　如何理解特色

所谓界面特色，正是游戏界面区别于其他游戏的独有特征。这个特征可以是界面风格，也可以是界面形式（如交互形式、包装形式）。一方面由该游戏的玩法和世界观决定，为该游戏独有；另一方面可以是在游戏界引领前沿，做第一个吃螃蟹的设计，敢为当下游戏所不为。

7.2.2　特色创意的价值

设计师为什么要做有特色的概念创意？这就好比问产品为什么要强调品牌价值。

品牌价值是品牌管理要素中最为核心的部分，也是区别于同类竞争游戏的重要标志。品牌价值，关键体现在差异化价值的竞争优势上。

游戏界面是游戏重要的组成部分，一款游戏想要形成自己的品牌，就要有区别于其他游戏的世界观故事、核心玩法、美术风格、界面特色。

反之，游戏界面的独特性，也可以为游戏创造差异化的品牌价值，易于被玩家铭记和传播。试想，当提到一款游戏界面时就可以立马联想到这个游戏，那么，这就是特色概念创意的游戏界面的设计价值。

7.3　创意方法

创意，在游戏界面范畴内，可以定义为对界面的一种创新设计或设定，给玩家耳目一新或惊喜的感受，或是一种创新的操作体验。通过这样的创意设计，将玩家代入到游戏世界里，对整个游戏的调性有了更深的理解和体会。共鸣通常在此产生。

而本质，对游戏而言其实是对界面交互方式、视觉风格、呈现效果的一种新创想。

形成创意的思维方法有很多，可以多观察身边事物积累经验、多看一些优秀的作品激发灵感、多和团队讨论碰撞火花等。设计师们把这些总结起来，形成游戏界面设计工作流程的一部分。

最关键的思维方法：一头脑风暴、二关联思维、三破局思维、四混搭法、五讲故事。

本章以《神都夜行录》相关设计为例，来看一看妖气 UI 的创意过程和思维方法。

7.3.1　头脑风暴

头脑风暴（Brainstorming），一种创造能力的集体思考法，常常是为了解决一个问题、萌发一个好创意，集中一组人来同时思考某事。

工作中设计师们经常以团队为单位，从具体需求出发进行头脑风暴，集思广益（图 7-4）。

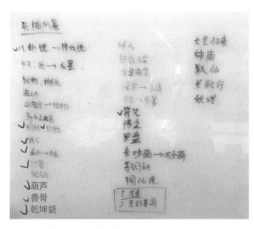

图 7-4   《神都夜行录》前期 UX 团队头脑风暴

图 7-6   《神都夜行录》核心关键词——妖气

7.3.2   关联思维

头脑风暴之后，通常会收集到团队发散出的许多想法，称其为"关键词"。从获得的关键词中提取（图 7-5）更具特点的组合，找到最合适的关键词组作为灵感的源泉。

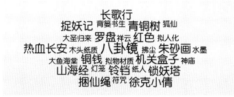

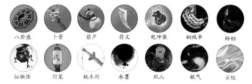

图 7-5   《神都夜行录》脑暴关键词提取

通常在初期提取关键词之后，会再进行几轮头脑风暴。最后选取了"妖气"作为核心关键词（图7-6），其他元素辅助营造"世间妖怪，皆有温度"的大唐国风界面氛围。

7.3.3   破局思维

当设计师在设计中找不到合适的突破点头疼欲裂之时，或许需要换一种角度，换一种思维去寻找差异化的切入点。

在《神都夜行录》的界面设计中，设计师找到一个核心关键词——妖气，用传统的设计方法做技术上的突破。这也是国内首款移动端上的框架性动态 UI（图 7-7），平衡了功能、性能和效果，提升了视觉感受。

妖气凝聚（一级面板-Fade in）

妖气流转（一级面板-常驻动态）

图 7-7   《神都夜行录》妖气动态 UI——用传统的设计方法做技术的效果突破

7.3.4 讲故事

除了以上思维方法之外，还可以用到讲故事的方法为设计进行包装。

《神都夜行录》四月踏青活动（图7-8），通过以小见大的电影手法运用，将镜头聚焦在妖灵角色的生活环境。将故事发生的场景聚集在角色小小的书桌上，让界面承载了剧情所有入口的功能，也能够通过界面场景侧面描写妖灵角色形象，丰满角色设定。

整体信息构架展示直观，加入拟人化的剧情元素，营造出真实的剧情氛围，让界面与场景之间切换没有打断感，界面就是游戏剧情的一部分。

游戏界面之所以要进行设计创新，是因为游戏通过界面的附加价值，可以提高玩家感知游戏价值。界面通常是功能和信息的载体，保持易用性的同时做设计上的提升，用创意增强竞争力。

图 7-8 《神都夜行录》踏青活动 UI

7.4 创意工具

一个好的灵感和创意来之不易，设计师可以通过使用一些工具在创意的各个阶段去不断记录、提炼、完善、验证和推进想法。

这里跟大家分享工作中常用的创意工具。

7.4.1　思维导图

思维导图是做思维发散和头脑风暴极佳的助手。在后续做关键词关联时也可以派上极大的用场。

在进行大规模的关键词联想时，设计师们通常遇到的问题就是联想的范围与记忆。因为在联想的过程中会反复将思维回溯到联想的起点，所以很容易出现记忆断点。思维导图工具可以辅助记录这些关键词，形成连接的同时帮助联想持续进行。

7.4.2　原型工具

市面上有不少交互原型工具，设计师们可以使用任何一款顺手的产品，结合大家的想法使用，做出低保真或高保真 DEMO 验证想法。

随时代发展，原型工具进化也在时刻发生，所以无论在创意的表达还是还原方面都可以使用，它们的作用不仅是视觉样式的还原、3D 和可交互原型，还有动效表达，镜头语言的表达等。这些原型工具组合后产生的设计呈现方式可以最大限度、最全维度地还原设计者的创意。

DESIGN REALIZATION (EXTENSION)

03

设计实现（外延）

08 设计原则
Design Principles

8.1 可用性

一切用户界面的设计准则都是以人类心理学为基础的，即基于人是如何感知、学习、推理、记忆，并把意图转换为行动的基础之上而形成。因此可用性设计包含两方面内容：首先是功能的有用性，其次是逻辑的能用性，有用 + 能用 = 可用。

8.1.1 功能的有用性

功能的有用性始于对用户需求的理解：用户想要做什么，什么时候会这么想，有多频繁。一方面是指所开发的功能或者方案切中用户痛点，并且能够予以实际解决的。如果开发的功能无关用户的痛点，那么用户就基本没有使用该功能的主观动机，其可用性也就失去了意义。

另一方面是指能够实现产品团队开发目标的。比如新手引导中希望玩家能够掌握某一种操作技巧或者了解某一部分隐藏功能，如果没有实现这一目标，那么该设计的可用性也同样失去了意义。因此功能的有用性是实现可用性的基础，没有这个基础，可用性无从谈起。

玩家在翻看历史聊天消息经常有这种困扰：每当有新的聊天消息出现，消息列表就会回到顶部，把当前查看的消息给刷掉了。《梦幻西游》聊天界面的消息锁屏的设计（图 8-1），则是抓住了玩家的这个痛点。玩家滑动消息列表的这个行为对应着玩家的意图：查看历史聊天记录。这也意味着玩家此时不希望被新来的消息打断。而《梦幻西游》聊天界面中，当玩家滑动聊天列表时，左下角的开关会自动打开锁定当前屏幕，新消息会显示在顶部提醒，不会将消息记录刷新置顶。这个锁屏的

图 8-1　《梦幻西游》聊天界面

设计正是抓住了玩家在查看消息中被新消息打断的痛点，针对性地做设计，对于玩家来说是非常有用的。

8.1.2 逻辑的能用性

实现功能的有效性以后，下一步的目标就是逻辑的能用性了。所谓逻辑的能用性是指这个设计解决方案在逻辑上能够形成完整的闭环，不存在逻辑上的矛盾和冲突，并且在运行的整个过程中不存在任何的漏洞，最终与其他系统实现自洽，成功融入游戏这架复杂精密的机器成为其不可或缺的一部分。能用性的公式：触发—规则—反馈—循环，任何功能都必须包含这四个交互组成部分才能具备能用性。

/ 触发

一切交互的开始都是从用户打开设备或启动应用时最先碰到的东西开始。这个东西就是触发控件。理解用户想要做什么，什么时候想做，以及在什么情况下想做，决定了触发控件在什么时候、什么地方出现，并在特定的使用情境下让用户能够一眼认出。每一个触发控件都是唯一的，同时每次都触发相同的逻辑，以此培养用户形成准确的心智模型。

曾经的登录界面大多是屏幕底部有个开始游戏按钮，玩家点击按钮进入游戏，例如《率土之滨》（图 8-2）。这种以按钮作为触发控件的设计人们早已习以为常，但也存在着一些问题。控件在屏幕中间，并不是最佳的点击位置；同时为了保证易点击性，按钮会做得比较大，这一定程度也遮挡了背景，影响了表现性和氛围感。

图 8-2   《率土之滨》登录界面

但随着对界面表现性的追求不断提高，设计师尝试了以非按钮作为触发控件的登录界面设计。例如追求营造恐怖压抑氛围的《第五人格》（图 8-3），屏幕底部有一个巨大的开始按钮，会比较大地影响恐怖氛围。而从玩家需求考虑，在登录界面中，大多数用户的需求是直接进入游戏进行体验。

因此，游戏中采用了点击屏幕进入游戏的设计，将整个屏幕作为交互触发的控件，不仅减少 UI 对屏幕空间的占用，提升画面的表现力，同时也扩大登录游戏的点击区域，方便玩家快速进入游戏。

图 8-3　《第五人格》登录界面

/ 规则

如同游戏规则决定了游戏该怎么玩，交互规则决定了交互能怎么用。规则规定了什么可以做，什么不可以做，以什么顺序做，反映对用户行为的约束。虽然规则是限制用户的动作，但不应该让用户感觉到它像规则。换句话说就是，规则应该潜移默化地引导用户完成交互过程。以此帮助用户理解并建立起对该功能的思维模型，就需要创建一个围绕交互如何运作的简单的非技术性心智模型。设计规则时最重要的是确定目标。最好的目标应该是容易理解的，且能够实现的，即知道为什么要这么做，以及清楚能够做到。不过用户可能知道也可能不知道规则的存在，而规则让自己可见的方式有两种：允许做什么和不允许做什么。规则关系图从交互设计的角度来说，知道用户想干什么是最重要的，那些数据和内容是最有用的，然后把这些对人有益的价值融入到交互设计之中，避免设计规则是只考虑效率而忽视价值的情况。

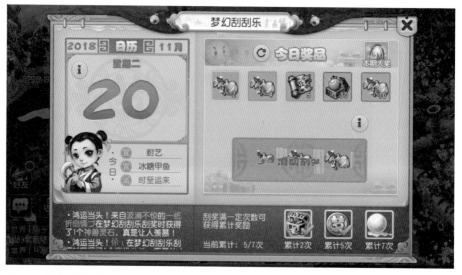

图 8-4　《梦幻西游》刮刮乐

《梦幻西游》每日签到的刮刮乐（图8-4）就是建立起一个玩家容易理解的心智模型，潜移默化地引导玩家进行操作的设计。界面中没有文字提示玩家要用手指刮开密封层，但玩家基于日常生活的刮奖经验，会不自觉地滑动密封图层，而奖励内容会在滑动过的区域显示出来。

/ 反馈

反馈决定了交互的特质和个性，没有反馈，用户永远也理解不了规则。这一点在游戏中表现得尤为淋漓尽致，游戏中的抽奖反馈大都暗藏玄机，目的只有一个，就是让人欲罢不能。方法就是将反馈时不时地停留在"差一点就赢"或者下一次就行了的地方。研究表明，"差一点就赢"的暗示会激活人脑中与"赢下来"相关的部分，导致人即使赢不下来，也会继续玩儿下去。就算玩家赢了，就现实层面而言其实没什么，但是，此时的反馈往往会格外夸张——光芒四射、掌声雷动，让玩家感觉是个极有成就感的大赢家。反馈应当由需求驱动。比如在游戏中购买道具，钱币不够了，在反馈中不仅告诉玩家差多少钱币，还会在反馈中附带上获取钱币的途径链接，这种反馈就是由用户需求推动的。好的反馈就是能够让玩家或者用户采取下一步的行动，而非止步不前。同时，点击或跟随了任何可能被误解的反馈都不应该给人"惩罚"，而是应当通过反馈即时的提供引导解决方案。这是确保可用性的核心环节。

《第五人格》在灵感和回声不足时，会有主动的弹窗提示（图8-5），给出玩家获取回声的便捷途径，减少玩家操作成本。

图8-5   《第五人格》示例

/ 循环

为了让玩家或者用户在第二次使用某一系统的时候感觉更好，我们可以做些什么？第十次或者第一百次呢？Adaptive Path 公司 CEO Brandon Schauer 的 "The Long Wow" 概念给我们以很大的启示。"长久的赞赏"旨在随着时间的推移向用户交付新的体验或功能，而不是一成不变的，借此建立用户或玩家的忠诚度，让人们感觉它是专门给自己定制的，设置是一个全新的东西。也就是借助循环记住用户或玩家的使用习惯，实现定制化的体验。循环的另一方面是在用户或者玩家长期的使用中，渐进揭示新功能或者逐渐减少不必要的信息，随着用户或者玩家越来越熟悉产品或者功能，不用再手把手教他们了以后，界面或者功能就可以变得更加简洁高效。

可用性是易用性的基础，一个方案只有实现了可用性，才能在此基础上进行易用性的优化，脱离可用性的易用性设计是没有任何意义的。

/ 容错

游戏体验中无可回避的一个问题就是人是会犯错误的，许多交互系统让用户非常容易犯错，却不能让用户修正错误，或者修正错误的成本非常高。在这样的系统上，人们无法变得高效，因为他们在修正错误或者从错误中恢复时浪费了大量的时间。比在时间上的影响更严重的是，在时间和探索上的影响。一个容易使人犯错误而且错误代价很高的高风险系统将阻碍人们对其探索，这对游戏来说是致命的，对犯错感到紧张和害怕的人们更愿意继续使用熟悉的、安全的路径和功能。当探索受阻、高度紧张时，学习的动力就受到重的打击。如果实践和探索不受鼓励，那么学习将会变得很困难。

图 8-6　《荒野行动》商城界面

系统的容错性一方面与用户易犯错程度相关，即在该系统玩家是否容易犯错，玩家操作是否能够轻易达成其目标；另一方面则与用户犯错后的成本相关，即玩家犯错后的成本是否大，犯错后是否能够恢复弥补。

在《荒野行动》商城界面中（图 8-6），玩家搭配好的装备被替换到左侧的装备槽孔。点击槽孔选中该部位，右侧商品列表切换为该部位的商品；点击槽孔右上角的"×"卸下改部位商品。在这个界面中，删除按钮尺寸过小，玩家不易点击中。从这个角度说，该商城系统的卸下操作准确性并不高，玩家比较容易误操作。

平安京的替换及卸下操作（图 8-7）则是提升替换卸下操作的准确性和容错性的例子。玩家在点击装备方案中的道具时，相对应的操作会显示在道具图标上方。一方面将操作按键与图标的操作分离，玩家的替换/卸下操作不容易与查看详情操作冲突；另一方面，分离出来的操作按钮尺寸也更大了，玩家更容易进行点击。

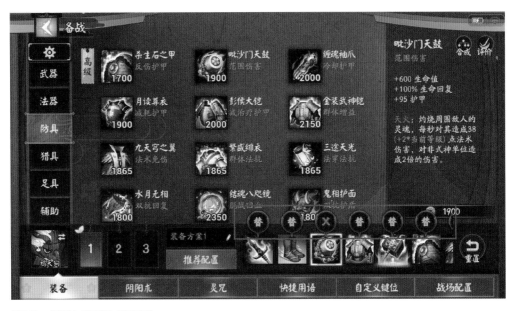

图 8-7　《决战！平安京》装备替换

8.2　易用性

易用性是在可用性基础上的进一步优化，是提升用户体验最核心的环节之一。易用性的本质是效率的提升。为了提升游戏体验中的效率，需要重点关注功能的可学习性，以及体验流程是否能帮助玩家进行游戏行为。

8.2.1　功能的可见性

功能的可见性顾名思义，就是其设计开发的功能是能够为用户所感知到的。要提升功能可见性就需要了解人是如何感知我们身边的世界的。我们的感知至少受到以下三个因素的影响：

/ 经验（心智模型）影响感知

经验往往在我们的认知过程中扮演先入为主的角色，原因很简单，我们不愿意浪费宝贵的脑力资源去进行我们认为不必要的思考活动，因此当大脑启动认知的时候，我们会首先会利用自己以往的经验，因为这样更节省脑力。与此同时，我们的生活大部分时间是在熟悉的环境里度过的，比如上班下班的路线，自己的办公室，经常去的商店、酒吧、餐馆等。在不断熟悉的环境中进一步降低我们的脑力负荷，我们会在心智中建立起一套持续成熟的模型来帮助我们减少思考，它让我们对不同的地方有不同的期待。研究者们把这些感知模式称为框架，包括在各个环境下通常遇到的对象和事件。

举个例子，我们每天生活的房间，由于我们足够熟悉，即使一直都很乱，我们也能够知道大多数东西是放在什么地方。不同场合的心智模型影响人们在各个场合下对期待见到的事物的感知。它的力量很强大，可以使我们不必检视身边所有的细节就可以从容应付所处的世界，甚至在回忆的时候让人们误以为看到了其实并不存在的东西。利用心智模型来提升功能可见性的方法之一就是合理的归类，把你想让用户看见的东西放在他认为应该出现的地方。

玩家通过日常生活中的经验来感知游戏控件，感知哪些控件可以交互，怎么交互。如日常生活中的扭蛋机，在《非人学园》中，就将扭蛋机元素融入到了抽奖设计中（图8-8）。根据日常生活中的经验，玩家很容易就理解这就是抽奖的系统，并且加深对游戏的沉浸感。

图 8-8 《非人学园》的抽奖设计

/ 环境影响感知

环境影响感知最有名的例子就是"Muller-Lyer 错觉"（图8-9），然而不仅视觉会被视觉环境所影响，实际上五官的感觉会同时相互影响。比如听觉影响视觉的例子"幻觉闪光效果"，当屏幕上的某一点短暂地闪了一下，但伴随着两个快速的蜂鸣声，就会看起来像闪了两下。因此，如果我们想让用户或者玩家刻意注意或者忽略掉某一个东西，就可以通过视觉、触觉、听觉的设计加以强化或者削弱。"格式塔原理"会有详细的改变人们视知觉的介绍。

《第五人格》中 UI 视觉上采用雾气虚化的形式（图8-10），表现出一种未知的恐惧感；同时当监管者接近玩家时，求生者身上显示紫色的心脏，在听觉上伴随着心脏跳动的音效，加强紧张感。通过多通道的感官强化，营造一种压抑恐怖的氛围，增强玩家在游戏中的代入感。

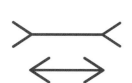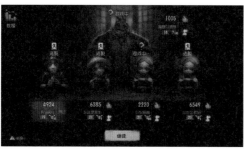

图 8-9 Muller-Lyer 错觉　　图 8-10 《第五人格》示例

/ 目标影响感知

Daniel Simons 的选择性注意测试：当被告知要数球员传了几次球，过半被试者没有注意到视频中大摇大摆走过的大猩猩。当人有目标时，注意力资源会被分配到目标身上，而无关信息会被过滤掉。

我们的目标会引导我们的感觉器官，让我们从四周的环境中根据需要采集样本，而且对我们感知到的东西进行过滤，与目标无关的事物在被意识到之前就被过滤掉，也就不会被我们的主观意识注意到。目标对感知的过滤在成人身上特别可靠，成人比儿童对目标更专注。儿童更容易被刺激驱使，目标较少地过滤他们的感知。这种特点使他们比成人更容易分心，但也使他们观察时更不容易产生偏差。了解到这一点，我们就可以通过"剃刀原理"来详细理解如何帮助用户或者玩家快速锁定目标。（详见剃刀原理）

《天下》（图 8-11）手游为了引导新手玩家聚焦特定的目标和任务，采用渐进式的解锁模式，随着玩家的深入而逐渐解锁新的入口和目标。

图 8-11   《天下》示例

8.2.2   结果的可预见性

反馈结果的可预见性是指用户可以根据所得到的反馈，顺利预期下一步的操作，也就是说通过反馈结果的可预见性，尽可能地避免用户在交互过程中产生困惑。这里就牵扯到一个概念——响应度。

这里所说的响应度不仅与性能相关，以单位时间里的计算能力来衡量，同时是以服从用户在时间上的要求及用户满意度来衡量的，即响应在多大程度上符合用户的期望。如何提升响应度呢，那就是用户或者玩家在通向目标的交互过程中，在所有可能出现问题的十字路，埋上一个"NPC"提供解决问题的路径引导。简而言之就是我们要掌握用户在什么时候需要知道什么信息，并及时地将这些信息在最恰当的时刻以最恰当的方式推送给用户或者玩家。

提升产品的易用性是一个系统工程，尤其要以可用性为前提，一个产品或者功能如果连可用性都没有实现，那么易用性就会如同空中楼阁，无论如何努力都会可望而不可即。

《阴阳师》中式神查看（图 8-12）。玩家进入式神界面中，首先从庭院进入到内院，显示式神列表和当前选中式神。玩家点击式神右侧箭头，镜头向右移动，显示式神及式神详情。这个右侧箭头的设计比较好地体现了功能可预见性，一方面"详细"二字让玩家知道这是查看详情的功能；另一方面向左的箭头动效也让玩家很自然知道点击后会有信息从右侧向左出现，界面之间衔接非常自然。

图 8-12 《阴阳师》示例

8.3 格式塔

格式塔原理，又叫完形心理学，是 20 世纪 20 年代由德国心理学家提出的一组视知觉原理，在视觉设计中具有重要影响力。格式塔原理建立在"一个有组织的整体，被认为大于其部分之和"的理论基础上，强调人们的审美观对整体与和谐具有一种基本的要求。简单地说，我们的视觉更倾向于将对象看作一个整体来认知，然后再分析组成这个整体的各个部分，这可以指导我们更合理地规划信息布局。

8.3.1 接近性

我们倾向于将位置上相互靠近的元素感知为一个整体。如图 8-13 和图 8-14 所示，元素之间的相对距离会影响我们感知它们是否或者以何种规则组织在一起，互相靠近的元素被视为一组，而那些距离较远的则自动被划分到组外。

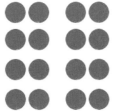

图 8-13　图中的小球被视为左、右两个分组　　　　　　　　　　图 8-14　图中的小球被视为上、下两个分组

接近性原则广泛应用于页面内容的布局和分组设计中，通过将具有一定相关性的内容放置在一起，并保持与不相关内容间的距离，从而保证整个界面内容布局的合理性，给玩家的视觉以秩序和合理的休憩，提高易读性。

《流星群侠传》背包—锻造界面中（图 8-15），通过运用接近性原则将相关内容放置在一起，使整个界面从左往右依次分为菜单栏、碎片列表、碎片详情三部分内容，并符合玩家视线从左往右浏览的顺序。同时，碎片详情中的文字部分又分为用途、特性、外观描述三部分内容，信息展示十分清晰。

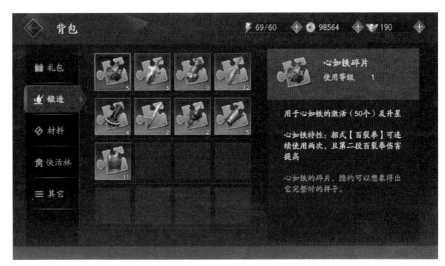

图 8-15　《流星群侠传》背包—锻造界面

图 8-16　《明日之后》明星庄园榜界面

《明日之后》明星庄园榜界面中（图 8-16），界面主要分为左、右两部分内容，左侧为玩家 ID 及名次信息，右侧为玩家其他属性信息。通过运用接近性原则，使玩家 ID 和名次可以突出显示，便于快速获取重要信息。

8.3.2　相似性

我们倾向于将内容上彼此相似的元素感知为一个整体。相似性可以帮助我们组织和分类页面元素，并将它们与特定的含义或功能相关联。这也意味着如果元素具有相同的功能、含义或层级结构，则应在视觉上保持一定的相似性。

相似性原则主要应用于界面设计中的视觉设计，通过调整颜色、大小、形状、纹理等特征（如图 8-17~ 图 8-19 所示），使一些元素具有视觉上的统一性，从而向玩家表明这些元素具有相同的层级结构或相似的功能语义。同时，也可以反过来运用相似性原则来突出元素在具体功能上有一定的差异性。

图 8-17　根据形状的不同，图形被分为圆形和五角星两组

图 8-18　根据大小的不同，图形被分为大圆和小圆两组

图 8-19　根据颜色的不同，图形被分为蓝色圆形和橙色圆形两组

《一梦江湖》角色选择界面中（图 8-20），左侧的图标在未选中状态下，均呈现出具有黑色描边的银色菱形背景的黑色图案，色彩和边框形状上的一致性表明这些图标具有相同的功能，即全都是用来表示可供玩家选择的人物角色。同时，图标中图样形状的差异性表明他们代表着不同的门派角色。

形状差异

排布在一起的图标的图案形状不同。

图 8-20　《一梦江湖》角色选择界面

《阴阳师》游戏公告界面中（图8-21），通过适当增加标题文字的字号大小，使标题和正文具有一定的视觉差异性，以此来表达出公告文档的结构性。

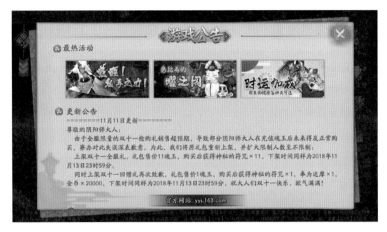

大小差异

标题：42px

正文：36px

图8-21   《阴阳师》游戏公告界面

《神都夜行录》的妖灵召唤概率公示界面中（图8-22），通过适当增加字体大小来突出标题。同时，表头文字使用绿色，SSR妖灵为橘色、SR妖灵为紫色、R妖灵为蓝色、表示概率的数值为黄色，通过使用不同的颜色使内容合理分类，有助于玩家快速获取信息。

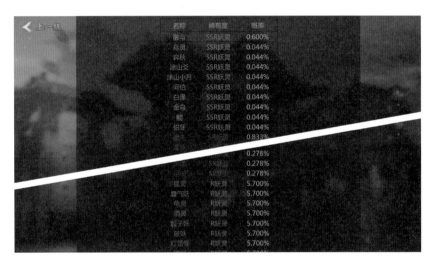

颜色差异

表头：绿色

概率：黄色

SSR 妖灵：橙色

SR 妖灵：紫色

R 妖灵：蓝色

图8-22   《神都夜行录》妖灵召唤概率公示列表

8.3.3 闭合性

我们倾向于将不完整的局部形象感知为一个整体形象。视觉会自动尝试将残缺的图形闭合起来，从而将其感知为一个整体而不是整体的许多部分。需要注意的是，只有当视觉形象为我们所熟悉时，才可以产生整体闭合联想。

闭合性原则的直观表现是用更少的元素表达出更多的信息，使界面内容简约不冗杂，同时使玩家能够做到"窥一斑而知其全貌"。在界面设计中，当同类型元素数量过多或所占空间较大，界面无法将其全部显示时，这些元素一般采用上下排布（图8-23）或左右排布（图8-24），并采用截断式设计让玩家通过残留的部分内容（图8-25），自行脑补判断出界面之外还有其他内容。

信息自左向右排布
玩家自行脑补右侧残缺图形。

图 8-23 《乱斗西游 2》闯关界面

信息自上而下排布
玩家自行脑补底部残缺图形。

图 8-24 《流星蝴蝶剑》主线任务界面

信息前后环绕排布
玩家自行脑补后面残缺图形。

图 8-25 截断式设计范例

8.3.4 连续性

我们倾向于将具有一定相关性的分散的碎片感知为一个连续的整体。连续性使我们能够通过元素的构图来归纳出具有规律性的方向和运动，从而提高了视觉内容的易读性。连续性原则加强了对分组信息的感知，创建了秩序并引导用户通过不同的内容细分。

如图 8-26 所示，连续性原则在界面设计中的运用主要是通过对齐元素的方式，使元素的分布具有一定的秩序性和规律性，从而使玩家在浏览信息时具有一定的预知，视线在界面中平滑的流动形成有序的视觉流，有助于玩家快速找到所需要的信息。《率土之滨》申请加入同盟界面中（图 8-27），同盟信息在列表中显示，同类信息呈竖线排布，每个同盟的具体信息呈横线排布。当玩家感知到元素分布所具有连续性时，便可以有规律地浏览并快速获取信息。

武学图标呈一条连续的曲线指引玩家的视线。

图 8-26 《流星蝴蝶剑》武学界面

同类信息呈竖线排布；任一同盟具体信息呈横线排布。

图 8-27 《率土之滨》申请加入同盟界面

8.3.5 简单性

我们倾向于将复杂的信息元素感知为易于理解的简单而有序的对象。当我们在一个设计中看到复杂的物体时，视觉便尝试将它们转换为简单的形状，并从这些形状中移除无关的细节来简化这些物体。

如图 8-28 的图形，我们会在第一时间判定为这是两个圆形组成的图形，而不是两个或三个其他复杂的图形所组成的，这就是简单性原则，我们的视觉更倾向于在复杂的形状中寻找简单而有序的对象。

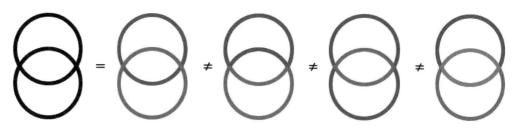

图 8-28　简单性原则示例

简单的元素更容易被我们的视线识别和理解。如《倩女幽魂》（图 8-29）表情动作、界面中的动作图标，使用造型简单的卡通人物形象来表示各种表情动作，同时以高明度的纯色调为主，与黑色背景形成强烈反差，使动作图标易于理解并博人眼球。

用简单的图样表达出复杂的表情动作，且图样与背景颜色明暗对比较大，辨识度较高。

图 8-29　《倩女幽魂》表情动作界面

一切具有规则、对称、均衡和平滑特征的对象都是简单并易于理解的。如图 8-30 中，《率土之滨》虎符兑换界面中，剔除不相关控件只保留玉符兑换虎符所必需的控件和说明信息，且整体呈对称分布，左右均衡，核心内容通过与背景色的对比显得十分突出，易于被玩家获取。

控件少而简单，整体呈左右对称，背景色为单一的暗色调，和玉符、护符形成对比，要表达的核心内容突出。

图 8-30　《率土之滨》虎符兑换界面

8.4 费茨定律

费茨定律是心理学家保罗·费茨所提出的人机界面设计法则，是一种主要用于人机交互中的人类运动的预测模型，在很多领域尤其是人机交互设计领域影响深远。费茨定律主要定义了任意一点移动到目标位置所需要的时间与两者之间的距离以及目标物体的大小有关，数学表达式如下：

$$T=a+b\log_2 1+\left(\frac{D}{W}\right)$$

其中：T 表示完成移动所需要的平均时间；a 和 b 是根据回归分析得出的两个常量（它依赖于具体设备、操作人员和环境等因素）；D 表示初始点和目标物体之间的距离；W 表示目标物体的宽度。如图 8-31 所示：

图 8-31 费茨定律的结论

由公式可得：

当 D（距离）一定时：

W（目标宽度）越小，T（耗时）越大；

W（目标宽度）越大，T（耗时）越小。

当 W（目标宽度）一定时：

D（距离）越小，T（耗时）越小；

D（距离）越大，T（耗时）越大。

8.4.1 按钮越大越容易点击

在合理范围内，增大按钮的尺寸或触发区域可以使其更易于点击。例如图 8-32，《一梦江湖》登录界面的"进入游戏"按钮尺寸比较大，方便玩家点击。

合理增大按钮尺寸，
方便玩家点击。

图 8-32 《一梦江湖》登录界面

8.4.2 将按钮放置在离起始点较近的地方更易于点击

根据研究表明，人们在使用手机时，75% 的交互操作都是由拇指驱动的，而拇指悬停的位置恰恰就是屏幕下方。所以，如图 8-33 所示，界面中使用频次较高或用于引导玩家操作的按钮一般都置于屏幕下方，尤其是屏幕左下角和右下角，例如 MOBA 类手游战斗界面的按钮布局。

摇杆放置与屏幕左下角，角色主要技能图标放置于屏幕右下角，辅助技能图标放置于屏幕下方。

图 8-33 《决战平安京》战斗界面

将功能相关并需要玩家陆续操作的按钮放置在一起，不仅可以在视觉上增强玩家对它们相关性的认知，还可以减少手指在它们之间移动所需要的距离和时间，例如图 8-34 的《乱斗西游 2》中，将需要玩家同时操作的三个携带武将的图标放置在一起，便于玩家根据战略需要及时切换武将进行战斗。

玩家携带的三个
武将图标放置在
一起,便于玩家
点击进行切换。

图 8-34 　《乱斗西游 2》战斗界面

8.4.3 将按钮放置在电脑屏幕的边角更易于点击

电脑屏幕的边角很适合放置像菜单栏和按钮这样的元素,因为光标永远不会超出屏幕,所以屏幕的边角可以看作是巨大的目标,它们无限高或无限宽。放置在电脑屏幕边角的按钮等同于具有无限大的点击区域,极大地方便了玩家操作。如《战网客户端》主界面(图 8-35),游戏菜单放置于屏幕左侧,便于玩家进行选择。

因为光标往左移动时
无法超过屏幕的左部,
所以游戏主菜单放置
于此处,等同于具有
无限大的宽度方便玩
家操作。

图 8-35 　《战网客户端》主界面

目前,在移动游戏的设计中,为了符合玩家的心理模型,继续延续了将按钮放置于屏幕边角的习惯,例如《流星蝴蝶剑》(图 8-36)中角色的装备界面。

屏幕左侧放置角色相关的属性菜单，右侧放置用于玩家挑选的各类武器菜单，便于玩家点击的同时也符合操作习惯。

图 8-36　《流星群侠传》角色的装备界面

8.4.4　反向使用费茨定律，增大玩家点击按钮的难度

游戏设计中经常会遇到一些不希望玩家点击但在功能上又必不可少的按钮，或者是避免玩家误操作的按钮，这时便可以反向利用费茨定律，通过增加按钮与拇指之间的距离或减小按钮的尺寸，来增大按钮被点击的难度。

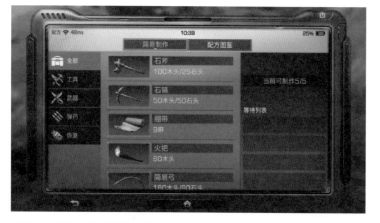

"关闭"按钮一般都放置于屏幕上方，距离拇指较远，避免玩家误操作，从而中断体验。

图 8-37　《明日之后》道具配方界面

俗话说"好的开头，是成功的一半"。游戏开场动画是开发团队精心制作，用以对游戏作说明介绍并吸引玩家眼球，虽然不至于在内容上影响游戏机制和玩家体验，但是也可以达到短时间提升玩家关注度的效果。所以，为了增大玩家跳过动画的难度，将跳过按钮放置于屏幕右上角。同时，这也说明了为什么一般将"返回"和"关闭"按钮放置于屏幕上方，在降低玩家点击概率的同时也避免了玩家误操作（图 8-37）。

8.5　剃刀原理

"如无必要，勿增实体"，切勿浪费较多东西去做用较少东西就可以做好的事情——奥卡姆剃刀原理。这一原理是由 14 世纪英格兰逻辑学家 Occam 提出来的。无独有偶，20 世纪最杰出的现代主义建筑设计大师之一的密斯·凡德罗也提出过类似的理论，那就是"少即是多"。

8.5.1　为什么要推崇剃刀原理？

人的大脑拥有超凡的智慧，深邃的思想以及伟大的创造力。但人的大脑也有难以回避的缺点，那就是我们用于认知这个世界的注意力很有限，记忆力也并不完美。心理学家把认知记忆分为短期记忆和长期记忆。短期记忆保存的信息从几分之一秒到几秒甚至一分钟；长期记忆则从几分钟、几小时、几天，到几年甚至一辈子。

正是由于我们人类大脑的以上认知特点，所以我们再进行交互设计的时候，推崇剃刀原理，将一切不必要对我们的认知产生干扰的信息去掉，使人们专注于当前的目标和任务。

8.5.2　剃刀原理在交互设计中的体现

"行动召唤（Call to Action）"：不要在一个界面之内放置多个相互竞争、多去用户注意力的行动召唤元素。每个界面应该只放置一个占主导地位的行动召唤元素，或针对每个可能的用户目标放置一个，这样才不至于超出用户的注意能力，把用户引导至无法完成目标的道路上。换句话说：只要用户明确了自己的目标，就不要显示一些会分散用户注意力、无关的链接和行动召唤元素。利用"流程漏斗（Process Funnel）"的设计准则引导用户完成目标。

例如《秘宝猎人》（图 8-38）的装备升级，核心信息层级鲜明、布局简洁、升级按钮抢眼突出，极大削减了这个界面中无必要的干扰信息，使玩家可以专注以升级这一个任务。

图 8-38　《秘宝猎人》示例

最后就是利用一致性原则。由于长期记忆容易失真，需要一致性的规则来帮助玩家或者用户减少不必要的试错和学习，即使很长时间不用，也会很快上手，这对游戏中的老玩家回流策略极为重要。

8.6 一致性原则

人们第一次或者头几次进行某项活动时，采用的是高度受控和有意识的方式，但随着练习的深入，它就变得越来越无意识。打球、开车、骑自行车、阅读、演奏乐器都是这样的例子。一些看起来需要注意力的活动，经过一定次数的重复后也可以成为无意识的活动，就能够把它当作一个后台任务，而把大量的认知资源留给其他更有意义的任务。这些很大程度上有赖于任务本身的一致性。另一方面，一致性的原则在用户界面设计之中可以大大降低用户长期记忆的压力。功能和逻辑的一致性越高，用户或者玩家要学习的就越少。利用好一致性原则，会使得用户或者玩家在记忆和获取认知时更好的留住信息的核心特征，降低用户无法记起、记错或者犯其他记忆错误的可能性（关于用户记忆认知原理的章节详见 8.5 节）。

8.6.1 当操作专注于任务、简单且一致时，就会学得更快

认知心理学家把用户想要的工具和工具所能提供的操作之间的差距称为"执行的鸿沟"（Norman&Draper，1986）。使用工具的人必须耗用认知力量，将他的任务转换成该工具能够提供的操作，反之亦然。这种认知努力将人的注意力从任务上拽走，放到对工具的要求上。一个工具提供的操作与用户任务之间的鸿沟越小，用户就越不需要去考虑工具本身，而能更专注于他们的任务。因此，这个工具也就能更快地自动化。一个交互系统的用户从受控的、有意识监控的、缓慢的操作，进步到无意识的、无须监控的和更快的操作，这个过程的速度受到系统一致性严重影响（Schnerder&Shiffrin，1997）。系统不同功能的操作越可预期，它的一致性就越高。在一个高度一致的系统中，一个功能的操作可以从它的类型中看出来，所以用户能快速了解系统是如何运作的，从而使得使用这个操作成为习惯。

在不一致的系统中，用户无法对不用的功能如何运作做出预判，所以就必须每个都重新学一遍，这就使得整个系统的学习过程慢了下来，也让用户对这些功能的使用始终无法脱离受控的、消耗注意力资源的状态。

设计师的目标是提出一个尽可能简单、统一、面向任务的模型，利用这一模型，设计师可以设计用户界面，以尽量减少使用该应用程序所需的时间和经验，最终让操作变得无意识。因此，交互系统的一致性可以分为概念层的一致性、交互层的一致性、视觉层的一致性。

8.6.2　概念层的一致性

概念层的一致性是由对象、操作和概念模型属性之间的映射决定的。具体指系统中的对象是否都有同类的操作或者属性。比如玩家去商城购买一定数量的道具时，点击数字输入框一般会弹出一个数字键盘，可以快速输入数字，那么为了确保概念层的一致性，在其他地方出现数字输入框的时候也应当在点击的时候弹出数字键盘（图 8-39）。因此，当一个功能的概念模型设计好之后，具备相同功能的系统就可以沿用这一功能的概念模型，即减少了用户的学习成本，也提升了程序的开发效率。

如果该计数控件点击数字可以弹出数字输入键盘，那么在任意地方出现的该计数控件，都应该具备弹出数字键盘的功能

图 8-39　数字键盘

8.6.3　交互层的一致性

交互层的一致性是由概念上的操作与现实中执行操作所需要的实际动作之间的映射决定的，即某一类型概念的操作是否都是由同样的物理动作来发起和控制的。目标是培养通常所谓的"肌肉记忆"，即操作的运动习惯。尤其在游戏交互里表现得最为明显。如果交互不一致，就不会让用户迅速形成肌肉记忆的习惯，反而会迫使用户或者玩家持续去意识、猜测在每一种情境下应该执行哪种操作，同时也更容易让用户出错，也就是偶然性地执行那些原本没有打算做的事情。实现交互层的一致性，要求对同一类型的所有操作的实际动作进行标准化。促进交互层面一致性最常见的一个办法就是遵循用户界面标准。每一个项目内部都应该有一套风格指南，在业界标准之上来增强自己产品界面的外观和体验。图 8-40 展示了交互层的一致性在《梦幻西游》中的体现。

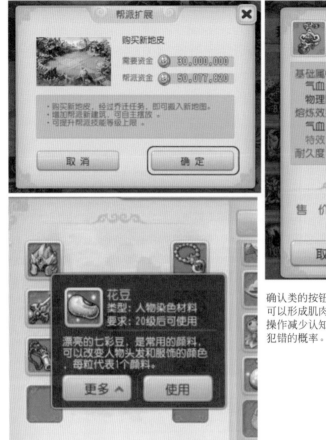

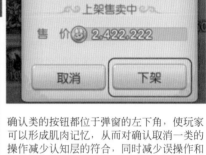

确认类的按钮都位于弹窗的左下角，使玩家可以形成肌肉记忆，从而对确认取消一类的操作减少认知层的符合，同时减少误操作和犯错的概率。

图 8-40 《梦幻西游》中确认按钮的位置图

8.6.4 视觉层的一致性

视觉层的一致性主要是指界面视觉规范的一致性，对于游戏来说，视觉层的一致性是构建概念层与交互层一致性的基石。由于游戏信息传达的复杂性，游戏界面通常会大量使用图形化的语言，以最简洁的形式传达更加丰富的内容，只有在保持视觉一致性的前提下才能确保在大量图形语言在语义传达过程中的准确性与清晰性。

如《梦幻西游无双版》的控件规范（图 8-41），确保在界面铺量过程中的标准化输出。

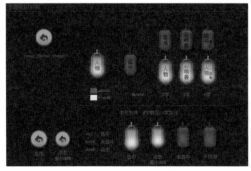

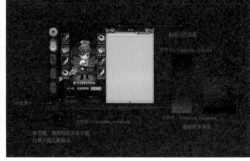

图 8-41 《梦幻西游无双版》示例

09 视觉实现
Visual Realization

9.1 网格与版式

在排版设计中，网格能够给版面提供更多的功能性、逻辑性，而版式则强化对信息的主次关系区分，达到设计的美感。通过网格和版式来控制视觉元素的组合，可以创造出清晰易懂且有序的设计。

9.1.1 网格设计

游戏内界面信息多数较为复杂而不固定，随着游戏的运营时间变长，界面的信息量会越来越多。网格设计主要是运用数字的比例关系，通过严格的计算，对整个版式进行合理划分。设计师可通过它来解决二维设计问题，让客观取代主观。

/ 网格的构成

网格主要由版心、页边距、栏宽组成（图 9-1）。

版心决定了内容的大小，页边距则是除去版心以外的宽度，栏宽由小栏和栏边距组成。

栏宽 = 小栏 + 栏边距，当栏数越多时，意味着整个排版的内容信息越多，栏边距是用于分离内容的，当栏边距越大，则页面的留白越多，反之越紧凑。

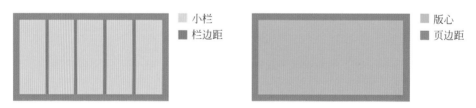

图 9-1　网格构成示例

/ 网格的作用

1. 合理的规划界面布局，清晰表达界面的信息逻辑

常见的网格种类主要有通栏网格、多栏网格、模块网格。在不同的玩法和系统中，我们可以运用不同的网格应对不同的信息内容。

当界面类型相对简单，基本上是大量的重复信息和元素的时候，这种情况会更多强调信息的均匀分布和阅读效率，模块和通栏网格可以起很大的帮助。

《神都夜行录》运用了均匀分布的模块设计，使画面的浏览清晰简洁（图9-2）。且非正中心的版心，周围宽窄不同的页边距使规整的元素有了一些变化，可以使画面增加一些丰富度。

当界面的排版内容信息开始有信息组合以后，层级梳理就尤为重要，一个好友界面，会有好友相关的页签，接着有好友列表，接着下一级好友对话框，对话框内又有聊天对象和聊天气泡。这个时候网格的主要作用就是引导用户的阅读顺序，网格不一定是等分的，可以运用一些美学比例结合网格可以达到信息主次的梳理。

图9-2   《神都夜行录》画册界面

《终结战场》雷达加好友界面（图9-3)，首先要分析界面需要呈现的信息内容，然后根据信息的层级去划分比例，这个界面主要呈现的是右边雷达搜索好友的内容，TAB和列表的层级会低于它。所以终结者根据8像素的网格之下，右侧和左侧设计的比例设定为接近黄金比例，让整个画面很好地集中了视觉重心点。

图9-3   《终结战场》雷达加好友

设计师在设计界面信息的过程中，当一个网格模板不能解决时，需要运用到多重网格模板，让整体的信息逻辑更加明了。这在排版中也很常见，举个简单的例子（图9-4）：

图9-4   《明日之后》中的网格设计

如图 9-5 所示，比如我的总成就和子类成就的图标显示，如果都在同一个网格下嵌套的话，那总成就的冲击感可能并没有那么强烈。但是如果将总成就和子类成就分开不同的通栏，整体的视觉则能达到更好的效果。

图 9-5　《明日之后》中的网格设计

2. 为标准规范提供科学的延续

网格除了在设计上的能够很好的规划信息逻辑之外，同时在规范上也能够提供了可依据和延续的设计运用。这种标准的定制是利大于弊的，尤其是在团队多人协作的时候，网格在规范上有更大的影响力。

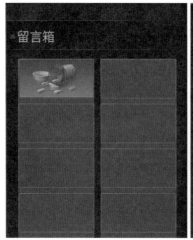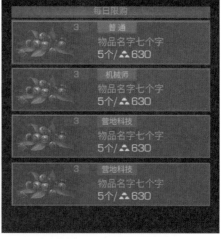

图 9-6　界面的框架加入版心的规格要求，确保每个同类型的排版都在同一套版心下做设计变化

确保控件的栅格要求，在延展的时候避免出现同一个内容不同的排版变化（图 9-6）。

这样的好处不仅让设计师在设计过程中可以有参考标准，并且在开发高峰期，同类型的界面版式可以组合控件直接复用而不用二次设计，保证设计的质量。

网格最终还是一个设计的工具，它可以为设计师提供科学的排版，但是也不要被网格所限制，根据不同的情况灵活地运用和变化才是正确之道。

9.1.2　版式设计规则

在设计排版中，如果用一个人来比喻的话，网格就是骨骼，它为版式提供了基础，在好的骨相上发挥，则能有更完美的面相。

在不同的设计主题和氛围之下，利用不同的设计规则，构成使用去强化版式，可以加强主题和氛围感。

/ 板式的构成

主体：视觉的重心，是整个设计的主导，用户第一个关注点。

文案：对主体的解释或功能内容，辅助用户对主体的了解。

点缀：丰富画面，并起到一定的阅读引导作用。

版式的构成就如同点线面的构成一样，利用点线面去梳理信息的层级，才能使整个设计有画面美感和阅读上的舒适（图 9-7 ）。

图 9-7　版式的构成

/ 板式的设计规则

版式中的四大基本原则，对比、重复、对齐和亲密性是优秀的设计都会用到的方法，在游戏中的设计也不例外。游戏界面在设计上更多会强调趣味性和代入感，如何利用好"四原则"来强化游戏独有的视觉感受也成了设计师的目的。

1. 通过元素提炼的重复使用强调，可以强化用户对游戏的认知

使用相同的元素，不一定是指某个造型，它可以是配色的统一，造型的统一，或者是设计形式的统一。

如图 9-8 所示，《一梦江湖》界面在设计的统一性上做了几点去强化了整个游戏的识别度和品牌性：

（1）配色上都是使用的墨绿带一点黄色渐变的底板，让大部分的视觉感受都保持在同一视觉感受；

（2）控件的重复利用加强了游戏的统一性；

（3）提取月亮贯穿游戏所有的设计，在界面的背景左上角都使用了月亮的元素去表现，并且做了一点小变化去增加设计的丰富。

2. 通过设计比例的疏密变化，可以使游戏画面有更多丰富的主次变化

画面变化可以是色彩冷暖 / 色相 / 黑白灰的对比、可以是内容大小或者是疏密的对比、可以是远近的对比等。

图 9-8 　《一梦江湖》界面示例

如图 9-9 所示，靠上的图片中，相同的设计会感到秩序感和信息层级的平等，靠下的图片中，图标发生了色彩变化，则会让信息之间的层级发生了变化，让画面有了重点。对比可以让用户一眼看到界面想要传达的重点，使阅读更加有重心，让人感觉舒适。

图 9-9 　《永远的 7 日之都》信息层级设计

《永远的 7 日之都》的功能入口界面（图9-10），利用了几种对比形式来突出当前的信息重点。

图 9-10 　《永远的 7 日之都》界面示例

将界面马赛克化（图9-11）可以很明显地看出，色彩的明暗和松紧设计将左右两边的功能做了

一个大的划分，右侧功能入口成了第一显眼的视觉重心。

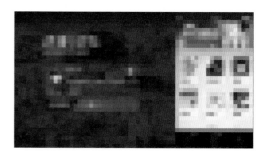

图 9-11 　《永远的 7 日之都》界面示例

Banner 利用入口的色彩饱和和空间的对比强化了视觉的重心点（图 9-12）。

图 9-12 　《永远的 7 日之都》界面示例

最后肉眼可见的入口上也用了色彩的对比区分了层级，使不是很重要的入口可以被弱化掉视觉（图 9-13）。

图 9-13 　《永远的 7 日之都》界面示例

3. 通过个人意识的梳理，以一定形式呈现出来，强化画面主题的表达

任何一个版式的设计，除了满足信息的阅读舒适以外，更多的是设计形式符合主题氛围，能够让用户产生心理共鸣，就好像如果要去体现一个孤独寂寞的情感主题，就不会用一个丰满

充实的形式去表现；要体现一个严肃的主题，就不会使用不对称设计形式去体现，设计形式有很多种，最终是否好坏，早已存在于人们的潜意识认知当中。

● 留白和饱满

《荒野行动》周年庆活动主题（图9-14（a）），通过留白对比营造了房间内的氛围感受，强调了这个荒野与玩家庆生的仪式感。

《阴阳师》为了营造一种闹市的热闹感（图9-14（b）），整体画面饱满丰盈，并用了一些统一的元素标题来强调可进入的入口表现。

(a)   (b)

图 9-14　游戏界面示例

● 形状的运用

如图 9-15，形状在游戏界面中的应用。

 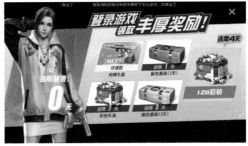

图 9-15　游戏界面示例

● 整齐和不规则

如图 9-16 所示，《神都夜行录》在排版上以规整的方式去设计，传达了严肃且仪式的名册选择。《永远的7日之都》则是通过不规则的照片摆放，传达了更加生活化的气息。

图 9-16　游戏界面示例

9.2 材质手绘

9.2.1 材质概念

材质是较为宽泛的概念，包括材料、物质、质感等。我们通过观察、触摸等方式来感受材质，材质的多样性极大地丰富了绘画创作，同时也让绘画变得有难度。了解物体的物理特性才能帮助我们更好地绘制。

9.2.2 常用材质分析

与应用软件类界面相比，游戏界面不但要承载信息、与玩家交互，还承担着烘托游戏世界观、让玩家身临其境的重要任务，是游戏不可分割的重要组成。游戏界面通常以岩石、金属、木、纸、通透晶体、全息影像等材质作为载体，下面我们来逐一分析。

/ 石头

材质特点：

一般为坚硬易碎材质，有明显切线转折、裂纹等结构。由于材质粗糙，光源照射表面时光线呈漫反射向各方向扩散，固有色较为稳定（图9-17）。

图 9-17　石头材质示例

视觉设计应用：

石头材质由于可塑性强，质感易画易表现，被广泛地应用于游戏视觉设计，包括界面、logo、卡牌、按钮等（图 9-18）。

图 9-18　《永恒命运》与《炉石传说》中的石头材质

石头材质在绘制时，容易出现脏乱、变形、难以驾驭的情况，因此要提前打好造型（推荐线稿）基础，色相要稳不能跨度太大。

/ 金属

材质特点：

如图 9-19 所示，光滑金属被光源照射时，反射光接近镜面反射，高光较亮，色阶变化大；粗糙金属的色阶变化与石头近似，容易在视觉上混淆，可以通过提亮边缘磨损处的高光来做区别，另外金属的凹痕较为圆滑，无裂痕（金属有延展性不易碎裂）。

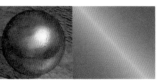

图 9-19　金属材质示例

视觉设计应用：

在界面设计中金属多用于边框、文字，更多的是装饰与衬托作用（图9-20）。

图9-20 《大航海之路》中金属材质的应用

图标、徽章、logo的制作常常用到大面积的金属，以达到坚固、高级的视觉效果（图9-21）。金属的反光均以光源为出发点，对于复杂结构需要不断梳理光源对它的影响。

图9-21 《决战·平安京》与《荒野行动》的徽章设计

/ 晶体（玻璃、宝石、玉石等）

材质特点：

一般为半透材质，由于有透光性，光源照射晶体时一部分被镜面反射，一部分透过晶体形成饱和度较高的色彩（图9-22）。

图9-22 晶体材质示例

视觉设计应用：

水晶、玉、宝石多用于物品图标制作，按钮的制作也经常会模拟晶体的通透和反光效果（图9-23）。

图9-23 晶体材质的应用

界面设计中常会借鉴晶体特点，以达到润、透、干净的视觉效果。不管是古风还是时尚、科幻风格均有不错的表现。积累和掌握颜色渐变的搭配，能让晶体变得通透、秀色可餐。

/ 纸、羊皮卷

材质特点：

在中国造纸术没传到西方之前，人们以莎草纸、动物皮（牛、羊、鱼等俗称羊皮纸）作为书写工具，直到纸被发明后，纸张才在全世界广泛使用。纸张与动物皮均属于光线漫反射类型，由于反复使用，边缘易产生毛边、破损。

视觉设计应用：

纸张适用范围广泛（欧美风、中国风、古代、现代均有出现），旧纸张或羊皮卷传达出悠久历史、文化积淀、神秘感等信息；干净纸张则能给人一种清新、雅致的视觉感受。

/ 木

材质特点：

植物纤维组成有一定的韧性，易切割成型，切面有明显的年轮纹理。古今中外，木材的应用深入到生活的方方面面。

视觉设计应用：

界面制作中一般是取切割好的片状木头为载体，辅以木质纹理（年轮）进行绘制，并加入一些刻痕、残破等细节，表面粗糙，有很稳定的固有色。图9-24展示了《阴阳师》的神龛的本质界面。

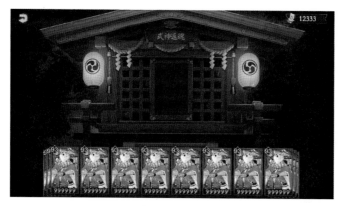

图 9-24　《阴阳师》的神龛界面采用木质的界面绘制方式

/ 全息影像、扁平设计

目前的视觉设计向着抽象、极简、符号化的扁平趋势发展，能够达到去除冗余、凸显核心功能的作用，另外还能省资源、降功耗，但也容易带来诸如缺少情感、代入感等问题。图 9-25 展现了《舰无虚发》中全息扁平风格。

图 9-25　《舰无虚发》中全息扁平风格的应用

严格来说扁平界面并不存在材质，但我们仍然可以赋予它材质感。

9.2.3　材质手绘方法与技巧

/ 关于手绘

手绘向来是一切艺术表现的基础，而艺术创作永远无法被电脑取代，这是创意类职业的优势。计算机的发展和进步，让许多艺术设计和创作被电脑技术所取代，甚至没有美术基础也能参与。创新才是业界的价值追求，而可以创造这些价值的根本，正是日积月累的素描、色彩、速写等手绘能力。

/ 绘制步骤

以 Photoshop+ 绘图板为工具，大致分为起稿、明暗结构关系、上固有色、细节刻画这几步。

起稿阶段（图 9-26）：

整体明暗：画出大概明暗、结构关系，做到心里有底，为下一步上色和细化做准备。

上固有色：在工具栏点击颜色按钮或者按键盘 F6 键（颜色控制面板）选取颜色。

图 9-26　绘图起稿阶段

细节刻画：围绕光源的影响和物体的物理特性深入绘制，细致入微。

竞品参考：与优秀作品对比，寻找差距借鉴优点，提升品质。

制作范例：

如图 9-27 所示，我们制作一个简单的卡牌，逐步分析材质手绘过程：

在 Photoshop 中新建一个画布，画大概的草图，然后不断修改完善线稿以稳定造型、为后续制作打好基础，可以依据个人习惯和喜好来设置笔刷属性（快捷键 F5）。最好能将裂痕、凹坑等细节一并规划，并注意控制疏密节奏。

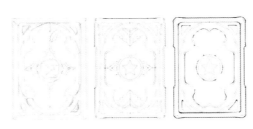

图 9-27　大牌制作范例

如图 9-28 所示，确定主光源角度，针对光源的影响画出大致明暗结构做到心中有数，同时上固有色、构思各部位的材质。光源照射物体时其亮度呈递减规律，整体呈现出大的明暗渐变。我们分别画上宝石、石头、金属，对比分析这几个常用材质的处理方式。

图 9-28　确定主光源角度

如图 9-29 所示，细化，通过笔刷不断地吸色（快捷键 Alt）绘制再吸色再绘制，以达到均匀过渡和丰富质感的目的。调整笔刷大小快捷键"["、"]"，调整笔刷软硬度快捷键 Shift+[、Shift+]。

勾线及上色笔刷

涂抹渐变

图 9-29　细化

手绘时常出现未完成、半成品的情况，原因在于忽视细节的深入刻画，如图 9-30 所示对石头细节的分析，刻画可以说是一个不断梳理的理性过程。

凹痕、裂纹的微弱明暗结构　　同一个面的明暗渐变

边缘提亮　　结构相接处变暗

图 9-30　石头细节的分析

通过色阶的变化对比，分析金属与石头的区别（图 9-31）。

图 9-31　石头色阶变化柔和、跨度小，金属则相反

晶体表面光滑平整，光线照射晶体时，一部分被镜面反射呈现高亮状态，一部分透过晶体照

亮底部。与绘制石头和金属不同，需要较多运用套索工具、渐变工具、柔软笔刷。

如图 9-32 所示，先画出大概结构然后定一个整体颜色渐变，由于晶体被透射，相当于底部也出现了弱光源。之后的细节处理包括提高受光面亮度、适当强调边缘、切面反光、均匀渐变、破损等，需要不断梳理光源照射晶体时产生的影响。

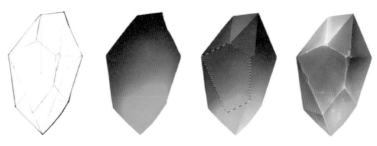

图 9-32　晶体绘制过程示例

以上就是游戏视觉设计常用材质介绍和电脑手绘的基本方法，具体制作与效果因人而异。

材质也许有限，设计师的创造力和美术表现形式却是充满了无限可能。认真观察、不断积累总结，只有深入了解产品的玩法、世界观、文化才能找到设计方向和创意点，设计没有最好，只有最适合，通过细心观察、精诚练习，每个人都能创作出独一无二的作品。

9.3　图标设计

9.3.1　图标设计概念

/ 图标的概念

图标是具有指代意义的、有标识性质的图形，它不仅是一种图形，更是一种标识，它具有高度浓缩并快捷传达信息、便于记忆的特性。它不仅历史久远，从上古时代的图腾，到新世纪具有更多含义和功能的各种图标，而且应用范围极为广泛，可以说它无所不在。

/ 图标设计

图标设计要同时达到表意及美观两个作用。首先，图标设计的基本作用是便于用户理解并使用相应的功能，要能表意；其次，图标设计作为美术的一部分，要美观，美观的图标让人赏心悦目。每个图标，每个细节都做好了，整个游戏的品质才能提升。

9.3.2 图标分类

/ 以功能分类

游戏图标以功能性分类有：启动图标、Logo、功能图标、技能图标、道具装备图标、资源图标等。图 9-33 展示了手游《阴阳师》中的各种功能图标。

图 9-33 《阴阳师》手游中的各种功能图标

/ 以风格分类

绘制手法分类的图标有：扁平图标、写实图标、Q 版图标，还有比较制作难度较高的 3D 图标及带动画的图标等。

9.3.3 图标设计步骤

/ 分析需求

图标设计前第一步要去分析需求，确定游戏的风格定位及玩家定位。只有把握好定位才能让图标统一于整个游戏，符合游戏的预期。风格定位有 Q 版、写实、国风、韩风、魔幻、二次元等；玩家定位可以按照不同年龄层次、性别、教育背景等划分；不同定位对于图标的风格起重要作用，图标设计要符合游戏世界观及目标人群的喜好。

/ 找参考资料

首先要找到游戏中的角色原画、场景原画，以及图标实际应用的界面作为参考（图 9-34）。原画的作用是可以根据其世界观、元素运用、设计语言应用到图标设计中；如图 9-35 所示，界面的作用是当你绘制完图标后，用于检测所绘制图标的风格、材质等是否与界面融合统一。

图 9-34 《Immortal Conquest》场景参考及角色参考

图 9-35　《Immortal Conquest》界面设计效果

其次是要找游戏外的参考图，参考图尽量为原始的真实事物，在原始图像的基础上自己进行艺术加工；避免找已经过艺术处理的图像（比如别人的图标成品）。尽量多的去找，直到脑海中有大概的图标雏形为止。

比如要画翅膀，第一印象可能是经过大脑简化处理后的形态，主观印象总会有这样那样的错误。事实上翅膀的造型有多种可能（如鸟类的翅膀与昆虫的翅膀，不同文明时期的翅膀表达形式也不一样），如果不去找资料直接就动手，就表达不出特定翅膀的特点。

/ 绘制线稿

线稿要尽量将图标细节绘制出来（事实上线稿一旦绘制完成，最后的成稿也不会跟线稿有太大出入），根据线稿以便自己反复修正图标让其在造型上趋于完善，在线稿阶段应该对图标各个细节斟酌好，因为上色时再回头改细节，时间成本更高。

/ 上色及调整

上色及调整是一个完善及优化的过程，对比着自己的线稿所要表达的感觉进行上色，上色后不可避免地会跟线稿时的感觉对不上，此时甚至要对线稿细节进行调整让上色后的感觉跟线稿时要表达的感觉相近。

如图 9-36 所示，图①为草图，图②为完成稿。对比草图，完成稿中会比草图中多出图③的细节，就是因为要完善线稿的感觉。事实上绘制图标时，经常会出现要修改原本草图以完善整个设计的情况。

图 9-36　上色及调整

/ 多方案设计

对一个需求进行多方案设计是设计能力的体现，而且也更利于方案通过，开拓思维。

多方案设计时由于用时较多，一般只在线稿阶段进行多方案的尝试，在此基础上与团队确定一个大方向后再进行下一步的细化为好。

9.3.4　图标设计的方法

/ 造型准确

目前设计都趋向于扁平化了，扁平化的设计对造型的准确性越来越重要。因为没有过多的装饰，做的效果也趋向于简洁，所以造型好不好看一眼就能看出，直接影响设计的品质感。

造型准确包含三个方面，一是比例，二是结构，三是透视，这些都是传统美术上必须学习的三个要素，这里就不展开讲了。

/ 三分切割

先看一个实验（图 9-37）：假设一个方形，如何切割才能保证用最少的次数，切割出好看的造型？

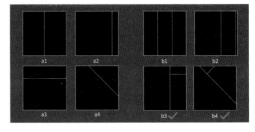

图 9-37　方形切割实验

当只用一条线去切割，得出来的造型怎样也说不上丰富、好看。用两条线去切割，当切割出来的图形能形成至少三个大小不一，且切割线交错时，图形就比较精彩了（图 9-37 b3、b4）。

总结：当一个图形具备一个主形体、一个辅助形，再加一个点缀形，就能形成最基本的丰富形体，此为三分切割。

再看图 9-38 和图 9-39 两张经典设计作品，事实上均有三分切割的规律：至少一个主体、一个辅助形以及一个点缀形。当然切割的次数越多图形越丰富，但是至少也要保证有三个大小不一的图形混合，才能组合出一个精彩的图形。设计图标造型及配色时均可用此法（图 9-40）。

图 9-38　《红黄蓝的构成》彼埃·蒙德里安　　　　图 9-39　《红蓝椅》赫里特·托马斯·里特维尔德

图 9-40　设计图标造型及配色时均可用此法

/ 光影

绘制图标的明暗关系时，往往是最容易出现各种问题的，图标"没有立体感、明暗关系不对、太灰"等问题都可以用图 9-41 的光照分解的方法来验证自己图标的光影关系是否正确。

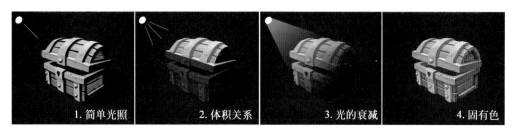

图 9-41　光影关系示例

绘制图标明暗时，可根据上面四张图的顺序把光影一一加上：

第一步，把光理解为只有明暗两个面，把最亮最暗分解出来；

第二步，把整个图标理解为一个最规则的几何体，整理出其暗、灰、亮三个面；

第三步，光透过空气会有衰减，把光的衰减层加上；

第四步，物体本身固有色的明暗色值。

/ 变形

先来看图 9-42 的图形变化过程：

图 9-42　图形变化过程示例

从图中可以看出一个图形的变化过程，是由最简单的图形经过多次变化后得出的结果，精彩的图形一般都是经过多重变化得出来的结果。变化的次数越多，就会跟一开始的图形差距越大，跟人们常识中的图形也会相去更远，以此产生别人"没见过"的感觉，这种也是创新的一种方式。但是要注意变形过程中的要点：变形不是用简单图形的"堆砌"，而是简单图形的"变化"（图9-43）。

图 9-43　简单图形变化示例

比如上图：雪梨与苹果两个简单形体放一起就是堆砌，而被咬一口的苹果就是简单图形的变化。

9.3.5　图标设计要点

/ 图标设计的层级关系

以《风暴英雄》游戏的图标为例阐述一下图标的层级关系（图9-44）。

图 9-44　暴雪开发的《风暴英雄》的清晰的图标层级

整个游戏中图标的层级关系——图标的形态对应不同界面有其内在规律：

（1）当图标复用在各种界面时，图标越简洁越好（如资源图标）；

（2）当图标使用在某几个界面时，不宜太复杂也不宜太简单（如技能图标、道具图标）；

（3）当图标只使用在特定界面时，要配合其所在界面绘制代入感强、复杂的图标（如胜利图标、Logo 等）。

/ 系列图标的统一性

观察下《守望先锋》的技能图标（图 9-45），学习图标统一性的几个要点：

图 9-45　《守望先锋》技能图标

角度统一：除了大招图标，它们都是带一定角度的构图

大小统一：它们都在统一的网格系统里面严格按照网格来构图

用色统一：都是同样色系的图标

绘制复杂图标时还要考虑每个图标的描边、外发光、投影等各个元素的统一。

/ 设计潮流的变化

最后作为一个设计师应该时刻关注设计潮流的变化，就像多年前 iOS 还是流行以写实图标为主的设计，目前市面上无论苹果还是安卓的图标设计风格都走上扁平风。游戏图标设计同样如此。

10 设计规范
Design Specification

10.1 框架结构规范

框架结构（Interaction Design Patterns），是一个产品的基础体验形式。它决定了一款产品给玩家的基础体验感受。

它主要包含两个方面的内容——导航设计与内容设计。

导航，是指根据信息架构（Information Architecture）对内容进行编排查找的途径。通过导航，用户可以在不同的信息之间穿梭浏览，从而实现使用目的。

内容，指的是信息呈现的通用形式；信息量、占用界面面积、界面形式、基础交互等都属于内容设计的范畴。

10.1.1 信息架构与界面层级

信息架构（Information Architecture）是在信息环境中，影响系统组织、导览及分类标签的组合结构。信息架构如同建筑物的架构一般，影响身陷其中的人们。

好的信息架构，可以提升使用者存取资料的便利性，快速了解内容；不好的信息架构，将使人如同身陷于迷宫中，失去方向。图 10-1 为信息架构示例图。

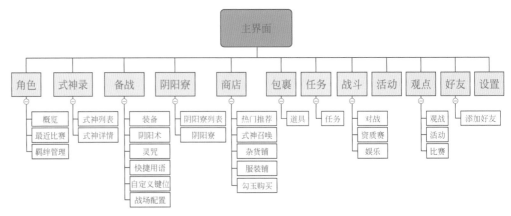

图 10-1　信息架构示例

在信息量不变的情况下，每级承载的信息量就越少，层级就越深；每级承载的信息量越大，层级就越浅。就好比容积相同的杯子，杯子的杯口越大，深度就越浅；杯口越小，深度越深。

层级过深，就好像引导玩家进入迷宫的深处，容易迷失方向。而如果在信息量过多的情况下设计太浅的层级，那么入口的数量将会非常多，玩家需要花很多时间查找识别记忆入口，也会导致体验的下降。因此要评估系统的总信息量，来权衡设计层级以及每个界面的信息量。

通常情况下，在项目之初，设计师缺少大量的系统设定文档（可能只有几个界面），很难预估每个界面大概的信息量。因此需要反复和产品经理沟通，即使没有实际需求，也可以和产品经理探讨一下以后可能有的系统功能、参考的竞品等，来确定大概的信息量以提早安排设计。

这里给大家的建议是，界面层级尽量在3~4级，不要超过5级。

10.1.2　导航设计

制定好信息架构以后，设计师需要设计一套规则，能够让玩家穿梭在这些信息架构中。这就是导航系统的设计。

导航的设计包括：

（1）在不同层级间穿梭跳转的方式；

（2）在同层级信息间进行切换查看的方式；

（3）返回上一级的方式；

（4）新界面打开的时候，原界面的处理方式（共存\关闭\暂时隐藏，关闭后重新出现）；

（5）重新打开界面时，界面的默认显示内容（固定界面\上一次关闭界面）。

导航一般会设计一套主导航的方式，也会针对特殊系统、特殊需求进行特殊化定制。一套导航系统必须经过反复测试体验，才能达到最佳的效果。

10.1.3　内容框架设计

内容框架设计实际设计的就是承载信息的画布。UI收集完所有的信息在开始设计时，要先确定好内容框架，切忌设计过程中不断调整框架结构。如果前期只有少量界面需求，率先根据内容设计了一个框架，但是随着内容量的增多、功能的完善觉得之前的框架不合适了又重新改一个框架或者新增一个类型的面板，如此反复造成大量的人力成本浪费，因此在项目开始设计之初就必须优先确定一个合适的框架结构，就算需求内容还不完善，根据设定好的框架结构后期的变动也不会太大，以下提供了几种市面常见的界面框架结构，并列出了优劣，仅作为参考。

注：一般情况下会选择一种为主要框架，然后同时使用其他几种作为辅助。

目前的游戏中（无论是横屏/竖屏、手游/端游/主机游），一般会根据占用屏幕的空间，分为以下几种基础界面类型。

/ 窗口结构

优点：

（1）游戏沉浸感强，感觉始终停留在游戏场景中而未进入另一封闭式空间；

（2）信息内容集中，更利于浏览并快速找到对应功能，一定程度上效率更高；

（3）操作层级关系简单明了，逻辑简单。

缺点：

（1）界面内容承载量有限，一个界面多层关系时容易造成视觉负担重、内容复杂的感觉；

（2）信息展示区域面积小，相比全屏界面一屏可视内容少，需要更多的滑动。

适用游戏举例：

《梦幻西游手游》《大话西游手游》

分析原因：

大型MMORPG一般拥有"主场景"作为玩家主要交互的区域，玩家在进行一些养成玩法之后需要快速回到主场景中，窗口界面部分遮盖让玩家能快速返回（图10-2），心理压力较小，很适合此类游戏。

图 10-2　窗口结构示例

/ 全屏结构

优点：

（1）全屏界面设计自由度大，界面美观整体感强，界面玩法沉浸感好；

（2）单线程 / 流程化操作步骤清晰；

（3）界面承载信息量巨大，排版自由度高。

缺点：

（1）多线程操作时，流程逻辑不清晰，容易迷失于界面中；

（2）可支持叠加的层级少，玩家位置不明确。

适用游戏举例：

《地牢猎手》《CF》

分析原因：

适用于社交功能较弱的、无须在养成系统与其他系统反复切换操作的 ARPG 游戏。通过全屏设计更美观的玩法界面；适用于没有主城的完全副本游戏，通过完全界面来展示全部战斗外玩法。通过全屏承载游戏内容；适用于养成系统较少，层级简单的休闲游戏。通过全屏营造沉浸气氛。图 10-3 为全屏结构示例。

图 10-3　全屏结构示例

/ 全屏 + 窗口

优点：

（1）社交玩法等常用玩法通过窗口方式呈现，可方便快速切换；

（2）其他同全屏界面。

缺点：

（1）同全屏界面；

（2）适用游戏举例：

《功夫熊猫》

分析原因：

适用于社交功能较强的 ARPG，拥有频繁切换的常用玩法。使用此界面类型既可以将大系统进行美观的设计，又可以保证常用玩法的快速打开。适用的 MMORPG 原因同上。图 10-4 为全屏窗口结构示例。

图 10-4　全屏 + 窗口结构示例

/ 组合窗

优点：

（1）界面设计灵活，可用多种组件面板拼接；

（2）单个界面可完成丰富逻辑的功能，并可将跳转转化为界面内组件变化；

（3）界面承载信息量中等，大于窗口界面小于全屏界面。

缺点：

（1）灵活的界面组件拼接可能使界面凌乱无序；

（2）面板独立整合很难统一设计美观的界面；

（3）界面中元素复杂可能找不到重点。

适用游戏举例：

《刀塔传奇》《我叫 MT》《天下 HD》

分析原因：

推荐重度卡牌游戏或者类卡牌 ARPG，此类游戏重点都有复杂且丰富的养成系统，在养成的时候需要不断切换 / 对比 / 操作 / 返回，因此使用组合窗体灵活的特性让交互达到快捷方便的目的。图 10-5 为组合窗结构示例。

图 10-5　组合窗结构示例

10.1.4 如何去选？

那么要怎么去选择主要框架界面呢？

首先，要看是否有主场景。这里的主场景指的是除了核心玩法外，是不是有个可交互的游戏世界。因为只有场景作为背景，才能使用窗口类界面作为基础框架。有主场景的游戏，一般是 MMO 类、RPG 类、SLG 类、养成类、部分休闲类游戏（如《大话西游》COC《梦幻花园》等），一般可以在三种界面形式中随意选择。没有主场景的游戏，则可能是 MOBA 类、FPS 类、卡牌类、休闲类、棋牌类游戏（如《部落战争》《炉石传说》），则不可以选择窗口类界面作为基础框架界面。

其次，要看玩家与场景的交互程度是否频繁。在一般的 MMO 类游戏中，玩家将会与场景发生频繁的交互：交接任务、移动、寻路、对话、采集等，玩家也可能随时停下当前的界面操作，来调整自己的游戏目标，比如在 20 轮师门任务完成后会切回主界面开始另一个新的任务，因此推荐使用对玩家场景交互打断较小的窗口类界面作为基础框架界面。因为玩家在打开界面的时候仍然能够通过边缘区域来判断自己当前所处的位置、角色状态、是否被攻击、任务是否完成等，从而随时调整自己的游戏目标。

最后，要看游戏类型是否对于代入感有强烈的需求。《阴阳师》是非常好的例子。作为一个 RPG 结合卡牌类型的游戏，《阴阳师》虽然在核心战斗外有一个庭院场景，但依然使用了全屏界面，搭配了比较多的伪窗口界面作为基础框架。这是因为游戏目标在于塑造一个强代入感、强体验性的游戏世界观，使用全屏界面大大提升了这种浸入式体验。

通常情况下，将会选择一种界面类型作为主框架，搭配其他界面进行组合设计，具体根据实际需求和使用情景而定。

10.1.5 框架创新

基本的框架基础上，其实仍然留有创新的控件。不同的界面尺寸、不同的弹出位置、不同的背景模糊处理形式、不同的交互形式都可以成为创新的点。在设计的时候可以在三种基础框架的基础上，结合技术实现难度寻求创新。

Cornfox & Bros 开发的《海之号角》使用滚动式唯一交互界面，聚合所有功能，实现创新。

但是，创新的前提还是在合理的前提下进行，必须在充分考虑到设计难度、设计适应性的情况下进行。千万不要因为追求创新而设定一个不适合自己游戏实际情况的框架，以后要修改起来后患无穷。

10.2 交互规范

在项目设计实践中，设计师往往需要制定一系列通用交互规则。只有让这些规则在设计上是统一的，在程序实现上是统一的，才能保证玩家的最终体验是统一的。这么做有一系列的好处：

品质感高——统一的体验大大提升产品交互、视觉上的美感；

玩家易学、易理解——同样的规则玩家只需要学习一次，更易上手；

节省程序开发量——通用的规则做成统一的模板节点，程序直接调用，无须重新开发；

提升系统性能——避免出现重复的工程文件、资源，节省内存和包体占用量。

然而，实际开发的时候，往往会因为需求新增、需求更新、考虑不周全、团队成员信息不同步等原因而未能制作出完善的交互规范，导致规范和体验上不统一、程序重复开发相似功能等的情况。

本文将根据项目经验，总结出一些常见的交互规范提供给读者参考。

10.2.1 界面层级规范

在界面设计开始的时候，就应该维护管理好界面层级规范。否则就会出现，界面层级混乱、界面随意相互叠加覆盖等情况。

按照以往开发经验，游戏的界面层级可以划分成以下三层：

- 提示类
- 界面类
- 主界面

根据游戏类型不同，在不同的使用情景下会有不同的应用。

例如 MMO 游戏中，通常情况下是三级界面同时共存，即底层是主界面 UI，包含游戏场景及主界面上的交互按钮；上一层是界面类 UI，包含了各种界面、窗口等；最上层是提示类 UI，包含了信息反馈提示、升级提示、全服公告等提示信息。又如在 MOBA 游戏中，就分为战斗内和战斗外两种情况。战斗外主要有界面类和提示类两个层级，包含各种战前准备界面以及操作反馈提示；而在战斗内，则三个层级并存，底层是主界面；第二层是商店、地图等界面层；最顶层是各种反馈提示。

每个层级，又会根据游戏类型、具体需求，细分出不同的层级。每个层级上的界面都有固定的叠加规则和互斥规则。每个具体界面上仍然有详情的叠加、互斥规则。

在界面初期定好交互规范的时候，就应即时通知到所有 UI/GUI 设计师、客户端程序、QA 等职位，确保团队成员充分理解，最好让策划提单专门整理制作这块内容规则，和程序约定好实现方式，并让 QA 根据规则进行验收。保证最终的界面层级按照理想的方式实现。

10.2.2　二次确认窗规范

二次确认窗是需要特别注意的设计点，它是一个全系统通用的窗口，如果前期未做好规则设定，则容易出现规则冲突、工程冗余、系统不统一的情况。

下面将提供一套推荐的二次确认窗规范给读者参考。一般在游戏中，常常出现以下几种二次确认窗的基本样式（图10-6）。

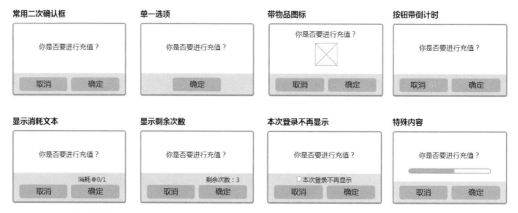

图 10-6　二次确认窗样式示例

因此，可以将这些功能进行整合，制作一个二次确认框工程文件，程序根据不同的需求，开启关闭对应的功能模块，并且使用策划表对其进行维护（图10-7）。

文本区
* 使用富文本制作，可以定制颜色及富文本图片
* 支持显示图标和纯文字两种状态

底图
* 底图需要根据内容显示的不同制定高度

按钮
* 按钮有单按钮、两按钮的状态
* 按钮文字支持富文本，可以支持文字变色和倒计时显示

按钮上方功能区
* 按钮上方有富文本支持显示剩余次数、消耗等信息
* 同时有二次确认框，支持"不再显示"等功能

特殊功能
* 有其他特殊功能，支持工程文件嵌套，以适配各种不同情况

图 10-7　工程文件示例

10.2.3　文字规范

文字作为最基础的交互控件，需要在设计前期与策划、程序进行沟通，确定文字维护的规范规则。如果前期没有很好规划，在实际项目中如果发生风格更新需要更换通用文字颜色，往往是一个痛苦的过程。

/ 通用文字颜色编码

在确定好文字规范后，可以将规范内的字体制定成特殊编码（如红色 #R，绿色 #G, 通用字色 1#C1），在编辑工程或填表时，使用特殊编码来编号文本颜色，当通用文字颜色有修改的时候，就可以快速对内容进行修改。此修改涉及策划填表，需要与多方协调沟通。图10-8为配色方案示例展示。

配色方案

色值	显示颜色	实例	编码	说明
#ffffff		装备名	#W	白色品质
#5dd85d		装备名	#G	绿色品质
#008fff		装备名	#B	蓝色品质
#b940ff		装备名	#P	紫色品质
#ff7900		装备名	#Y	橙色品质
#cbb286		15-40码 50法力 6秒	#C1	普通文字颜色
#776049		石装备包里黑宝石图标可回收	#C2	次要信息文字颜色

图 10-8　配色方案示例

/ 确定特殊效果

如果需要使用到描边、外发光、投影、斜体、粗体等文字效果，则需要提前与程序进行沟通，探讨实现和维护方式，确保效果一致以及后续容易维护更新。

/ 确定在工程中调用不同字体的方法

在游戏中，往往会使用到 1 种以上的字体。针对特殊字体的显示，如何能够在工程中进行设置，需要提前与程序沟通确认。

/ 确定场景文字特殊效果可实现性

场景中的字体（如玩家头顶名字称号等）；如果需要实现特殊字体、编辑字色字号、描边、投影灯复杂效果，往往需要引擎支持实现。需要与程序及时沟通，探讨可行性。

/ 富文本

富文本图标与文字在水平方向上的对齐方式，图标于文字之间保持恒定的间隔，文字的对齐方式（左中右），富文本资源的存储路径等都需要与程序沟通处理。图 10-9 为富文本图标与文字示例。

图 10-9　富文本图标与文字

/ 文字段落间距、换行规则

文字的行间距、段落间距、换行规则在编辑器中的削骨与在 PS 等图形软件中的显示效果是不一样的，需要与程序沟通解决方法寻找最好的效果。

/ 货币显示方式

货币图标在游戏中的显示应该有固定具体的规则：图标在文字前还是在文字后 \ 显示格式 \ 显示单位的规则都需要进行统一（图 10-10 ）。

* 货币在前

1234

* 货币在后

1234

*数值较小，需要精确显示

1,234,567,890

*数值较大，需要精确显示

12万3千

*数值较大，无需精确显示

图 10-10　货币显示方式

10.2.4　通知提示规范

游戏中给玩家提供的通知提示，应该有一定的规范规则，按重要度、出现频率、对玩家的干扰度给玩家进行整体推送设计，同时避免相互遮挡。策划可以根据自己需求的重要程度，填表使用不同层级的通知提示。

下面以 MMO 主界面信息提示为例展示一下信息分层的思路（图 10-11 ）。

MMO 游戏主界面中，反馈提示类信息繁多，我们对出现给玩家的提示性信息进行了归类。

A 类：全服广播

需要给全服玩家推送的信息，如世界玩法开启、玩家中奖等；

B 类：需要玩家紧急处理的信息

如组队请求、进入副本确认等；

C 类：玩家单次操作的反馈提示

通用反馈提示，告知玩家；

D 类：玩家状态变更

获得奖励、等级提升、战斗力变化、新功能开启等；

E 类：系统状态变更

地图切换提示、玩法提示。

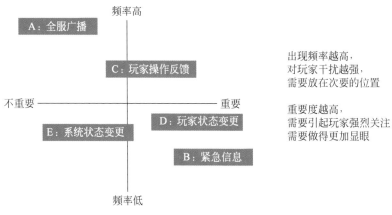

图 10-11　提示性信息归类

然后再根据出现的频率、重要度在同屏内进行设计，尽量考虑极限情况，即尽可能多的信息同时弹出的状况进行设计，并规定好每类信息的刷新规则（顶替 / 顺次播放 / 滚动播放 / 优先级 / 等）。图 10-12 为《站春秋》中的信息，提示范例。

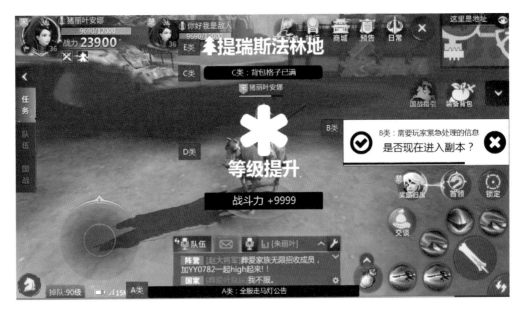

图 10-12   《战春秋》中的提示类信息设计

10.2.5 Tips 及浮层规范

游戏中常有包括 tips 在内的各种各样的浮层。这些浮层最好也能做成通用的交互组件供其他系统调用。

一般游戏中出现的物品 tips\ 装备 tips\ 技能 tips 以及提示 tips 最好能够设计一个通用的形式（图 10-13），并且定义出以下规范：

（1）弹出位置（图 10-14）；

（2）尺寸；

（3）共存规则。

关于 tips 等浮层的尺寸，目前比较常用的方法是固定 tips 的宽度，高度随 tips 内容自适应进行拓展。可以根据实际需要进行单独设计。而至于关闭规则，一般默认点击浮层外会自动关闭浮层。如果是选项类浮层（如带有操作按钮的 tips），在点击了选项之后也会立即关闭浮层。

图 10-13　不同类型 tips 设计范式需要统一

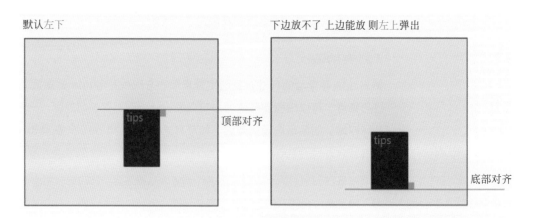

图 10-14　弹出位置需要有统一的规则

10.2.6 红点规范

目前游戏界面中，关于红点的设计往往会欠缺考虑，导致后期红点规则不统一的情况，也会因为红点的滥用导致界面体验非常差。

因此建议在开发初期，与程序、策划沟通红点实现的具体方式方法，做成可以通用的规则，并在后续功能开发中执行制定的规则，保证最终实现效果。

10.2.7 其他可以做成通用交互组件的内容

以下内容，可以和程序沟通，做成通用组件，方便全系统调用：

- 装备框、头像框、技能框
- 通用新手引导
- 帮助信息界面
- 文本框、输入框、搜索框

10.2.8 适配规范

最后，界面适配的方式、方法应该及早与程序沟通确认，并在设计中始终予以考虑，减少最后在对适配上面进行的工作量浪费。

以上交互规则，是根据以往的开发经验进行总结得出。在项目前期就应联合策划、程序、QA 进行多方沟通，确定好规则后由策划提单给程序制作通用的组件，能够大大加快后期开发维护的效率，减少界面更新过程中造成的人力成本浪费，且能在最大程度上保证体验的统一性。由于篇幅关系，仍有许多交互规则未能详细描述，仍需读者在自己的项目中结合实际需求进行思考。

10.3 控件规范

在计算机编程当中，控件（或部件、widget、control）是一种图形用户界面元素，其显示的信息排列可由用户改变。常用的控件包含按钮、单选框、滑块、列表框等。

本章将详细介绍的是，使用控件进行界面设计的思维。

如果把控件比作拼图，界面制作的过程即是从许许多多的控件种类选择最适合的控件，去实现玩家的目的（图 10-15）。

人—游戏通过界面发生交互
而界面是控件的集合

图 10-15　界面设计即是控件群设计

10.3.1　基于行为的控件分类：信息、导航、指令

为了实现人与设备进行的界面交互，控件可以基于玩家的行为分为信息、导航、指令三类。呈现信息的控件，包含文本、图标、进度条等，主要用于显示系统提供的信息、数据，或对系统的状态进行提醒反馈等；导航控件用于组织分布信息，协助玩家在复杂的信息之间穿梭浏览，包含标签页、折叠菜单、面包屑等；指令控件用于产生和系统的交互行为、下达操作指令、出发特殊逻辑等，主要包含按钮、单选框、复选框、日期选择器等。

值得注意的是，一个控件往往不是单纯属于某一个分类，它同时还兼顾着其他分类的功能。比如按钮是典型的下达指令的控件。但按钮上的文字信息、按钮的不可用状态，还起到传达信息的作用。

10.3.2　选取控件

假设目前，策划需求是显示一个角色的力量、智力、敏捷、气血、抗性这五个维度的属性信息，应该选择什么样的控件呢？

基于题目的假设，我们要做的是从显示信息的控件中，选择合适的控件对五维属性予以展示。我们可以选择文字、雷达图、进度条、饼状图等控件（图 10-16）。

图 10-16　五维属性信息显示控件示例

可以选择的控件有很多，而哪种控件的体验更好呢？这个时候便要结合实际需求分析。如果是类似很多卡牌游戏，需要强调精确的数值属性，那么文字、进度条的方式会更利于呈现精确的数值，其中进度条还能加强养成体验，引导玩家通过养成填满进度条，刺激玩家追求养成；如果需要强调每个数值之前的对比差异，那么进度条、雷达图、饼状图都比较适合，但对比进度条、雷达图来说，饼状图会更强调属性之间占比而非具体数值强弱。

举个例子来说，《阴阳师》（图 10-17）和《决战！平安京》（图 10-18）的式神属性界面，在呈现五维属性的时候便采用了完全不同的形式。

图 10-17　《阴阳师》显示具体数值

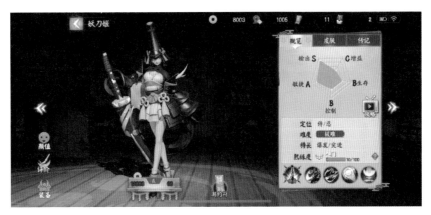

图 10-18　《决战！平安京》显示雷达图

采用不同的控件，是因为设计上的侧重点不同：《阴阳师》是卡牌养成游戏，强调式神养成，着重显示式神属性数值，包含御魂对式神属性的加成；而属性间的对比，通过 S\A\B\C 图标简单表现相对属性强弱；而《决战！平安京》是一款 MOBA 游戏，玩家关注的是英雄定位，雷达图的设计能够使玩家快速了解英雄在战斗中起到的作用及属性偏向，游戏中没有具体数值的概念，因此选用雷达图给玩家快速感性的认知更为合适。

同理，如果我们想要实现某个导航或下达某个指令，也需要根据实际的需求，在对应类别的控件下选取合适的控件来予以实现。例如音乐的开关指令（图 10-19），就可以有很多种实现方法。需要根据具体需求（如是否需要控制音量大小、界面空间、通用规范等因素），考虑选取哪种控件。

图 10-19　根据实际需求选取合适的控件

因此也不难理解，为什么同样的功能设定，在不同的交互平台上面会使用截然不同的控件组合，以更适应于平台本身的交互特点（图10-20）。

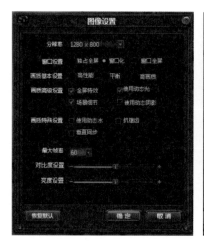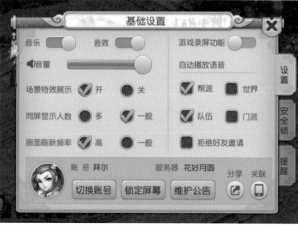

图 10-20　端游设置界面和手游设置界面上，选取了不同的控件

世界上没有最好的控件，只有最适合的控件。结合具体的实际需求以及玩家的核心目标选取最适合的控件，再逐渐拼接成界面，能够给玩家带来最理想的体验。

10.3.3　设计改造控件

选取出合适的控件，依然无法立即使用满足需求。设计师往往要对控件进行加工设计，以让其更好地满足实际需求，做出更好的体验设计。

针对控件的设计，在交互上包含尺寸、颜色、形态上、响应区域的特殊化定制，也包含视觉上的材质、动效表现等设计。另外，每个控件都不是独立的个体，实现某个功能，往往需要使用多个控件进行组合调整，创造新的控件类型。通过不断辩证思考并改造这些控件，才能够做出更美观、更易懂、更好用、更吸引人的交互设计。

例如说进度条（图10-21），其实可以在形态上做很多的尝试，创造出许多新的控件，实现不同的交互目的。

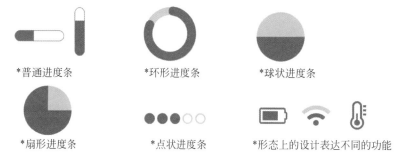

*普通进度条　　　　*环形进度条　　　　*球状进度条

*扇形进度条　　　　*点状进度条　　　　*形态上的设计表达不同的功能

图 10-21　进度条控件的各种形态

通过对进度条在形态上的设计改良，进度条能够表达更细节更丰富的效果。简单的图形的变化，就能够很好地传达出新的含义。应用在实际案例中的进度条，则更加丰富（参考图10-22）。结

合 GUI 视觉和动态效果，可以做出更加动人的效果。常见的运用包括：在血条上设计双层进度条，能够给玩家非常爽快的掉血反馈；在倒计时、血量等的设计中，根据进度条的剩余量实现变色效果，能够让玩家直观地感受出进度的变化并造成紧迫感；在进度条的某一节做特殊变色或标记，标明特殊事件，引导玩家探索……

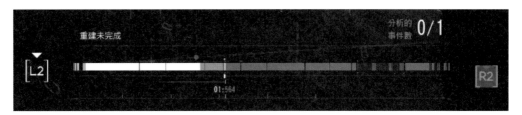

图 10-22　Quantic Dream 开发的《底特律：变人》将进度条设计的含有多重信息

进度条运用的经典案例之一，就要数《暗黑》系列游戏的血球设计了（图 10-23）。设计师巧妙地对进度条的形态与表现上做了包装，结合液体翻滚流动的动效，很好地表达出能量球的概念；摆放位置左右分布，表达出对峙感，传达出天使与恶魔的对立抗争主题。成为该系列作品的标志性设计。

图 10-23　暴雪开发的《暗黑破坏神Ⅲ》的经典血球设计，是进度条运用的案例之一

在该系列游戏中，其他的进度条细节设计也同样出色。例如在副本进度的设计中，巧妙地在进度条上悬挂了倒计时指针（图 10-24），把时间与杀怪进度通过简单的设计巧妙结合，营造出副本进度与时间相互追赶的紧迫感，并且很好地通过图形化的设计把这一概念传递给玩家，让玩家在紧张的战斗节奏中一眼就能识别出副本进展。而当副本进度增长的时候，场景中将有同色光效飞入进度条，同时进度条会显示高亮的效果，传递出玩家通过努力增长了进度条的成就感。

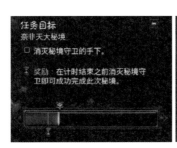

图 10-24　暴雪开发的《暗黑破坏神Ⅲ》的进度条倒计时指针设计

进度条的改造只是设计师对控件进行优化设计的一个案例，除了进度条以外，我们还需要对各种各样的控件进行优化设计，针对实际需求、实际设计平台的交互特点，灵活地运用各种控件的优势特点，创造出更贴合需求、更易懂易用、更具有代入感的控件设计。

只有当深入了解玩家需求，了解系统目的，结合每个类型的控件特点，选取合适的控件，并对这些控件进行精心的设计改造，给他们添加更多丰富的细节，才能尽可能用更精炼的图形语言表达设计思考，给玩家提供准确的信息，帮助玩家实现合理的导航，并给玩家带来更有趣、互动性更强的交互体验。看似简单的设计背后，实际蕴含了设计师对每个细节的反复思考。

10.4 输出规范与图素

当界面设计定稿之后，GUI 需要对图片进行切片以进行后续的界面拼接。无论你现在负责的项目是 UI、GUI、还是程序拼接界面，都应该针对资源输出的方式方法、命名、资源存放管理等有一套统一的规则。

10.4.1 清晰度

图片素材是界面的主要组成部分，给玩家带来最直观的视觉反馈。图片的质量会影响到整体的界面品质。界面适配关系到每一个界面在不同移动设备的呈现效果。其中全屏资源在做适配时需要针对不同分辨率的设备，进行等比放大或缩小内容。放大后的图片在清晰度上会有一定折损，同时随着移动平台设备的不断更新更新，分辨率也在随之改变，这就需要在资源输出的时候进行权衡，或者在项目初期制定好规范，是否采用比较大分辨率输出资源等，以保证游戏界面的品质。

10.4.2 尺寸要求

资源居中输出（图 10-25），同种类的资源同大小同位置输出（图 10-26）。

图 10-25　资源居中输出　　图 10-26　同种类资源同大小同位置输出

资源输出尺寸长或宽至少为 2px，在部分引擎中 1px 的长或宽资源会被压缩导致无法看见。

资源四周预留 1~2 像素边（图 10-27），避免某些机型可能会裁掉边缘。

图 10-27　边缘预留 1~2 像素

资源使用偶数输出，当资源尺寸中出现奇数时，在部分引擎中会导致资源模糊或出错。

大尺寸资源不能九宫时可以采用的输出方式：

（1）左右对称的资源可以对半输出（图 10-28），在编辑器中镜像复原，例如旗帜、卷轴等；

图 10-28　对半输出，编辑器里镜像拼接

（2）尽量保证尺寸小于等于 2 的幂次方（图 10-29）。以减少内存消耗。如：64×64，128×128，256×256……比如 150px 宽的图片、尽量输出为 128px 以下；

（3）装饰性衬底对图片精度要求不高，可以等比缩小尺寸后输出（图 10-30），在编辑器里放大。

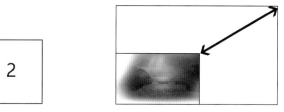

图 10-29 2 的 N 次方输出   *图 10-30 缩小输出，编辑器里放大*

10.4.3 九宫规范

九宫参数必须为整数。

通用的九宫资源（底板、按钮、装饰线等）保持方形小尺寸输出。九宫数据可另外输出文档记录，方便后续资源管理和规范推广（图 10-31）。

file	x	y	w	h	
ui1\button\normal0200.png	14	0	14	1	
ui1\button\normal0201.png	14	0	14	1	
ui1\button\normal0202.png	14	0	14	1	
ui1\button\listitembtn00.png	14	0	14	1	
ui1\button\listitembtn01.png	14	0	14	1	
ui1\button\listitembtn02.png	14	0	14	1	
ui1\button\normal0100.png	40	0	10	1	
ui1\button\normal0101.png	40	0	10	1	
ui1\button\normal0102.png	40	0	10	1	
ui1\button\picbutton00.png	90	0	12	1	
ui1\button\picbutton01.png	90	0	12	1	
ui1\button\picbutton02.png	90	0	12	1	
ui1\button\normal0300.png	14	0	14	1	
ui1\button\normal0301.png	14	0	14	1	
ui1\button\sidebutton00.png	0	36	1	36	
ui1\button\sidebutton01.png	0	36	1	36	
ui1\button\sidebutton02.png	0	36	1	36	

图 10-31 九宫规范示例

单边太长的资源可以考虑采用九宫方式优化，因为在引擎调用时，资源在内存中都会以 2 的幂次方展开，并且宽＝长，以至于细长的图会和一张大面积图占用同样的资源量。

10.4.4 命名规范

图片的命名通用规范是"模块 _ 名称 _ 状态 .png"。例如按钮的默认状态命名可为："btn_type_normal"。为了方便查找，可以根据图片类型命名，比如按钮统一添加前缀"btn_"，图片统一添加前缀"img_"，图标统一加前缀"icon_"等；

同类型资源命名可加入编号区分状态，如"btn_big01"和"btn_big02"；

不可出现中文、大写、符号。有些编辑器可支持大写命名需跟程序确认；

为了方便查找，尽量避免重名资源；

命名尽量简单，可使用简单英文或英文缩写或汉语拼音，生僻名字尽量避免。

具体的命名规则需提前与程序商议后共同决定。

10.5 规范推广

制定好了一系列的交互、视觉规范以后，推广并执行是至关重要的环节。需要保证所有项目团队成员都了解有这些规范的存在、易于查看传播、新项目成员进来的时候易于交接。

10.5.1 UX 团队内部规范推广

/ 设计团队内 UI 控件库

拥有一套 UI 控件库（图 10-32），对于设计团队而言，非常有帮助。它能够：

- 提升效率
- 规范意识
- 产出一致性
- 控件库提供启发

对于设计团队内部的同学来说，Axure 控件库是非常好的传播形式。建议在 UI 团队内部，都使用 Axure 或者 Fireworks 这种带控件库的设计软件。所有团队同学都是用同一套控件库。这样不仅仅能保障设计的统一性，也让同学们在平时日常工作的过程中就培养了良好的规范意识。另外，可以整理 UI 控件库中的控件提交给程序，开发出程序控件库，确保整个产品在实现阶段的高效统一。

程序控件库的开发，受到很多因素的制约——引擎、编辑器、程序人力、排期都可能称谓程序控件库开发的制约因素。

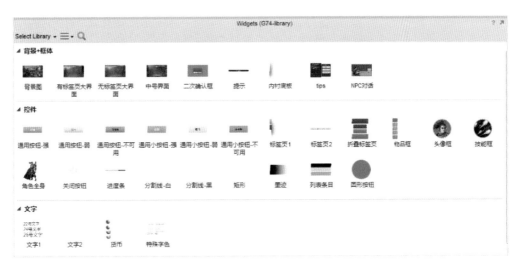

图 10-32   UI 控件库

建议大家尽可能说服产品选择有控件库的编辑器，能极大提升界面规范落实和实际制作的效率。表 10-1 是关于各个编辑器与控件库的整理。

表 10-1   编辑器与控件库信息

cocos 1.6	没有控件库，请自求多福
cocos 2.1	可以使用一个程序工具在配置表中插入控件
cocos 3.1	可以使用 node 节点来制作复杂的控件（比如图标框），但简单控件（比如按钮）使用 node 来实现并不理想
cocomate	有控件库，功能比较完善，推荐使用
flash	有控件库，还非常好用

在主程选择编辑器的时候就要做好充分的沟通，说明控件库对于规范的实现支持，选定了编辑器后，和产品（主程）沟通预留出充分的人力和时间进行控件库开发。确保规范在前期的顺利搭建，有利于后续高效落地执行。

/ SVN 建立和维护

在 SVN 建立之初需要好好规划路径分类，主要需要综合考虑以下几点：

（1）为了以后合图做准备，主界面等常驻内存的界面资源尽量单独开一个 common 文件夹存放；

（2）玩法 or 系统的资源存在同一个路径；

（3）考虑后续扩展性，部分复用可能性高的资源提前单独存放出来。

向大家推荐一个小技巧："font 字体文件快捷调用"（图 10-33）。可以把字体 font 文件另外存放一个快捷方式在资源目录最外层。这样在 cocos 制作过程中，需要调用字体 font 资源的时候，可以直接在第一层调用，而不用进入到深层的文件夹。

/ 各成员的权限与责任落实

建议明确一个界面资源管理的负责人，承担规范更新、SVN 搭建、资源检查以及后续维护等工作。考虑到有一些类型的资源会需要随着开发后续不断补充（例如：一些玩法对应的图标），建议由单个同学负责对接制作，保持统一。为了鼓励大家积极执行推广规范，可以有简单的下午茶奖惩机制。

图 10-33　font 字体文件快捷调用示例

10.5.2　开发组内规范推广

/ 传播的形式

规范推荐使用图片来进行传播。原因是可读性非常强。能够让对界面感知度比较低的程序一眼知道问题，也方便在群组内快速广播。长篇大论的 Excel 文档几乎没有人会去看。

一般建议做三张大长图——按钮 / 窗口 / 文字，来分别讲解这三种常见类型的规范。

/ 对程序、对策划、QA

在制定好规范以后，建议由 UI 和 GUI 发起建立一个界面开发群。把以下成员拉进群内：

主程：作为最核心成员，在推进规范执行中必须依靠主程的协助。可以先和主程深入沟通，明确说明规范的重要性，请他帮忙协助规范的推进，并且协助监督执行程序是否有按照规范来执行；

所有客户端程序员：作为具体执行环节成员，必须确保每个人都知道规范的存在并且执行；

UI&GUI：比较大型的项目往往有多个设计师在进行设计，必须在设计阶段就保持规范的统一性；

QA：QA 同学清楚知道规范后可以协助我们跑查界面设计，可以大大节省跟进跑查的时间精力；

其他可能相关的成员；

建立这个群的目的，除了推广规范，还可以在群内讨论开发实现环节的技术问题，在这里不建议把太多策划同学也拉进群。否则这个群和大群会非常的雷同。有相关的规范、界面更新时往往容易陷入设计讨论。规范一般在制定的时候和策划确认好，策划知道有这样的东西就可以了。

在做好规范后，可以考虑组织界面开发群内所有成员，做一个有关界面通用规范的讲解培训。培训的时间控制在 30 分钟以内，主要讲清楚以下内容：

（1）交互规范；

（2）有哪些界面是要做成通用控件的；

（3）各个职位的规范负责人：规范由专人维护并明确责任，确保后续更新或补充规范找得到负责人负责更新和推广。

讲解的时候必须抓住重点。旨在介绍"有什么"而非"怎么做"——比如介绍有多少种按钮，不需要讲解按钮具体的交互规则，具体按钮的交互细节请他们课后来查。这样能节省大量的时间，避免程序不感兴趣而感到困乏。

10.5.3　有利于规范推广落地的一些工具

/ 规范跑查表 Check List

为了让规范更好地落地，可以和 QA 以及 UE 同学一起整理一份界面跑查表。内容为游戏中常见的界面规范落地不到位的问题，让 QA 和 UE 同学协助一起跑查。具体内容根据各个项目实际情况而定，有以下几点参考建议：

（1）细致程度越高，效果越好，但是工作量也会越大，进而导致推进难度增大；

（2）检查的规范内容用图表达比文字更容易推广，最好附上正面反面的例子；

（3）跑查表需要定时更新，常见的问题可以更新进去。

见图 10-34"界面的对齐规范"的跑查表案例。

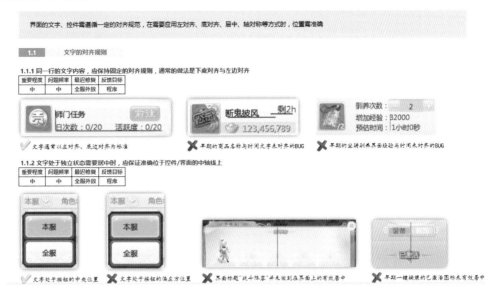

图 10-34　跑查表示例

/ 资源错误排查工具

可以与程序和 QA 商量制作检查项目资源错误的工具，具体实现方式根据和各项目实际情况而定，建议包含检查条目和功能：

（1）检查 cocos 内坐标是否为整数；

（2）检查 cocos 内文字颜色参数，是否在规范定的色值范围之内；

（3）检查 cocos 内文字字号大小参数，是否在规范定的几个参数内；

（4）检查所有界面图片资源分辨率是否合符规范，是否都有使用；

（5）资源提交器，支持 QA 自定义规则，检查不通过不让提交（例如检查资源尺寸是否为偶数，命名是否含有汉字 & 大写字母，视项目自身情况而定）。

/ 色值对应关系表

主要是规范策划填表的文字转色，以及方便后续批量调整颜色。建议初期先定好各个对应的颜色标记（如 #r），以及其对应的颜色（如 #ff0000）。策划填表直接填颜色标记即可。对于 GUI 而言，后续需要批量调整色值的时候，只要调整这一份色值对应关系表即可。

10.5.4　规范的维护

/ 规范更新

规范并不是一成不变的，会跟随项目需要、GUI 更新、策划需求等原因产生更新。

规范制定的前期（项目立项之初），规范往往变更较为频繁，此时需要结合项目实际进度情况考虑何时向团队同步最新的规范。更新的时候明确地在群里面进行通知，并重新贴一次更新后的长图（确保程序回查的时候下载的长图是最新的），并且单独 popo 一下涉及的客户端程序。

可以向大家推荐一个小技巧："巧用群公告"。可以把字体颜色这种需要各方经常查阅的信息帖在群公告里（图10-35），这样当程序、策划需要填色值的时候可以快速地在群公告里面复制粘贴出去。也可以在群公告里面贴一些最新更新的规范和注意事项，时刻提醒程序注意。

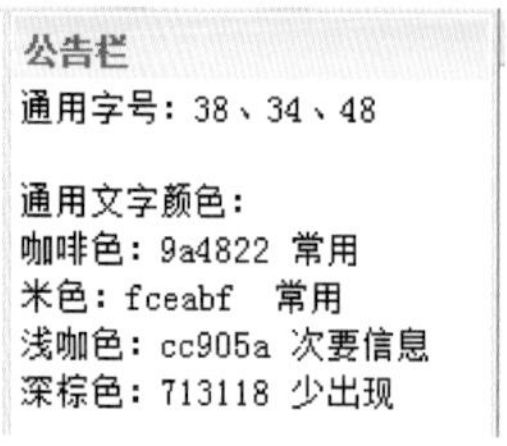

公告栏
通用字号：38、34、48

通用文字颜色：
咖啡色：9a4822 常用
米色：fceabf 常用
浅咖色：cc905a 次要信息
深棕色：713118 少出现

图 10-35 群公告提醒示例

/ 新成员加入

当新团队成员加入时，必须请相关职位负责人告知他们规范的存在。相信以比较简单易懂的图片传播，图文结合，要理解起来并不难。难的是后期执行，我们需要花费比较多的精力去检查他们是否真的有按照规范来执行，这对于他们建立规范的意识是非常重要。

/ 出现问题的解决和维护

有时候我们发现程序或其他职能没有按照规范进行制作的时候，我们设计同学喜欢顺手改过来，比如调个字色，位置对齐什么的，觉得与其有功夫告诉他们并让他们改，自己早已经改完了。但实际上这样处理的话，产生问题的同学并不能认识自己做得不规范，也不能意识到规范的重要性。

正确的做法应该是，告诉产生问题的同学，让他们自己修复。即使我们来修复，也必须明确告诉他做错了。这样他才会知道规范对于我们、对于项目是重要的，他做的这个地方没有遵守规范，以后才会改正过来。

对于频繁出现的错误，或者是多个程序都出现的错误，一方面可以反思一下是不是规范制定不当，执行过程不合理，加以优化更新规范。另一方面可以在群里特别广播，加深一下大家的印象，防止更多同类问题的发生。

DESIGN
INSPECTION

04

设计检验

11 资源管理
Resource Management

资源管理的目的在于方便存储和迅速提取使用。将各种各样的资源有条理地组织起来，方便各个岗位的同事都能方便地检索、使用、维护。

11.1 资源品质

首先是资源大小、尺寸、九宫数据等符合项目要求，资源使用起来能畅顺无阻；其次，资源命名时要遵循完善的命名规则，资源目录架构清晰、分类合理。

11.1.1 资源自身品质

/ 资源尺寸必须为偶数

例如：一个矩形图片资源的尺寸是 95×95px（像素），在编辑器使用时，没有进行拉伸，锚点的位置也是编辑器默认的（0.5,0.5）（图 11-1），资源的位置为（100,100）。游戏在渲染时，这个矩形上下的边缘就会处于 52.5 和 147.5px 的位置上，图像最小单位为1px，0.5px 渲染时只能用 50% 不透明度表现。最终，这个矩形图片在就会出现虚的边缘，影响成品品质。有时游戏里面一些边框无法对齐，也可能就是这种小瑕疵造成。

图 11-1　资源边缘与像素边缘对齐及边缘处于 0.5 像素的对比

/ 没冗余的空白像素

在不拼合图的情况下，资源的冗余空白像素会额外占用内存（一张 1024×1024 的图片占用

4MB 的手机内存），所以一般需要裁剪掉冗余的空白像素。有些情况除外，如：统一的图标尺寸、为让按钮有更大的点击区域。

/ 合理的资源文件大小

在做设计输出时，有时贪图快捷，直接另存为图片资源，一张尺寸很小的资源图片竟然占用了几十 MB 的存储空间。因为 PS 从 CC 版本开始，会默认将旋转、操作、EXIF 等信息保存到了"文件简介"里面（图 11-2），这些资源信息极其庞大，如果直接通过另存文件，保存 PNG，那么这个 PNG 就继承了原 PSD 文件的"文件简介"信息，体积极其庞大。

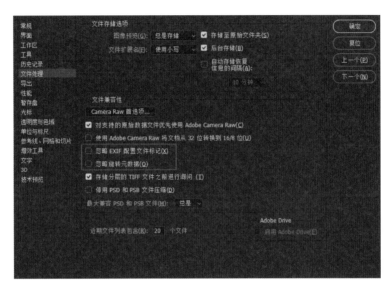

图 11-2　PS 设置可以首先将这两个选项勾上，让"文件简介"信息减少

输出资源时，需要严格地用"存储为 Web 所用格式"进行输出资源，并且要去冗余的元数据信息，文件大小就可以得到很好的控制。

/ 合理的九宫拉伸范围

对于一个可以九宫拉伸的资源，拉伸范围有 10px 左右可拉伸范围就足够，不需要保留很多冗余的像素。但拉伸范围不建议太小，在 Cocos 里面，如果将一个原本是 2×2px 的资源进行九宫拉伸，中间只有 0px 可以拉伸，拉伸出来就会出现很大问题。其次，资源尺寸大小，在资源管理器里面不方便查找。九宫拉伸既可拉长，也可以缩短，例如：资源宽度为 40px，中间拉伸范围有 30px，可以将这 30px 压缩成为 0px，这样资源就实现缩小到 10px 使用；但如果想缩小到 5px 使用，即将 30px 压缩成 -5px，问题就出现，将会呈现一个堆叠的图片效果（图 11-3）。综上，建议九宫使用保留比较小的拉伸范围，使用九宫拉伸缩小资源使用时要注意压缩范围。

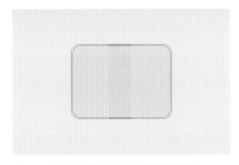

图 11-3　九宫拉伸缩小尺寸时出现的堆叠情况

11.1.2　资源目录分类和合理的资源命名

/ 分类管理

游戏项目资源目录里有各种形式、用途、系统的资源，将所有的文件通过文件夹进行分类，可以有效地将各种资源组织起来。例如：各个系统资源独立目录、通用资源目录、图标资源目录（图标资源一般需要零散调用，不跟随各系统的合图，独立出来可以减少调用图标资源时所占用的内存），图标目录下可以再细分物品图标、技能图标、各种系统使用的图标等。

/ 目录内的资源数量和目录层级

目录内的资源文件数量不宜太多，一般超过 100 个文件时，浏览、检索和打开速度都会效率变低，一般情况的解决方法是将此文件夹内资源拆分成若干个目录。但分类的细化必然带来目录的层级增多，层级越多，需要越多的操作才能检索、查看、使用资源，这样效率也大打折扣。

/ 浅层级目录平铺资源与资源命名规范

其实资源文件管理就类似家庭生活中的收纳整理，家庭收纳整理术中有一个叫"立式收纳"的概念可利用到资源文件整理当中。多层级目录就像"堆叠收纳"，浅层级目录平铺资源就如"立式收纳"。

对应家居整理中的"立式收纳"，我们在资源管理中应该采取"扁平层级目录"的方式，除必要的目录分类以外，尽量减少目录的层级、数量。但对于例如通用资源目录这种庞大数量的资源目录呢？这时需要制定一套标准的文件命名规则：

命名结构：①名称前缀 + ②资源用名 + ③序号 + ④后缀（③、④非必要，选填）；

前缀规范：固定的几种常用控件前缀，要包含用到的所有控件类型，必须严格执行，极大方便资源排序、检索、使用；

中缀、后缀规范：在前缀执行好的基础上锦上添花，方便同一功能的控件资源在相邻的位置；

总之，原则就是"物以类聚"，通过前缀的约束，将各种类型的控件加以区分，在资源管理器上有清晰的排序，通过后缀散件附着主控件附近。不同类型资源的规范应该根据不同项目制定不同规则。

11.1.3　借助工具提升资源管理效率

/ 批量重命名

资源改名是一件极其繁复的事情，在有基础名称的基础上，我们可以通过批量命名进行快速处理。

/ 冗余资源要及时清理

冗余资源、旧版资源要及时清理，冗余资源与新资源摆放一起不但会影响检索效率，也会令游戏包体骤然增大。可以请项目的程序、QA 岗位的同事开发对应的冗余资源清理工具。

/ 多窗口多标签资源管理器

开发工作中，需要接触大量的文件目录，如何通过多窗口、多标签的资源管理器或插件（图 11-4），可以快速地触碰到各种资源目录，而且有各种便捷的快捷键、极速预览（图11-5），还可以将常用的窗口布局建立快捷方式，快速检索、使用资源。

图 11-4 Q-Dir 资源管理器，多窗口、多标签

图 11-5 资源管理器多标签插件 QTabBar 的极速预览功能

建立完善的目录结构、规范化命名、周期性清理冗余资源，这就是我们要做的。这并不复杂的操作却能大大提高我们的工作效率，节省有限的开发时间。

11.2 资源压缩

计算机读取图像资源时需要占用一定内存资源，而且是取整为 2 的幂次方的图像大小来占用内存。
例如：512×512px 的图像占用1MB内存、1024×1024px 的图像占用4MB内存，512×513px，占
用内存等于 1024×1024px 的图像，为 4MB 内存，是 512×512px 内存的 4 倍。

合图就是将零散的一个个小图打包成图集，图集的尺寸是 2 的幂次方，合图过程中还可以将散
图资源中的冗余空白像素裁掉，最大化利用内存，达到资源压缩的目的。新版本的 Texture
Packer 还可以挖空镂空资源的内部进行合图，更大限度地利用合图空间，不过要看游戏引擎是
否支持这种合图方式。

/ 不适合合图的资源

一些尺寸比较大的背景图片资源进行合图的话会占用大部分的合图空间，不建议合图。

部分图标资源，调用频率较高而且调用的图标数量比较少，为一两个小图标读取一张硕大的合图
并不合算。这可能需要合成多个小合图方式或者不进行合图。

/ 合图对复用资源的影响

一般情况下，程序会对同一系统的 UI 资源合成一个图集。各个系统之间尽量不要互用资源，要
复用的话，宁愿将资源复制或移动到通用资源目录。否则会为一两个小资源加载了硕大的图集
（图 11-6），得不偿失。

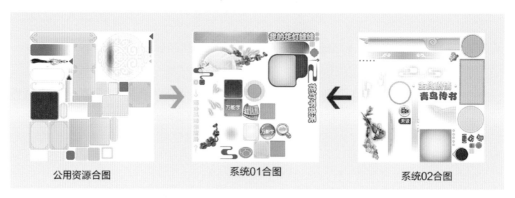

公用资源合图　　　　　系统01合图　　　　　系统02合图

图 11-6　系统之间复用资源需读取大量合图

11.2.2　九宫拉伸与缩放资源

/ 九宫拉伸

建议能用九宫拉伸的资源都按九宫拉伸输出，这是压缩、节约资源的一个很好的办法。进度条资源不一定能用九宫拉伸，要和项目程序确定好。九宫拉伸除了将尺寸拉大，也可以将尺寸缩小，可以灵活应用，但不能超出缩小尺寸极限。简单的渐变也是可以九宫拉伸，对实现效果影响不大。

/ 缩放资源压缩

众所周知，资源放大使用会模糊，而本身就没有清晰边缘的一些资源，例如：光效、模糊的背景等，是可以进行缩小输出的，使用时放大也不会有很大差异。

一张背景图使用时需要有 5px 的高斯模糊。

资源缩小到原图大小的 20% 输出，使用时将资源放大到 500%，完全可用。

11.2.3　减少资源颜色

如果以上的资源压缩方法都不能达到包体要求的体积，只能减少资源颜色了，此方法非迫不得已，不建议使用。减少资源颜色，最常规的就是将 PNG24 压缩成 PNG8，就是说将一张 1600 万多色减少到只有 256 色，容易在资源渐变的地方出现色阶现象。

综上所述，游戏中设计资源的压缩，是在性能与表现之间寻求平衡，而掌握了合理的资源管理方法，也能让设计的落地环节，更加高效。

如果问题堆积且处理得不及时，将这些问题直接展示给玩家会在不同程度上对玩家的游戏体验造成影响。所以从项目的研发到上线运营维护，每个时期都需要有一套完整的验收流程，在验收过程中体验当前游戏内容，发现并整理问题清单，并根据问题类型进行不同方式的处理和跟进。

在需求制作过程中，对需求理解的差异、沟通上的信息不对等和制作过程中的疏漏都会影响最终产出。设计预期和最终产出不符在开发过程中经常出现，设计师在验收过程中可以进一步提高产出的还原度，在程序、QA 和策划的配合下调试具体参数和打磨功能细节。

验收的过程也是经验积累的过程。验收可以根据问题清单理清楚问题的根源，避免下一次犯同样的问题。在验收跟进问题的同时也会进一步了解其他职位的流程和工作逻辑，相互熟悉和了解可以提高后续开发的沟通效率。

12 验收机制
Quality Assurance

12.1 验收流程

12.1.1 版本体验

当开发人员完成了功能制作后，由该功能的主要负责人员进行游戏内跑查。跑查内容分为两方面，第一方面为功能的验收，包括是否实现了全部的界面功能，视觉效果是否符合设计图等；第二方面为功能体验，包括流程是否符合预期，是否有遗漏的情况，是否有更好的替代方案等。

12.1.2 整理问题清单

经过上述两方面的验收后，可以将收集到的问题分为两大类，第一类为BUG类，第二类为优化类。然后制作一份文档，文档内容包括但不限于：序号、当前效果、设计效果、问题描述、问题类型、跟进人员等。图12-1为问题清单样例。

图 12-1　问题清单样例

12.1.3 处理问题清单

在整理好文档后，将文档中的BUG类问题，发送给QA人员来创建BUG单以及发送给对应的开发人员进行修改。将优化类问题提交给对应设计人员，进行评估以及规划后续的开发计划。针对确认优化的内容重新开启新的一轮开发流程。

12.1.4 结果修改和验收

在BUG被修改好后，由该功能的主要负责人员再次进行游戏内跑查，将已经修改好的BUG在文档中记录，未修改好的内容重新发送开发人员以及QA人员再次修改，直到清单内的所有问题被解决。

12.2 编辑器还原检查

编辑器自查在设计开发流程中分两个阶段。第一个阶段是重构在对照设计效果图完成拼接和制作说明之后，交付设计师进行验收和校对，此部分工作主要是确保在拼接产出和设计内容的一致性，节省程序功能开发的沟通成本；第二个阶段是在玩法功能开发完成后，设计师通过在客户端跑查功能，罗列问题清单，根据问题类型找对应的解决方，确保设计落地实现。在这两个阶段，首先要了解问题的类型，是需要程序调整或者是重构修改拼接内容，还是设计遗漏，这样就能清晰知晓问题的处理方式和相关对接人员。

12.2.1 自查问题类型分类

/ 视觉表现

1. 静态视觉表现

此类问题包括两类：一类是拼接实现问题，例如视觉资源错误、对齐和遗漏，文本类信息在极限情况的长度和对齐方式错误，信息显示的层级错误，图标和画布组件调用有误；另一类是设计问题，例如信息的识别问题和是否符合通用视觉规范。资源遗漏类找视觉设计师补充输出资源，图标和组件调用错误找程序修改，能在编辑器内直接修改且在本地客户端看到预览效果的，找重构调整。

2. 动态视觉表现

此类问题指的是动效的遗漏，播放时间点错误，动效播放是否出现控件位移问题。

/ 交互体验

1. 功能流程

校对操作流程，查看操作层级是否过于烦琐，跳转逻辑是否易读易理解，是否出现流程中断问题导致体验不流畅，操作是否保持了一致性。

2. 信息布局

信息是否突出了主次，阅读舒适。布局是否符合产品设计规范，例如界面分栏、返回和执行类按钮等通用控件的位置摆放的统一。界面状态、按钮状态、空状态显示是否遗漏。信息的反馈提示是否遗漏，强度是否足够。是否出现其他信息重叠的情况，此时需要综合的考虑，以设定规则来控制信息显示的时序。

3. 操作手感

检查操作热区的舒适度，如果需要特殊处理热区，需要在制作说明内特殊标注。检查是否存在误操作的问题，热区是否过于密集，是否存在热区重叠的情况。操作交互是否正确，如滑动区域大小，长按时间长短和反馈。操作响应的判断是在按下还是松开。还有一种特殊情况是设定操作的保护屏障来避免误操作，就是在可能会频繁误触关闭界面的区域划出让程序单独设定点击后不关闭界面。

/ 机型适配

1. 尺寸检查

由于常规的设计尺寸是 16：9，因此在拼接的时候较容易遗漏宽屏机型和 4：3 机型的情况。自查时需要查看控件和资源是否能自适应非常规比例机型的情况，显示是否正常。

2. 布局检查

需要检查贴边控件的位置是否错乱，资源显示是否被裁切，背景资源是否覆盖了全屏，按钮和操作区域是否在可点击的舒适区域。

12.2.2 问题解决方式

在自查第一阶段发现问题是 UX 内部修正和调整拼接；第二阶段在策划、交互和视觉跑查完成后，汇总问题清单（见表 12-1），找 QA 提单给对应职能，与设计图不符的实现内容在当周版本节点内完成，设计图之外的设计优化与策划商量完成节点。

表 12-1 问题清单示例

问题类型	开单类型	对应交接方	版本节点
需要新增或者修改优化设计，有一定的再设计工作量	交互 / 视觉自主优化单	交互 / 视觉设计师	与策划商量
效果图标注但实现遗漏的功能；拼接修改完后需要程序工作量的 BUG	程序 BUG 单	程序	当周版本
由策划填表控制出现的 BUG	策划 BUG 单	策划	当周版本
资源错误缺失类 BUG，可以在本地客户端预览且不会造成界面崩溃	拼接 BUG 单	重构	当周版本

12.2.3 编辑器自查的关键点

/ 编辑器自查部分

位置：对拼接元素的锚点、坐标进行校对，校对前需在最底部放入相应 GUI 设计稿；

层级：对显示过于朦胧、暗淡甚至未显示或不可点击的控件，检查其层级关系是否正确；

尺寸：对尺寸或样式存在问题的元素或控件，检查其尺寸和拉伸方式，以及九宫缩放的设置是否合理；

样式：对 GUI 样式存在异常的元素或控件，检查其路径资源并对照 GUI 设计稿；

热区： 对热区异常的控件，检查其节点大小是否合理；

可见性：对未显示出来的元素或控件，检查其透明度、可见性以及层级关系；

适配：对适配存在问题的 UI，检查其锚点、位置和父节点的位置关系；

动画：对存在显示异常的动画，检查其关键帧的位置、缩放、透明度、锚点等项目。

显示：校对 UI 显示，是否缺失；

状态：校对控件状态，包括触发后是否显示正常；

位置：校对需要程序控制显示位置的控件、元素位置；

响应：校对控件的触发、跳转等功能，并检查其响应后的显示、隐藏关系；

热区：检查热区的触发是否正常、合理，如果异常则考虑是否控件层级、热区大小、热区读取等原因；

资源调用：校对调用的 UI 资源，显示是否正常；

画布调用：校对调用的画布、控件，并检查其显示、隐藏关系；

动画：检查动画是否正常播放。

编辑器还原检查是设计检验过程上下游协作的重要环节。编辑器还原检查要求设计师在拼接和校对过程逻辑清晰、规范仔细和对问题类型的整理完成对交付内容的自检和验收可以明确后面的制作思路，减少程序开发中的结构调整和二次修改。在这个检查过程中，设计师可以积累处理不同类型的问题的经验，总结并且优化整个编辑器还原过程，提高工作效率，也能提高整体产出质量。

12.3　设计问题处理跟进

根据设计问题类型的不同，会给玩家的游戏体验造成不同程度上的影响。设计问题如涉及操作流程中断、功能交互逻辑不连贯、信息层级混乱等问题，会直接影响玩家的核心操作体验，打断玩家的游戏体验，给玩家造成不同程度的损失。而涉及排版布局和资源效果方面的问题，虽然不会打断玩家的操作流程，但是会降低玩家对游戏品质的整体印象。

12.3.1　设计问题跟进处理的重要性

/ 跟进验收是设计还原度的有力保障

设计师会制作一份细节丰富的设计文档，输出完美的界面效果图和资源。但是设计师过于依赖文档及开发测试人员的配合，忽略了主动推进设计落地。程序需要处理复杂的代码逻辑，可能无暇顾及交互文档交代的细节；测试人员更关注流程跑通和 BUG 汇总修复，体验与设计问题往往处于最低优先级。在整体设计效果上的精力分配很难满足设计师的期望。图 12-2 中，图片输出尺寸不对，但程序和测试并未发现。

图 12-2　图片输出尺寸不对，程序和测试并未发现

/ 及时发现曾经忽略的问题，补充完善设计

设计稿毕竟是静态的，设计师要看到实际效果，最有效的途径就是跟进设计开发。在跟进过程中，设计师可能会发现前期设计过程中没考虑的问题：文案或数字长度的考虑不周；不同屏幕比例下的效果偏差；资源替换发生的视觉冲突，这些问题都会随着开发测试逐渐暴露出来。若能在验收过程中及时发现并作出调整，可以省去后期更新处理的麻烦。

/ 了解开发实现的程序与思路，继而优化设计方案

在设计之初就考虑表现效果能不能实现，输出文档和资源才能便于程序开发，减少沟通摩擦。在深入了解开发过程之后，设计师从不同的职能角度去跟进设计问题，提高跟进问题的效率。

图 12-3 为《阴阳师》商店街小人动效，图 12-4 为设计师与程序沟通的文档摘要。

图 12-3　《阴阳师》商店街小人动效

线路	资源（随机取1个）	时长	启动延时	循环间隔	缩放	渲染层级	备注
→	b1,b2,b3,b4	14s	0	2s	起点1 终点0.9	5或3（视遮挡情况）	
	f1,f2,f3,f4,f5	14s	0	2s	起点0.9 终点1	3	分段约1:6
→	f1,f2,f3,f4,f5（镜像）	7s	0	9s	0.95	4	分段约2:3
	b1,b2,b3,b4（镜像）	7s	9s	0	0.95	4	分段约3:2
→	f1,f2,f3,f4,f5	10s	0	2s	起点0.85 终点0.9	3	
	b1,b2,b3,b4	7s	3s	3s	起点0.9 终点0.85	4	
	b1,b2,b3,b4（镜像）	8s	7s	5s	起点0.8 终点0.65	2	
→	f1,f2,f3,f4,f5	8s	2s	10s	0.8	2	

图 12-4   《阴阳师》商店街小人动效 - 与程序沟通的文档摘要

12.3.2 设计问题跟进处理的类型

在需求的不同阶段会存在不同类型的设计问题，在对这些问题进行跟进和处理之前需要对设计问题的类型有充分了解，对设计问题有充分的理解可以提高跟进问题的效率。在制定设计问题清单时候需要先了解具体的问题原因、需要关联的负责对象和初步的优化方向。

/ 交互逻辑问题

游戏体验过程中，功能操作流程冗余、打断操作流程和信息层级混乱等问题属于设计类一级问题，这类问题需要优先处理，在项目上线前或版本日前需要尽快处理。

这一类问题属于功能结构和流程逻辑问题，需要跟进的设计同学重新梳理逻辑和结构，在考虑清楚并经过设计更新验证后，再找策划确认具体的更新计划，最后再配合程序和 QA 完成问题处理。

/ 操作体验问题

当操作细节实现不完善、信息提示欠缺、不明确或引起歧义，操作过程无反馈或反馈延迟。这类问题虽然不会影响操作流程，但是在不同程度上影响玩家的游戏体验，根据体验问题强弱进行定级分类，安排好设计问题清单找策划排期提单解决；这类问题在项目的不同阶段都会出现，主要是因为在设计之初没有考虑到界面状态的细节内容，在设计文档和沟通过程中没有先下游强调，对实现效果的预期不足。而这类问题更多的是需要依赖设计同学跟进的细致程度决定问题的多少；这类问题的跟进处理需要程序和策划的配合，但需要设计同学提供详细的规则描述。

图 12-5 展示了在游戏界面中的操作体验问题示例。

图 12-5   频道跑马灯完全遮挡住标题和 tips 入口

/ 界面表现问题

界面拼接细节不到位、规范不统一、资源效果不好、资源调用错误、界面适配等原因产生的问题，这类设计问题的紧急程度不高，不需要程序或程序的工作量较小，设计同学可以自己安排时间调整对应的工程。需要注意的是拼接界面前必须制定界面规范、做好控件模板库、从而降低后续问题量。但这一类的问题调整需要知会到 QA 进行测试以免出现 BUG，如果布局有较大更改，需要提单排期替换。

/ 按照长线优化问题和短线紧急问题划

按照问题的优先级可以将问题划分为短线设计问题和长线设计问题，这样可以在有限的项目周期内确保重要的问题能够被及时解决，而相对次要的问题也能在后续计划中被解决。

短线设计问题影响了核心功能操作体验、造成流程上的打断、阻碍，都必须在正式外放前优先解决这类问题，此部分问题必须在跑查后及时和程序沟通，确定具体的解决方案。长线设计问题不影响功能的主要操作、体验的页面表现和次要信息展示，不会对玩家的游戏体验造成严重的影响，则可视人力情况短线处理或调整到长线问题清单中，在里程碑版本或相对需求较少的版本进行处理。

短线紧急问题

程序 BUG、流程中断、逻辑混乱、功能缺失或不合理、操作障碍、操作卡顿；流程烦琐、操作细节不完善、重要的信息提示缺失、因为资源使用错误导致的理解或操作障碍。

长线优化问题

次要的信息反馈问题、资源表现问题、界面适配问题、明显的排版布局问题需要程序介入调整、拼接细节不到位、GUI 控件品质提升替换。

12.3.3 设计问题处理方式

前面按照严重程度对设计问题进行了分类，同时在处理时间上分成了长线问题和短线问题。长线问题主要指对游戏体验影响较小，可在后续版本中有计划地修复；短线问题则是指影响严重当前版本体验，影响核心功能操作，可以在当前版本进行快速敏捷处理。

/ 短线紧急问题处理

将短线问题的发现分为两个阶段：开发周期及上线后。对于在开发周期发现的问题，可按照以下步骤进行：

步骤一：整理好问题清单，迅速做出解决方案；

步骤二：做好以下几个对象的信息沟通：策划，确认问题和解决方案；程序，针对部分需要程序制作的问题进行开发时间确认；QA，原需求方案变更的问题需告知变更内容；

步骤三：按照以下优先级进行问题的修复：需要程序制作的内容优先进行并及时交付给程序；自主调整的内容（对齐、视觉效果优化、动效表现优化等）合理安排时间完成。

对于在上线后发现的问题，需及时与对应的策划沟通问题，并请主策、主程等相关人员评估问题修复方式。严重问题需要在线修复，此时需迅速配合快速处理；不严重且在线修复性价比低的问题，则排入长线问题中，后续再安排替代。

/ 长线优化问题处理

长线问题处理需要做好问题清单的维护工作，每周版本需求确定后，及时检查问题清单看是否有相关可更新内容能够放入本周版本，特别当周版本需求较少时，则可安排更新工作。

12.3.4 处理过程遇到的问题

处理问题的过程中经常会碰到"时间不够"的问题，这时候需要根据问题的起源点，一方面寻找性价比更高的替代方案，另一方面也需要与各职能配合，在各个环节提高跟进问题的效率。

/ 设计资源需要较长时间

先提供替代资源确保不影响程序制作，最后再替换完整的视觉资源；如视觉资源仍无法在要求时间内完成，可在组内沟通寻求更多人力帮助，或与策划 /GUI 共同商量更取巧更节省时间的表现形式。

/ 程序花费时间较长存在较大风险

寻找实现成本更低的可替代方案，做力所能及的部分以弥补替代方案的缺陷。如坚持当前方案，则需与策划、PM 沟通风险，确认需求是否延期；如必须准时外放，则务必准备好方案二，一旦程序无法及时完成，则按照可接受的方案二执行。

12.4   方案测试（UE）

由于 UE 是最了解玩家需求以及玩家操作习惯的职能部门，所以我们可以通过与 UE 的合作，了解最贴近玩家需求的设计方向，发现设计中的潜在风险，检验设计方案中的用户体验、设计规范等是否合理。

12.4.1   了解最贴近玩家需求的设计方向

设计师在进行风格设计的过程中，有时会陷入过于追求创意设计而忽略玩家需求的困境中。另外，在进行海外版游戏风格设计时，由于设计师不了解当地文化的设计趋势，也可能会对风格把握得不准确。这时，我们就可以通过 UE 的测试挖掘出玩家对界面风格的设计需求。

《阴阳师》在上线日本前，由于不了解日本玩家对于界面风格的偏好，组织了一次针对日本玩家的界面调研测试（图 12-6）。

图 12-6   《阴阳师》更新前的界面

这次测试以可操作的真机原型为测试内容，综合使用了调研、问卷调查两种方式，主要目的是希望调研出日本玩家对上述示意界面的接受程度。最终 UE 展示的调研结果，起到的作用是超预期的。不仅确定了现有风格的合理性，也为后续的 UI 和 GUI 提供更新思路。

依据调研中发现的现有设计问题与潜在的玩家需求，最终将界面改成了如图 12-7 所示。

图 12-7　更新后的界面

12.4.2　发现设计中的潜在风险

在进行功能设计时，经常会出现以下几种情景：

（1）某些功能的核心设计上与策划有分歧，无法说服策划；

（2）在一些常规功能上进行了创新型设计，改变了玩家常规的操作方式；

（3）已上线的项目要进行界面更改时，做出了颠覆现有界面逻辑的全新设计。

在这些情况下，光靠设计师是很难解决问题的。但是通过 UE 的测试，就可以提前预知风险，及时修改以规避风险。UE 可以在方案设计过程中介入其中，使用交互稿、动态 demo、效果图等都可以进行测试。

《阴阳师》曾经做过一次关于战斗界面的小型更新（图 12-8 ）。更新的核心设计点有以下几点：

（1）原为速度机制，新增出手顺序机制；

（2）将 BOSS 技能描述放在了头像里，点 BOSS 头像后展开；

（3）将"自动"和"x2"两个按钮合并为一个按钮，去掉手动 ×1 模式。

图 12-8　《阴阳师》战斗界面

我们直接使用了效果图作为测试内容。当时提出做这个测试时，对这三点的预期分别是：第一点可以解决式神重叠显示及超车显示不直观等问题；第二点可以减少界面控件，方便技能释放；第三点减少空间，方便操作。但是最终的测试结果只有第一点是符合预期的，对于二、三点玩家都反馈出现了影响体验的使用障碍。所以最终更改上只保留了第一点的设计更改。

12.4.3　检验设计方案的合理性

玩家测试需要耗费较多的时间和精力，难以做到所有设计在上线前都跑一遍，因此 UE 的介入很大一部分出现在项目上线后，用于检验设计方案是否合理。设计师可针对具体功能模块与 UE 讨论合作的形式，以最高效、最合理的方式获取有价值的设计反馈。测试方式主要包含如下几种：

/ 玩家问卷

这种方式较为常见，特点是成本较低、受众面广、可快速获取大范围玩家的整体评价。此类反馈通常无法作出具体的建议，但对未来设计有大方向上的指导。

/ 座谈会

这种方式常见于较大型的功能 / 活动测试。UE 定期邀请核心玩家，通过座谈会形式的交流，了解游戏中近期上线的功能活动存在的问题。由于是带着具体的测试目的，此类反馈往往更有针对性，可直观了解到目标玩家的感受，获取目标玩家的建议。另外，面对面的线下交流相对于线上测试来说，信息质量更高。

/ UE 走查

相对于集中开展的座谈会，UE 走查更加灵活，不用拘泥于特定时间地点。只要目标清晰，规划得当，这种方式往往能获得很有参考意义的信息。信息的质量较大程度依赖于 UE 的经验，包括访谈沟通能力、信息处理能力等。

12.5　数据指导设计（US）

US 主要负责游戏内数据相关的收集、检验与分析工作，有时也会自行挖掘可用于设计的趣味性数据，开发新的统计方法。我们可以通过 US 收集的数据指导设计方向，挖掘设计需求点。

12.5.1 指导设计方向

往大的设计方向来说，我们不可避免地需要用到最多的指导性文档就是设计规范。设计规范中涵盖了很多内容，比如控件大小、字体大小、控件位置等。这些涉及具体数值的规范制定，实际上都有 US 的参与。

US 曾经做过一个关于摇杆位置的试验研究（图 12-9），通过收集玩家在游戏过程中的操作数据，最终总结出了可以量化的设计指导性规范，为后续很多游戏都提供了有力的设计依据。

图 12-9　摇杆位置试验研究示例

往小的设计方向来说，US 可以统计功能的使用频率、玩家的视觉焦点等，来为 UI 设计提供依据。《阴阳师》在设计付费商店时（图 12-10），最开始默认是进入"勾玉购买"的页签，后来经过 US 统计之后发现大部分玩家都是买魂玉，于是默认页签就更改成了魂玉。

图 12-10　《阴阳师》付费商店

12.5.2 挖掘设计需求点

数据不仅可以指导已有设计的方向，还可以挖掘出全新的设计需求点。

/ 提供定制化服务

在常规设计中，可以通过收集玩家的个性化数据来实现定制化的功能，增强玩家的体验。

通常的付费设计都会有引导玩家去一个通用的充值界面进行付费，同时会定期上线充值活动。而《阴阳师》的 US 同学，自行统计了阴阳师玩家的付费行为，提出了一个"定制化礼包"的需求。这个功能，可以根据不同玩家的付费行为，推送不同的定制化礼包。

/ 提供更有效率的操作

同时 US 会自研一些优于现有统计方法的新系统，通过接入这些新系统，也可以达到优化我们现有操作的目的。US 有一套玩家打字输入自动联想系统（图 12-11），可以加快玩家聊天速度，预期会增加玩家聊天的活跃度。在此基础上，针对《阴阳师》的聊天系统，US 提出了一个联想功能的需求。

图 12-11   《阴阳师》聊天系统中的联想功能

13 多平台和多语言适配
Multi-Platform and Multi-Language Optimization

界面适配关系到每一个界面在不同移动设备、不同语言环境的呈现效果，这需要设计师在项目初期就做好相关的了解和准备。本章将会从多平台适配、多语言适配两个方面对界面适配进行相关介绍。

13.1 多平台适配

移动平台设备分辨率类型十分多样，不同平台的手机、平板电脑分辨率也大相径庭。多分辨率适配是每个设计师在游戏开发过程中都需要参加和规范的内容。

硬性规范：

（1）应保证各个分辨率下的显示效果，不能出现黑边、裁切的问题；

（2）横屏游戏若无法旋转，则保留 Home 键 /Android 功能栏在右侧的横屏模式；

（3）游戏界面资源等比缩放，不能出现变形压缩的情况。

13.1.1 基础分辨率

确认项目的定位、目标用户群、游戏引擎等信息后，结合市面上当前主流手机的分辨率来帮助确定游戏的基础分辨率，以此来制作原型及正式资源。

建议规范：

（1）当前建议按照 1920×1080 基础尺寸进行设计，再进行其他分辨率适配，可以兼顾安卓和苹果的主流分辨率。

（2）适配设备的长宽比，大于基础分辨率的长宽比，则以宽度为基准进行适配；适配设备的长宽比，小于基础分辨率的长宽比，则以长度为基准进行适配。

（3）安卓手机的屏幕大小与分辨率的多样化，造成了适配上的许多困难，适应多屏幕要考虑界面布局和图片资源两个方面。

13.1.2 设备适配

选择好基础分辨率后，就可以开始考虑其他分辨率的适配问题，目前较为常用的适配方案有如下两种：

/ 利用锚点自动适配

将游戏中的 UI 空间，都赋予特定的锚点适配规则（图 13-1）。那么在不同分辨率的情况下，界面会自动完成适配。

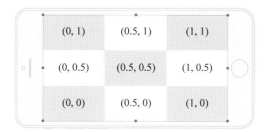

图 13-1　锚点适配规则

锚点适配的核心，是界面控件相对屏幕边缘的 9 个基准点的距离像素或者距离比例。

/ 利用图案填充边缘

针对不同分辨率的设备，等比缩放内容，缺失的空间利用图案填充。填充的图案可以左右、上下复用，需要设计符合游戏效果的图案，避免出现黑边。

13.1.3 虚拟按键的优化适配

部分安卓手机和 iPhone X 以上机型，默认会在屏幕内显示虚拟导航栏，影响游戏中这一侧的 UI 显示，需要针对这两种情况进行适配处理。

/ 安卓虚拟导航栏的处理

在游戏界面中，需要默认对虚拟导航栏（Navigation Bar）做隐藏处理（图 13-2）。让用户通过底部上滑的手势，重新激活虚拟导航栏。虚拟导航栏激活时，透明度设置为 45%，保证被遮挡 UI 的可见性。

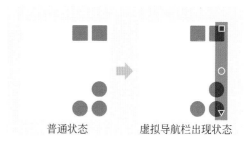

图 13-2　安卓虚拟导航栏的处理示意

/ iOS Home 指示条的处理

针对 iPhone X 及以上的苹果机型，在游戏界面中需要对白色指示条（Home Indicator）做降低透明度的处理，以免白色指示条干扰游戏画面。

13.1.4 全面屏手机适配

/ 宽屏适配

部分全面屏设备的长宽比已经超出 2：1，造成界面狭长。原有 16：9 设计的界面，需要进行针对性的适配调整，即宽屏适配（图 13-3）。避免游戏中出现屏幕两侧的黑边或 UI 空缺。

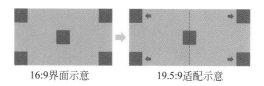

16:9界面示意　　　　　19.5:9适配示意

图 13-3　宽屏适配示意

适配规范

（1）UI 元素根据设备的高度进行等比缩放（比如 iPhone X 根据 1920×1080px 的基础尺寸进行缩放，设计尺寸变为 2340×1080px），宽度进行两侧自适应贴边适配。

（2）居中的 UI 元素保持居中适配。

（3）Loading 图等 UI 全屏图片，根据机型最大长度缩放至全屏（比如 iPhone X 的宽度缩放到 2340px），高度进行上下裁切。

（4）美术场景需要填充至全屏。

/ 圆角切割

全面屏手机的四个角都做了圆角切割的设计，UI 信息与控件需要避开这个圆角区域。

如 图 13-4，以 iPhone X 为例，在 2340×1080px 的设计尺寸下，屏幕四个边角会有半径为 127px 的圆角切割区域。

图 13-4　圆角切割示意

设计规范：

（1）重要的 UI 信息和操作热区，不能落在全面屏手机的四个圆角区域内。

（2）设计师需要考虑被切割之后，界面的美观，避免影响角落设计效果的完整性。

/ 屏幕边缘物理曲面

部分全面屏手机屏幕边缘会有物理曲面，为保证操作的准确率和舒适度，操作按钮的中心点不能落入物理曲面区域。以 S8 为例，根据 1920×1080px 的基础尺寸进行缩放，设计尺寸变为 2220×1080px，物理曲面区域约为 82px（图 13-5）。

图 13-5　曲面屏示意

设计规范

操作按钮的中心点，不能落入物理曲面区域。

/ 设计的安全区

iPhone X 及以上的苹果机型，由于"刘海"的

设计，且底部有白色 Home 指示条，需要保证重要的 UI 信息以及交互控件都处于安全区域内（图 13-6）。

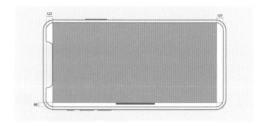

图 13-6　Phone X 安全区域

设计规范：

（1）以 iPhone X 为例，根据 1920×1080px 的基础尺寸进行缩放，设计尺寸变为 2340×1080px。此时"刘海"遮挡宽度约 127px，Home 指示条遮挡高度约 98px，因此安全区域是 2086×982px。

（2）建议避免过于整齐的边界，以免造成突兀感。在设计过程中，应考虑游戏内信息、控件、场景和 iPhone X 屏幕形式的融合。

（3）可交互控件布局需要满足两个条件：位置处于安全区域内（强制要求）；布局在舒适操作区域内（建议）。

（4）游戏场景 / 全屏图片需要填充整个屏幕。

13.1.5　全屏图片的尺寸规范

由于移动平台设备分辨率的多样性，设计全屏图片时，需要能兼容不同的手机、平板电脑。

设计规范（参考图 13-7）。

图 13-7　《Immortal Conquest》中全屏图片尺寸说明

（1）绿色区域，表示信息主体显示区域。基于1920×1080px 基础尺寸进行设计，则绿色区域大小为 1920×1080px，要求场景原画的核心要素，都显示在该区域内。

（2）蓝色区域，表示宽屏设备的适配区域。当设备的长宽比大于 16/9 时，以 1080px 的宽度为基准进行转换。iPhone X 是目前长宽比最高的机型，转换后设计尺寸为 2340×1080px。

（3）黄色区域，表示窄屏设备的适配区域。当设备的长宽比小于 16/9 时，以 1920px 的宽度为基准进行转换。iPad 的分辨率转换后尺寸为 1920×1440px。

（4）黑色区域，表示全屏图片的设计尺寸。主体内容要在 1920×1080px 的区域内，设计延伸至 2340×1440px（即全屏图片的输出尺寸）。

13.2 多语言适配

游戏在全球多地区发行，必然在语言的显示上是存在多样性的，可能是提供特定语言版本，也可能是在游戏内提供几种语言供玩家选择。这就意味着，设计师在进行设计的时候，需要考虑整个设计框架，是能够承载多种语言文本无缝切换的。而所谓的无缝切换，即不需要在语言文本变化的时候，改变控件尺寸、界面布局以及游戏交互行为。

图 13-8　单一字体需要对多语言显示有完整的支持

/ 多字体选择

字体的使用，也要在设计层面，考虑到与游戏世界观的结合。而特定字体包里的字符数量，往往是有限的，难以满足一个字体包含多种语言文本的情况。所以针对不同地区不同语言环境，为了使用满足多种语言本文字符，设计师需要定义好不同语种，使用对应的字体。

架空欧洲中世纪世界观的设计下，英文、意大利语使用了带衬线的字体，而中文也选择了带衬线、笔画较为古典的字体，而韩文则指定使用了无衬线字体。

13.2.1　多语言字体的选择

/ 单一字体满足多语言文本

理想情况下，选择一个能够支持多个国家语系的字体，这样一个字体包就能够满足多种语言文本的显示。

支持多种语言文本的字体，可能存在同一个磅数下，笔画粗细不一致（图13-8），影响阅读体验的情况，所以针对不同的语言，需要做好磅数的定义。

13.2.2 多语言文字排版的适配规范

在全球范围内的主流语言中，字序先左后右，换行从上到下的横排阅读顺序，占据了绝大多数，日文、简体 / 繁体中文会部分情况下会出现字序从上至下，换行从右到左的纵排阅读顺序。因此在考虑多语言背景设计的时候，可以完全排除纵向文字排版的设计（图 13-9），避免与主流语言阅读顺序产生不兼容的情况。

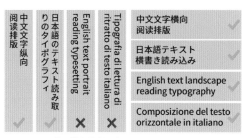

图 13-9　只使用横向排版文字

只使用字序先左后右，换行从上到下的文字排版规则，满足主流语言下的阅读顺序。

13.2.3 多语言 UI 控件中的短文字适配规范

每种语言下，描述同一语义的文字，可能存在长短不一的情况。UI 控件上有十分明确的视觉范围（图 13-10），UI 控件上的文字若是超出了操作按钮的视觉范围，会让游戏界面的品质感大为降低。因此在根据项目的需求和游戏类型，进行 UI 控件部分视觉规范设定的时候，需要考虑这个规范能够满足多语言本文都能够在正确的范围内显示。

图 13-10　UI 控件的视觉范围

为文本范围预留较大空间，让文字不超出按钮控件的视觉范围（图 13-11）。

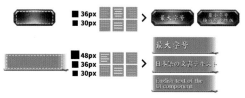

图 13-11　UI 控件的文本排版

以满足较长文本极限排版的情况下，设定文字显示区域的最大范围和最小字号和多种排版样式；以满足较少文本极限视觉饱满的情况下，设定文字的最大字号。

给出文本自适应超框换行规则（图 13-12）。文本句子过长需要换行时，必须是完整的单词或语句进行换行，若有一个字符超框也必须以完整单词进行换行显示。

适配建议

图 13-12　文本自适应超框换行

（1）不对原本按钮控件做拉伸或缩放处理，导致界面布局和按钮响应操作区产生变化；

（2）不超出设定的最小字号，避免外文字符难以识别的情况发生；

（3）若文本长度上限极高，需要较多文字描述，可考虑语义图形化，改以图标形式传达语义。

13.2.4 多语言多段落文字的适配规范

多段落文字在多语言切换背景下，也将出现文本长度差异较大的情况。因此在设计包含多段落文字界面、显示多段落文字控件（如弹窗）规范的时候，需要考虑预留充分的文字显示空间（图 13-13），确保各语言下各种文本，能够清晰、完整地显示。

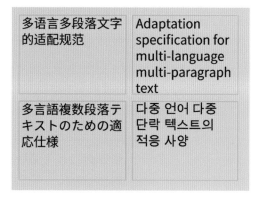

图 13-13　预留充分的文本区域

适配规范

（1）预留充分的文本区域，确保字形能够在预留区域内清晰显示；

（2）定义对齐方式和换行规则，必须以完整单词或短语为单位进行换行，不可断开单词或短语；

（3）定义各尺寸弹窗中，文本最多的显示宽度和最大行数；

（4）若字号能够根据文本范围自适应缩放字号，需定义最小字号确保文字辨识度；

（5）语量较多时，将文本区域设计为在可显示范围内上下拖动的交互形式。

13.2.5　多语言图标文本结合适配规范

若要使得切换字体的工作便于维护，图标文本结合的设计上，要做到图文分离（图 13-14）。当设计中的文字产生语言文字变化的时候，无须切换或更换图片部分，只需更改 OTF 或 TTF 字体文件即可（图 13-15）。

图 13-14　多语言文本图层和图片图层分离

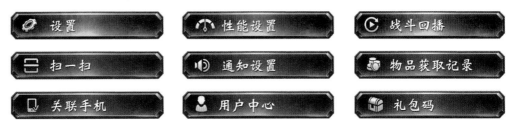

图 13-15　根据文本长度自适应字号大小

适配规范

（1）考虑文本存在过长，宽度溢出图标宽度的情况，可以提供换行、缩小字号、更改为语义接近长度更短的词句、使用缩写等解决方案；

（2）参照 UI 控件上的文字换行规则。

13.2.6　文本翻译 / 复制功能

游戏在多地区发行，同服游戏时会产生社交系统中出现非当前语言文字的情况。可以考虑在功能的设计上加入自动 / 手动翻译功能（图13-16），便于玩家结合语境、翻译信息理解当前文字信息。

允许玩家对文本信息进行便捷地复制，可以让玩家将文本粘贴到其他翻译工具中获知译文，也是一个提升玩家对非当前语言文字理解体验的方案。

图 13-16　文本翻译功能示例

13.2.7　艺术字、图片文字的多语言版本管理规范

一个游戏里面，如果都是纯文本的设计，在情感化和游戏性的包装上，视觉上传达的信息张力会较弱，并且有原型感。在游戏的设计中，艺术字、图片文字设计的使用是难以避免的。艺术字、图片文字的设计要满足多语言就意味着要产出多语言版本的各种图片资源，对这些资源进行合理地管理，能够让产出的图片有更好的统一性，以及降低新增一门语言时候的制作成本。

/ 艺术字、图片文字的源文件多语言管理

进行此类设计的时候，文字相关的样式图层需要有完整地保留，并提供多语言文字样式。

便于文字的更换、新增语言的时候，完全复用同样的图层样式（图13-17）。

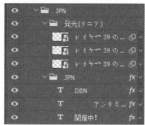

图 13-17　艺术字、图片文字的源文件

/ 图片资源的多语言管理规范

需要对图片进行分类管理，确保在语言变更的时候，能够有统一的视觉样式。常见的分类方式有：

（1）视觉相关性分类。

同一个系统中的图片资源，需要制作多语言版本的时候，以系统为单位进行资源管理，确保进行新增制作的时候，能够让各版本资源保持高度的视觉统一性。

（2）对齐规则相关性分类。

针对不同语言下，文本字符长度不一样的情况，可以根据对齐方式进行分类，这样制作多语言版本的时候，文本按照统一对齐规则进行对齐，则可确保图片在界面上显示为正确的布局。

（3）品类相关性分类。

对同种类型的图片资源进行分类，确保进行多语言版本制作的时候，同类型资源的产出能够有视觉关联性。

CASE
STUDIES

05

案例赏析

14 《第五人格》设计分享
Identity V

14.1 游戏概况

《第五人格》是一款 1V4 的非对称对抗手游（图 14-1）。游戏采用黑暗卡通的风格，玩家扮演侦探奥尔菲斯，在收到一封神秘的委托信后，进入恶名昭著的庄园调查一件失踪案。在进行证据调查过程中，玩家扮演的侦探在庄园密室中，反复翻阅书柜上的日记，通过演绎法还原过去庄园中发生的案件。在案情还原时，玩家可作为侦探的一个人格，代入监管者或求生者的视角，与其他人格所扮演的角色展开紧张激烈的追逃对抗。

图 14-1 《第五人格》宣传图

游戏中的主要界面系统均交织于新手剧情流程中，并直接来自于游戏的设定，他们都是游戏世界中实际存在，或是主角侦探真的在游戏世界中思考或想象出的东西，因而带来极强的沉浸感，并营造了独特且强烈的情感氛围。

14.2 创造情绪体验

《第五人格》的 UI 设计强调情绪体验。基于叙事和氛围营造的要求，界面表现与其他元素共同协作，一起强化情绪体验。而这一切界面最终呈现出的样貌，均来自对项目需求和现状的分析和推理。

14.2.1 目标和现状

在设计之初，设计师先明确了项目中哪些是游戏开发者建立这个项目的初衷，以及哪些是无法改变的现状，设计师将其定义为这个项目的跟进和出发点。

目标：

（1）基于恐怖题材与追逃机制的紧张感，以及在追逃过程中的博弈和对抗；

（2）发挥非对称对抗的差异化体验乐趣；

（3）发挥恐怖题材优势——牢固稳定的用户群体，用户诉求更集中和明确，以及世面尚无同类产品的市场空缺；

（4）具有自身不可复制的独特魅力。

现状：

（1）产品定位于移动平台，而移动平台机能有限，一些有助于恐怖氛围营造的美术效果在当前游戏引擎中不易实现；

（2）移动平台的触控输入方式，导致移动、视角旋转和场景互动操作远不如键鼠精准，影响体验乐趣；

（3）移动平台氛围传达效果不可控，无法保证玩家游玩时的环境，视觉、听觉等输出都会因为环境不同导致巨大的体验偏差。尤其是声音，对传达恐怖氛围的影响巨大；

（4）国内对恐怖题材的审核很严格。使用易于表现血腥、暴力等恐怖元素的写实风格风险巨大，而放弃写实风格将进一步降低恐怖游戏的氛围表现和情绪渲染。

基于以上分析，作为游戏体验核心之一的恐惧感和紧张感，很可能由于手机性能和体验环境的影响，而损失殆尽。

因此设计师希望在现有环境下，尽可能保证游戏恐惧感和紧张感的情绪体验。

14.2.2 "曲线救国"——创造设定和故事

给设计师最大启发的，是已有的优秀游戏作品中，如何通过设计和取巧，压榨当前设备的最大机能，来实现其他人实现不了的效果。

《寂静岭》初代也曾面对着机能和表现的矛盾，而其"讨巧"的解决办法是使用雾气，营造基于未知的心理恐惧和悬疑氛围，不仅回避了机能限制，还借此成了系列的标志。

因此设计师将视角移向了有别于美式恐怖突出感官刺激的方式——心理恐惧和悬疑恐怖。感官刺激只是手段之一，而非全部。对于游戏来说，除去视听表现，同样也有其他维度可以实现情绪的调动：

一个悬念重重、细思极恐的背景故事，总能让人脊背发凉。

随即进行了故事草案和设定，实际上也都是基于游戏玩法的固有要素和一些经典恐怖元素组合而成：

/ 悬疑恐怖

一开始确定的基调。因为灵异和超自然现象会降低故事的可信度，让玩家放弃思考，而游戏开发者希望得到一个让玩家细思极恐的体验。

/ 阅读记录回忆案件

最早被提出的概念，一切设定的核心。为了解释游戏的对抗过程为何可以反复发生，以及为何玩家能反复变换阵营。

/ 主角是私家侦探

提供反复阅读记录的动机，以及是悬疑恐怖故事中的常客。

/ 前推理小说家

说起私家侦探就一定会想起推理小说作家，并埋设小说与日记的关系，提供"幕后黑手"举办庄园"狂欢"的动机。

/ 记录载体是日记

对应小说家，同时具有自由的可塑性，方便后续自由插入各种经典恐怖题材的彩蛋。

/ 主角失忆

经典桥段，并埋设主角身份伏笔，同时能方便地让玩家认为与主角保持信息对称（的假象）。

/ 主角有人格分裂

与失忆如影随形的经典桥段，并解释为何每个玩家都在同一个世界，调查同一个案件，还能彼此联系。

/ 维多利亚时期

支撑私家侦探的身份，关键是降低科技（主要是通信和信息传播）水平，能够兼容科学与神秘，并且具备鲜明的刻板印象，能同时衔接蒸汽朋克，为设计元素的多样性提供了基础。而这也是福尔摩斯生活的时代，很快让人联想到侦探。

/ 位置是深山庄园

足够偏僻才能支持举办庞大且参与人数众多的案件，并不被发现；能够轻易困住一个人；也是经典的命案发生地点。

再然后就是进一步的情绪梳理，以及具体的剧本设计。

至此，整个游戏的所有玩法和基础功能，都有了一个闭合且自洽的设定，并完全包含在了一个营造恐惧感和紧张感的故事当中，这也为正式的界面设计打好了基础。正因为《第五人格》的独特体验，决定了它必须强调情绪氛围。由于机能和外界的各方面限制，迫使设计师选择了叙事和氛围传达这一方向。基于叙事和氛围营造要求，界面表现也需要与其他元素共同协作，强化情绪体验。

14.3 "面向角色"与"面向玩家"的界面

14.3.1 "面向角色"的界面

界面作为世界交互和表达的一部分，如同演员、服装、灯光、镜头一样时刻影响着情绪代入。

前面所提及的内容和设定的合理性只是一方面，关键还有让玩家认同并融入世界观。在信息传达上，设计师让玩家在游戏中获得的信息与游戏中的主角同步，其体现正是面向角色的界面。设计师将界面作为游戏世界中的一部分进行包装，主要的界面系统都是游戏世界中实际存在，或是主角真的在游戏世界中思考或想象出的东西。

伴随核心设定和面向角色的设计思路，一些功能也随之有了对应的解释和包装呈现。

/ 养成和收集

主角为了记录案件而使用的笔记本作为整个收集系统的载体。玩家获得新角色的过程，即主角侦探通过调查和人物侧写（图 14-2），在笔记本上记录新角色的过程。

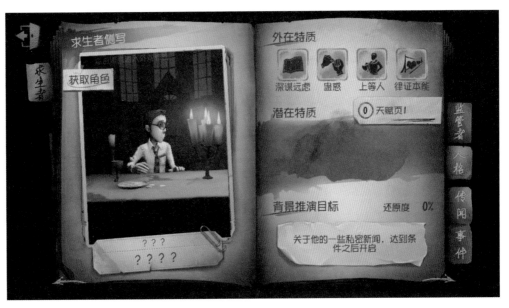

图 14-2　《第五人格》的角色侧写界面（角色详情界面）

/ 角色装扮

玩家源源不断收集到的角色外观、个性动作等，主角通过进一步对角色深入的调查，还原出该角色各方面的特征，并在脑内剧场中进行展示。图 14-3 为《第五人格》的角色装扮界面示例。

图 14-3　《第五人格》的角色装扮界面

/ 战斗流程

如图 14-4 所示，在庄园密室的书柜中，侦探反复翻阅书柜上的日记，通过演绎法还原过去庄园中发生的案件，这也就是游戏反复进行的战斗过程。

图 14-4　《第五人格》的选择阵营界面

/ 组队及社交

主角面对镜子审视自我时,体内的不同人格(即不同玩家)通过擦写镜子上的雾气进行的对话和协作(图14-5)。

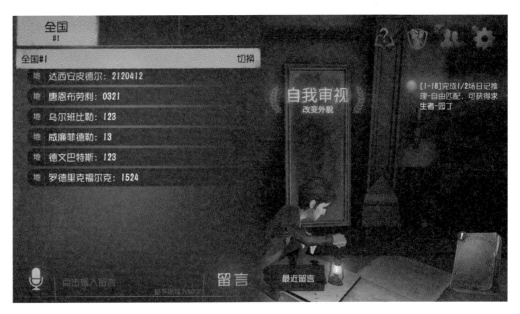

图14-5   《第五人格》的聊天系统

/ 玩家的不同名称

侦探收到委托函时,委托函收件人处显示自己过去曾使用过的化名(图14-6)。

图14-6   《第五人格》的起名界面

/ 超现实的功能

触摸大厅中的缪斯标记,侦探脑海中所见到的幻象(图14-7)和思维殿堂。

图 14-7 《第五人格》的幻象大厅

14.3.2 "面向玩家"的界面

有些功能系统,在特定世界观内,无论如何呈现都是牵强且毫无道理的。对于《第五人格》来说,诸如游戏的战斗操作设置选项、功能系统的说明内容,等,非常难以用合理的设定进行包装,它们如果出现在游戏的世界内,直接呈现在主角侦探的面前,将极大降低世界的可信度,破坏设计师好不容易营造出的情绪体验和沉浸感。

因此设计师产生了面向玩家的界面。借助戏剧中的概念——"第四面墙"(图 14-8),可以更直观地阐述这个理念。

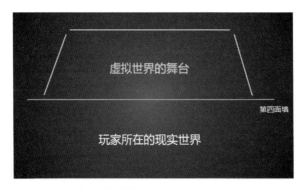

图 14-8 游戏中的"第四面墙"

一个典型的戏剧舞台,舞台下方是观众席,舞台上则有三面物理墙壁营造出舞台空间,而在舞台与观众之间,存在着一面虚拟的墙,这就是第四面墙。

法国戏剧家让·柔琏曾经说道:"演员要表演得像在自己家里那样,不去理会观众的反应,任他鼓掌也好,反感也好。舞台前沿应是一道第四堵墙,它对观众是透明的,对演员来说是不透明的。"戏剧由此来营造出沉浸感。

设计师将它延伸到游戏这个媒介中,"第四面墙"就是玩家所在的现实世界,与游戏所发生的虚拟世界舞台之间的一面墙壁。虚拟世界遵循自己的规则和逻辑,不应受现实世界影响。而玩家则位于墙外,虽然可以通过一些操作映射,间接控制虚拟角色与虚拟物品,体验到虚拟世界发生的事情,但不应撼动虚拟世界自身的规则逻辑。

再由此将它延伸到游戏的界面设计上，设计师将界面划分为两个部分——也即是虚拟世界的舞台中面向角色的界面，以及玩家所在的现实世界中面向玩家的界面（图 14-9）。若将面向角色的界面比作虚拟世界的舞台中虚拟角色所看见的东西，面向玩家的界面就好比戏剧剧场中，舞台下的观众拿着的节目单。

故事设定以及游戏世界观完全无法关联的功能，为了防止其影响世界内的可信度，设计师将它们丢在墙外，直接归于面向玩家的界面，并使用一套通用的视觉风格进行维护，使玩家能够直观地分辨出该部分的界面内容并非游戏世界中侦探所见，由此保证游戏世界内的纯粹性和一致性。

图 14-9　《第五人格》中面向玩家的界面

14.4　设计延续：基于世界观的合理推理

项目在正式上线后，不可避免地会增加新的玩法或功能系统，以及开展各种运营活动。若要将新增功能系统继续融合进故事剧本中，并做详尽和系统的设定，极有可能需要对已有设定做出改动，这对已经对外公布主要设定和剧情的项目来说是一件非常困难的事情，对在意剧情的玩家来说，随意吃书也十分不友好。而叙事性内容的产出成本非常高昂，很难跟上游戏上线后快速的开发周期。如何使 UI 在产品长线运营期间保持其气质，持续带来令人眼前一亮的设计产出，成了设计师们的课题。解决方案是做基于世界观的合理推理。主线故事中解锁的界面系统，即"面向角色"的界面，大都是游戏世界中实际存在的东西。可谓虚拟世界中的一草一木皆有其因果，设计师们在做界面设计的延续时，也需要遵循这个思路。

游戏前期已经打好的世界观设定，就是设计师们做设计延续、提取设计元素时需要遵守的规范。

/ 案例：直播系统

对于新功能的设计，直播系统就是一个典型的案例。作为上线运营后新加的需求，难以直接与主线剧情进行融合，直播这个概念本身也与游戏 19 世纪的时代格格不入。

如图 14-10 所示，设计师首先找到直播的核心特征——时效性，而 19 世纪维多利亚时期，能代表时效性的毫无疑问就是报纸。由于侦探调查的是多年前的事件，设定上每场战斗都是在推演过去发生的事情，因此，直播其实是在对过去发生的旧闻进行重新演绎。设计师直接在主大厅的角落中放了一摞报纸作为直播系统的入口，并将其名称包装为"旧闻新绎"。在旧报纸上观看一场场直播战斗这件事，在游戏世界中也就变得合情合理了。

图 14-10   《第五人格》的直播界面

14.5 设计总结

正因为《第五人格》的独特体验，决定了它必须强调情绪氛围。由于机能和外界的各方面限制，迫使设计师选择了叙事和氛围传达这一方向。

基于叙事和氛围营造要求，界面表现也需要与其他元素共同协作，强化情绪体验。其结果正是让玩家在游戏中获得的信息与游戏中的主角同步的面向角色的界面。而对于故事设定以及游戏世界观完全无法关联的功能，为了防止其影响世界内的可信度，则直接归于面向玩家的界面，用一套通用的视觉风格进行维护。

通过基于世界观的合理推理，《第五人格》的界面在长线运营期间也能延续其独特的气质，并让设计师持续带来令人眼前一亮的设计产出。

15 《非人学园》设计分享
Extraordinary Ones

什么是情境化设计？情境化设计和场景化设计有什么区别和联系？

笔者认为，场景化设计是指设计师通过考虑玩家当前所处的使用场景与需求，结合游戏世界的设计语言，设计出能让玩家产生代入感的系统界面。而情境化设计，则应该基于场景化界面设计，除了需要为玩家创造具有沉浸感的游戏体验之外，还需要去传达当前界面场景中所描绘的故事。也就是说，情境化设计需要具备一定的叙事性。

在 MMO 游戏中，玩家可以通过与 NPC 的对话内容、整体剧情的编排描述、任务引导等，去了解游戏世界观与故事背景，这是游戏故事的正面传达。那么在 MOBA 类游戏中，我们又应该怎样利用交互和视觉设计去传达隐藏在界面背后的故事呢？

二次元 MOBA 手游《非人学园》的设计团队在界面设计过程中，对"如何通过情境故事去打动玩家"有较多的思考与尝试。因此，使得《非人学园》与其他的 MOBA 手游竞品产生了较大的差异性，具有较鲜明的游戏特色，并收获了很多游戏玩家的喜爱与正面评价。

那么接下来，笔者就与大家分享一些《非人学园》情境化设计的思路与方法。

15.1 情境组合

从整体上来看，设计师需要通过各个系统内不同的情境设计，为游戏构建一个完整的界面故事概念，即情境组合。其实在很多游戏中，也有一些系统用到了情境化的设计，单看这些系统的设计是没有什么问题的，但当他们组合在一起时，整个游戏的界面设计像是一盘散沙，各个系统孤立、无关联地存在着，甚至有一些设计会让人感觉很突兀，因此无法构建出一个和谐的游戏故事。

导致问题的原因是什么呢？因为"核心概念"的缺乏或者不够清晰。那么"核心概念"的作用是什么呢？它在我们组合情境的过程中又扮演着怎样的角色呢？

首先，"核心概念"具有启发性。它可以帮助设计师以此为设计原点，在不同系统中衍生出各种设计创意点。其次，"核心概念"又能够保证游戏故事的完整性。因为设计师们是围绕着一个共同的概念发散出的设计创意，因此它们必然是相互关照，具有一定逻辑性。因此，"核心概念"使得游戏开发者所创造的各个游戏内的系统创意可以彼此融合，共同构建出一个整体、一致的世界观。

那么，"核心概念"本身具有怎样的标准和要求呢？当设计师们在设计初期提出了种种概念，该如何去判断它们是切实可行，可以贯彻始终的呢？在笔者看来，一个适宜的核心概念需要具备以下特质：

（1）实在的——实在的概念更容易进行拓展和落地，反之，虚无缥缈的概念会有可能难以延续与发展；

（2）易理解的——易于理解、大众化、相对通俗的概念能够轻松地引起受众的认知与共鸣。假如当前游戏开发者所提出的概念过于冷僻，将难以拓展游戏的受众群体；

（3）避免过于宽泛——过于宽泛的概念意味着容易与其他游戏类似，导致同质化，难以具备自身的独特性和辨识度。

综上所述，"核心概念"需要在概念范围上有一定的广度，在深度上则需要把握适度，同时这个概念又需要贴合游戏风格，符合游戏气质。

那么《非人学园》界面设计的核心概念是什么呢？在项目启动之初，项目团队通过头脑风暴和桌面研究的设计方法进行概念讨论，首先提出了一个概念词"城市"。而当团队围绕"城市"展开设计创意之后，设计师们发现，尽管这个概念可以延伸出众多想法，但这个概念较为宽泛，难以彰显游戏特色。因此，设计团队很快又定义了另一个关键词"学园"。这样一来，"城市－学园"这个核心概念就诞生了：既具备了较好的延展性，同时贴近二次元的游戏风格，有一定的独特性。那么围绕这个核心概念，

设计师们就可以开始描述界面故事了。

当玩家走进游戏世界后，即成了游戏故事的主角（Who）——非人学园的新生同学。那么接下来，游戏剧情如何展开？情境故事从何而来？

首先，从环境场景中发掘情境。围绕核心概念，设计团队发散出各种有代表性的城市场景，如路边的广告牌、邮筒、巴士站、城市游乐园等。丰富的环境帮助设计师们找到故事发生的场景（Where），而对于玩家行为的挖掘，则可以帮助设计师去编织剧情（What/How）。

而环境和行为也是相辅相成、互为补充的：在特定的环境场景中，角色会涉及多种行为；而由行为出发，又可以实现各个场景的流畅切换。举个例子，《非人学园》的战斗匹配流程正是基于"搭乘捷运"这个行为（图15-1）。由这个行为出发，实现了整体匹配流程中各个场景的自由切换，同时我们也在各个场景中找到了多个交互接触点。比如当玩家接到组队邀请时，会收到一张非人捷运的车票；在匹配过程中，显示候车室内的时间提醒牌；匹配成功后，则会显示月台上的列车前方到站提示屏。一系列的行为与环境，串联成了一条完整的匹配故事线。

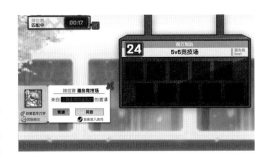

图15-1　《非人学园》匹配流程相关界面

而在《非人学园》其他场外系统的设计中，同样也是从行为、环境出发，围绕"城市学园"的核心概念去定义各个系统场景内的情境故事。通过这样一条完整的故事线（图15-2），对应到游戏中的各个系统中，并且吻合各系统的开放等级。

图 15-2　《非人学园》故事线

总结起来，围绕着核心概念，游戏开发者通过环境、行为发散与丰富情境故事。反过来，各种情境故事组合搭建在一起，也进一步加强了核心概念，提升了游戏故事的完整性。

15.2　情境元素

设计师们该如何去找到各个系统界面中的情境元素，从而丰富游戏的剧情故事呢？

15.2.1　运用游戏角色

游戏策划师们精心地设计游戏中的每一个角色人物，使它们富有独特的个性与特征。其实游戏角色就是天然的情境元素，适实地将它们运用在游戏界面的设计里，使得游戏角色不仅仅存在于战场，而是串联在整个游戏体验中。既丰富了界面表现，也使得角色形象更加的鲜活生动，能够有效地提升游戏的特色和传播效力。例如：英雄熊黑怀抱的闹钟会针对当前游戏的 Loading 时间产生不同的情绪反应；当玩家每天来到学园里时，快递员鹿哩会为同学们投递本日签到奖励的快递包裹；雷震子的宠物小鸟雷雷则会在应援界面向玩家推荐最适合他们的应援阵容。

15.2.2　匹配现实理解

游戏中的设计元素必须吻合功能理解，因为只有这样才能使玩家快速建立界面与功能在认知上的对应关系。比如，与学园社团招新公告栏所对应的，是加入公会的功能；在应援团兑换界面，则是通过玩家手办陈列架的形式进行表现，呼应玩家在兑换应援碎片时的收集感；而抽奖系统，则是用街头常见的扭蛋机进行包装，匹配随机与刺激的感觉。

15.2.3 寻求情感共鸣

在设计团队将设计元素与系统功能理解进行关联的同时，也应该使得他们所采用的设计元素尽可能贴近玩家感受，只有这样才能引起玩家在情感上的共鸣。

《非人学园》VIP 系统的初版设计方案，将系统场景设定在学园的操场上，通过领奖台、跑道等情境元素，试图去表现玩家 VIP 等级的成长过程，以此为玩家营造一种成功、荣耀的体验。这样的情境设计是不是有不妥之处呢？

让我们分别从环境和行为来分析一下：从环境上看，操场是开放空旷的、无任何遮挡，不具备任何隐私性。而从行为上看，跑道、领奖台代表着奋力的奔跑、挥洒汗水，通过自身的拼搏获得荣耀，具有较强的竞技感。这与 VIP 所想要传达的感受是一致的么？ VIP 究竟意味着什么呢？或许我们在设定 VIP 系统的界面情境之前，应该先思考一下，如何才能成为 VIP 呢？

众所周知，玩家通过充值成为 VIP。换句话说，只要有钱，玩家可以轻松成为游戏中的 VIP 最强王者。因此，在游戏中的 VIP 身份象征着"尊贵"，代表在游戏内享有某种"特权"，同时这种身份也是无须拼搏，只要有钱就可以轻松获得的。在明确了 VIP 所传达的情绪感受之后，设计师们也参考了其他设计领域对于 VIP 这一概念的设计表现方式，并通过情绪版的方法帮助进行情境设计。最后，设计师们设计出了这样的情境故事：玩家完成充值后，由于对非人学园的建设做出巨大贡献，因此成为"非人荣誉校友"（图 15-3），获得了进入荣誉校友接待室的资格。在接待室这个私人空间内，玩家舒服地坐在沙发上，看着摆放在他眼前的荣誉校友奖章，以及当前能够享有的所有校友奖励。

图 15-3   《非人学园》VIP 界面设定

此刻，游戏开发者设计的不再是功能本身，而是一种感受。一种基于玩家心理需求，能够与他们产生情感共鸣的感受。

总结一下提取情境元素的三个方法：

（1）将游戏中的英雄作为设计元素，塑造更加鲜活的角色形象，并深化印象；

（2）在功能理解上，需要匹配现实理解，建立认知上的对应关系；

（3）贴近玩家的情绪感受，借由恰当的设计元素实现与玩家之间的情感共鸣。

15.3 情境节奏

在玩家操作界面的过程中，界面反馈起到了传达规则、状态提示、引导的作用。而在满足以上功能性作用之外，设计师们还需要格外关注反馈UI对玩家情感的抒发作用。借由恰当的反馈UI设计，玩家在不同状态下的情绪找到了依托与抒发的出口，使得整体情境体验更加生动，具有节奏感。

在《非人学园》的反馈设计中，游戏开发者关注玩家的正面情绪，并对此进行适度地刺激与激励，希望放大他们的喜悦与成就感；与此同时，设计师们还特别强调对玩家负面情绪的关注。因为与正面情绪相比，对负面情绪的处理态度将对玩家的留存与整体的体验评价起到决定性的作用。

大部分游戏中，在面对玩家的负面情绪时，设计师们通常会采用安抚、舒缓的手法去进行设计，比如当游戏断线重连时，提示玩家"正在为您奋力加载，不要着急哟"，其目的是希望安抚玩家的心情，使得他们弱化，甚至忽略当前的不良体验。

而在《非人学园》中，设计团队会用另一种视角来看待玩家的负面情绪，尝试去放大这些情绪，通过幽默、趣味性的反馈设计把这些不良感受可视化，并且通过玩家的指尖操作将情绪宣泄出来，而不是压制它。

其中最典型的案例，就是举报界面的设计（图15-4）。常规的游戏举报设计往往是纯功能性的，玩家勾选举报原因选项，界面反馈中立而冷静，客观地传递信息。而《非人学园》的举报反馈设计是这样的：随着玩家勾选一个个举报原因，左侧的角色小人（被举报者）会一次次不停地受到板砖击打，头部隆起大包，露出痛苦的表情。同时被惩罚的小人手上还会举一个小牌子，写着"认错"。这样一来，玩家会感受到，在这屏幕背后，仿佛有个无形的仲裁者正在帮他伸张正义，看到被举报者可怜的样子，或许还会让举报者产生不忍之心，从而撤销举报控诉。

同样的设计方法，也运用在了数据加载的反馈设计中。《非人学园》的设计师们发现，在游戏进行数据加载时，玩家往往会习惯性地点击屏幕，就好比我们在进行PC端交互时，会无意识地频繁点击鼠标那样，好像我们的这种点击行为能够为加载进程提速似的。出于对这一行为的理解，设计师做了这样的反馈设计：加载过程中，界面中央会出现一个正在思考的小和尚形象（头顶的戒疤逐个亮起，代表Loading进程）。玩家点击屏幕，则会出现一只木屐拍打小和尚，就好像在催促小和尚加快思考一样。通过这样幽默轻松的反馈提示，让玩家在无趣的加载进程中感到惊喜，从而缓解玩家此刻的焦虑感。

通过上面两个案例，其实不难看出，《非人学园》的反馈设计正是利用了拟人化的包装，通过无厘头的小动画帮助玩家把愤怒、不满、厌倦等负面情绪释放出来，以幽默、趣味的方式来减缓玩家的负面情绪，从而达到治疗的效果。

图 15-4   《非人学园》的举报反馈

当然，游戏开发者也不能在所有情况下都用这样的方式去处理负面情绪。首先要考虑游戏的玩家群体是怎样的？游戏世界观是怎样的？由于《非人学园》本身就是一个无厘头二次元的游戏，所传递的游戏气质是幽默逗比、轻松戏谑的，所以这样的反馈设计手法与世界观是相符的。其次，要区分当前负面情绪的类型。若当前的负面情绪偏主观情感向（比如举报、拉黑等操作）我们可以去用较为戏剧的手法去表现；若当前的负面情绪来源于游戏本身，偏功能向（比如充值状态提示、战斗中断线等），则需要设计师通过反馈设计清楚地把信息传达给玩家，帮助玩家解决问题，而不是用玩笑的口吻去激化玩家的情绪。

基于以上三部分的设计思路与方法，设计团队对各系统情境进行组合、提取了合适的情境元素以及对情境节奏进行细节反馈设计。《非人学园》在一定程度上已经实现了情境设计中对于叙事性的表达，游戏也因此收获了很多玩家对于界面设计的正面评价。

然而与此同时，当设计师们回过头来检视他们的设计时会发现《非人学园》的情境化设计也暴露出了很多功能性上的问题。比如，故事包装过度导致的信息层级不清；过于丰富的情境元素导致了视觉干扰；场景中的功能入口状态不明确等。因此，在游戏上线后，设计师们也一直在思考如何在情境设计中平衡叙事性与最基础的功能性。

比如游戏主界面的设计，带给大家的感受是怎样的？是不是感觉很杂乱？抓不到重点？作为玩家最常接触的界面，过于"丰满"的视觉信息很容易带来视觉疲劳，尤其是当前各个系统入口的状态、新消息提示基本都依赖于红点与气泡提示。这样一来，精心打造的场景 UI 事实上并没有发挥真正的功能价值，而只是成了视觉上的摆设，这在一定程度上也会对玩家的操作判断与效率产生影响。

因此，针对以上的问题，设计团队提出了一些优化尝试方案：

（1）在视觉层面上，调整了整体的层级关系，弱化背后场景，突出系统入口；

（2）在入口控件的细节上，充分利用拟人化的表现手法，通过趣味性的表情与动作来表现状态变化。使得场景 UI 不再沦为装饰，而是能真正发挥它的功能性价值。同时也令整体情境的构建更加生动，有说服力。

同样，在游戏的各个系统内，设计师们也在不断地进行更新与细节打磨（图15-3），简化不必要的视觉表现，强调界面功能性。旨在延续设计的叙事性、情感化的同时，保证易用性与流畅的体验，将《非人学园》打造成为一款真正的精品游戏。

综上所述，作为游戏界面设计师，我们究竟应该如何去实现情境化的 UI 设计呢？

我们既需要通过丰富的情境故事来提升游戏沉浸感，创造与玩家之间的情感共鸣，同时，也不能滥用情境，使各种情境元素浮于表面。而是需要适时、适量，恰当合理地进行运用，最大化地平衡情境的叙事性与功能性。只有这样，才能使我们的设计真正做到"以境动情，而不伤情"。

图 15-3 　《非人学园》界面更新与细节打磨

16 《荒野行动》设计分享
Knives Out

《荒野行动》自 2017 年 11 月正式上线后，至今已经走过了整整一年。游戏在国内与国外市场都取得了相当不俗的成绩，游戏在日本市场收获颇丰，不仅有过登顶畅销榜的表现，还坐稳了前五的位置并持续至今。全球收入超 30 亿元，注册用户超 2.5 亿元。本文将从设计师的角度，为大家分析《荒野行动》是如何成为品类领跑者的。

以下从三个方面阐述《荒野行动》界面设计的一些心得经验：规范化、品牌感、创新。

设计师在设计的时候总是会有一些限制条件来约束我们的设计，尤其是作为一个团队共同合作的作品，每一个成员都需要知道，设计的限制在哪里，边界在哪里。没有规矩，不成方圆，界面规范就像是地基一样，只有稳固的地基，UI 系统才能结构统一，才能继续在地基上面进行拓展。

16.1 规范化——化散为整

16.1.1 交互规范

作为一个横屏双摇杆射击手游，战斗界面的操作体验是游戏的核心。根据人体工学，设计师制定了战斗界面控件的布局规范（图 16-1），并根据控件类型、控件功能归类、控件使用情景 3 点进行分类，对战斗界面的控件进行了合理的功能划分，一切都是为了体验体感的提升。

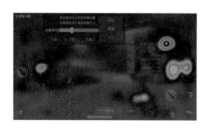

图 16-1　战斗界面操作规范

《荒野行动》作为一个大体量游戏，涉及各类大大小小的系统与活动。我们从界面布局适配规范入手，对整个 UI 框架结构进行了规划。我们把整个 UI 系统分成了四大界面类别，规范了我们的四种基础布局版式（图 16-2），包括内容区大小，以及一些界面上常驻控件的布局位置。这样一旦要使用到这种通用界面的需求，相当于我们的设计内容就会在对应的规范下进行，即使是不同的界面表现，也会有序规整地进行而不会过于散乱让玩家感到跳脱或迷惘。

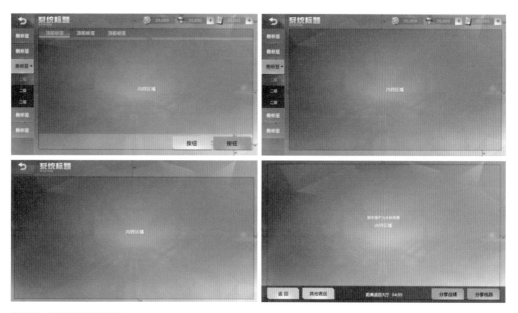

图 16-2　界面基础布局版式

通过对界面规范的制定，把一些原本散乱的基础界面框架规整了起来。我们更为每一类规范界面都制作了 Cocos 中的标准模板，在使用时直接复制到对应 csd 中即可使用，在保证统一性的同时也提升了制作效率。在各种机型的适配上也制定了专属的适配规范，保证玩家在各种机型上都能有最好的视觉呈现。

16.1.2　视觉规范

由于我们游戏涉及多名视觉设计师，因此在视觉风格上，设计师制定了许多详细的视觉规范以保证游戏视觉风格的统一，其中包括了各类底板、页签、按钮、图标与字体字色等。

此外在比较具有风格化与独特性的头图广告图上也做了相应的视觉规范（图 16-3），保证游戏界面在具有多元化的同时也能统一在一个基调中，确保每张广告图在最好表现商品效果的同时不会让玩家觉得很跳脱。

图 16-3　广告图视觉规范与效果

16.2 品牌感——引爆内容

建立品牌感的最终目的一般是传递、创造、增强产品的价值，满足消费者或玩家的需求，增强其对品牌的感知，也是体现产品差异化的重要因素。《荒野行动》作为一款现象级的战术竞技手游，是如何建立起自身的品牌感的呢？

16.2.1 品牌化

当人们提到苹果公司，大家都会联想到被咬了一口的苹果图形 提到麦当劳，就会联想到黄色的"M"字母，这是人们对于品牌的感知，反映了记忆中关于该品牌的品牌记忆节点。我们在为《荒野行动》品牌化包装时经过了长达一个多月的设计与提炼，最终设计出了一个最符合游戏气质的 Logo，由瞄准镜（战场）＋五角星（荣誉）融合而成（图 16-4）。

Logo

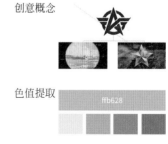

创意概念

色值提取

ffb628

图 16-4　荒野行动 Logo 设计

围绕这个具有品牌象征的 Logo，设计师进行了许多延展的 VI 设计，包括登录界面、场景中的建筑、物品上的图案、界面中的元素和色值等，把这种品牌元素贯穿到整个游戏的各个环节中去，充分地给玩家传达了游戏的品牌感。

玩家会在游戏内的一些枪械上发现印有的 Logo，或是段位图标上发现隐藏的五角星 Logo，又或者是在月卡界面发现印有我们 Logo 的金卡，这些都大大增强了我们界面元素的独特性。即使在游戏以外的地方见到这些元素，都能一眼就辨别出其"荒野感"，把游戏的品牌感最大化。

16.2.2　界面整体包装

除了品牌化，设计师是如何引爆游戏内容与气氛的呢？这里运用的是游戏界面整体包装的思路。荒野行动有许多丰富的节日活动和休闲玩法，甚至还会和一些知名人气作品（如《进击的巨人》）进行联动，为了能给玩家带来更强烈的气氛与感受，因此界面的整体包装显得尤为重要。

比如之前在游戏的日服与《进击的巨人》的一次联动活动中，为了整体的氛围更统一，会整理一份情绪版与色调倾向，让我们的设计师能更好地统一元素、色彩、质感等，使得整套的界面包装流程更有据可依，呈现给玩家的整体巨人气氛也更浓厚。

如图 16-5 所示，从巨人头图广告图的设计出发，设计师在设计的过程中不断同步信息进行沟通联调，通过头图和活动界面的设计来推导出整套相关界面设计的风格包装，包括促销弹窗、休闲玩法入口、礼包图、商城 Banner 等，贯穿整体的风格包装。

图 16-5　巨人联动界面设计

未来还有许多的节日活动与联动活动接踵而至，因此界面的整体包装的路依然任重而道远，我们也会在目前的基础上归纳总结更多的经验与心得，不断提高品质，为玩家带来更好更崭新的游戏体验。

16.3 创新——不破不立

创新是以新思维、新发明和新描述为特征的一种概念化过程。往大的说创新是人类历史发展的原动力，往小的说创新是使我们不断进步的必然选择。《荒野行动》从设计到上线至今走过了一年多的时间，我们一路以来是如何保持创新的思维，不断更新、进步的呢？

16.3.1 藏在界面里的专利

人们总是习惯性地把一件主观认为遥不可及的事情想得很难，比如设计专利。其实当很多设计点就在已有的设计方案中时，你会发现专利竟变得不那么困难。

在荒野行动不断成长发展的过程中，交互设计的切入角度也在发生改变。这个变化的过程，总结为三个切入点：具体需求、核心体验、游戏体感。我们从这三个切入点入手思考交互设计，从而探索出"看着不起眼"却带来明显体验提升的设计方案。单是一个战斗界面，里面就包含着我们独有的 5 项专利（图 16-6）。

图 16-6 《荒野行动》战斗界面专利

以"声源可视化"为例，由于移动端设备相较于 PC 端，有一个最大的劣势：声音获取的成本较高、3D 音效的效果不佳。限于移动设备的使用环境多变、使用情景多变，使得玩家并不具备开声音的条件，即便佩戴耳机也可能因为环境嘈杂而影响声音效果。

基于上述显而易见的现状，设计师提出了"声源可视化"的想法，用视觉弥补听觉的不足。这也是一种自然法则的趋向性思路。为了更好地结合方位，我们将声音呈现于小地图上，通过声源图标透明度的高低表现声源的近远（有距离的声音才是有效的声音）（图 16-7）。通过将小地图平均划分为 12 个弧形，来模糊性地指向声源方向（声音要有方位，同时也要一定程度上保护声源者的游戏公平性）。

有声状态

声源表现-强弱远近

图 16-7　声源可视化说明图

由此，声源可视化的方案应运而生，一定程度上降低了游戏门槛，同时又提高了游戏体验性。有很多肉眼看不出明显变化的设计，却在实际操作中大大地提升了玩家的游戏体验。正是这些一个个不起眼但很重要的细节与优化，拼凑出了游戏最佳的效果和体验。

16.3.2 多元思维

多元思维，就是从多个不同学科、领域和角度，去综合分析问题的思维。设计师如果思维一直是停留在既定的流程里，那么设计产出会慢慢变得机械与乏味。如图 16-8 所示，在头图广告图的设计中，从最初简单的一张规整的美术图片资源（1.0 版本），到后来更强调突出时装，设计专门的配套背景与文字（2.0 版本），再到后来加入头图出场动画、模型专属动画，以及加入了系列感设计（3.0 版本）。头图这块我们还在不断地尝试与探索，以后会否增加头图与玩家的交互互动？或是更有沉浸感、3D 化的设计等，都敬请大家期待。

我们不会停留在既定的一个模板和流程中重复地工作，而是不断地从多个角度思考，如何在呈现效果上有更好的表现力。比如会跳出界面设计师这个职位的框框，去给美术模型的 Pose 一些建议并整理分析文档（图 16-9），而不是停留在一个美术给模型，设计师设计界面这样一个流水线作业的层面上；也会站在一个商业思维的模式下，结合一些竞品进行分析，从商业模式、营销手法的角度去看待头图的优化空间和挖掘价值。

V1.0　　　　　　　　　　　　V2.0

V3.0

图 16-8　荒野头图广告图更新

图 16-9　广告图美术模型 Pose 分析

界面设计之外的思考，不管是产品思维、商业思维还是批判思维等，都是希望设计师能不把眼光局限于界面本身，Thinking out of the box，能跳出日常思维的局限，在一个更高的层面去分析、处理问题，一定会有更多额外的收获！

回顾《荒野行动》已经走过的路，一路上踩过坑也经历过困难，感受过喜悦也收获了经验。展望未来，路还有很长，我们会一直保持一颗炽热的心继续为大家做有情怀有态度的游戏，就像我们荒野这次周年庆的标语——"感恩有你，一路惊喜。"

17 《绘真·妙笔千山》设计分享
Ink·Mountains and Mystery

《绘真·妙笔千山》是基于王希孟的《千里江山图》而创作的互动叙事游戏，希望以游戏重现传统的青绿山水。最初看到美术预研的场景时，虽然是 3D 的场景但每一帧都是一幅青绿山水画。千里江山图中只可远眺大好河山，而在《绘真·妙笔千山》游戏里，玩家可以走进山水间，去探索神奇的故事。

能参与独立游戏的设计不得不说是一件幸运的事情，不像大多数复杂的手游有着错综复杂的交互系统，设计师不仅要关注易用性与效率，也要对玩家时刻的情绪进行引导，还要考虑全局所有系统的一致性和细节体验。而在《绘真·妙笔千山》中则简单得多，一共三五个主要界面，我们要做的就是打好辅助，让玩家可以沉浸在几十分钟的游戏中自然地体验。

17.1 作画

做界面好比作画，首先要胸有成竹，心中要有理想的画面的构想，有心法，然后下笔做结构，构图优美讲究，呈现骨相美。最后加以渲染和粉饰，使其恰到好处（图 17-1）。

图 17-1 《绘真·妙笔千山》场景

17.1.1 心法

中国风或者古风到底是什么样子，其实还真不好一言以蔽之，市面上也有很多古风游戏，然而它们就能让人感觉到什么是古风了吗？古代跨度那么长，实际上各个朝代的审美差异很大，唐朝华丽明艳，而宋朝简约克制。之前网上吐槽的雍正和乾隆的段子（图 17-2），清雅柔和是国风，富丽堂皇、繁缛堆砌也是国风，没有高低之分，但差异真是挺大的。

图 17-2　来自网友对乾隆农家乐审美的吐槽

那我们要追求的东方美学是什么呢？回到《千里江山图》的时代，宋徽宗虽然治国无方，但艺术造诣非常高，陈寅恪先生说："中国文化'造极于赵宋之世'"。宋朝的绘画细致沉静，宋汝窑朴素典雅，宋书的版式简单考究，这种雅致极简可能是我们追求的美感（图 17-3）。

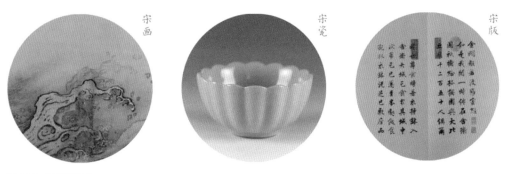

图 17-3　宋朝的艺术

由此我们定位到作画的心法，其实也就是设计界面的内核，界面内核是所有界面系统得以发展的源头。我们想要扮演的是清高的画家，内心平静而丰富，宋朝的画家大多呈现理性克制之美，"宋画惟理"，极简不炫技，却表现精湛。

17.1.2　骨相

美人在骨不在皮，极简的东方美需从神韵和形制出发。查找古画的过程中看到一幅《簪花仕女图》（图 17-4），构图和谐有趣，横列地散点在视线之内，侍女们多半用静穆的姿态分散在不同的位置，画作中有前后大小的关系，因而增大了视野，扩展了空间感。周围以仙鹤植物点缀装饰，消除了单调和贫乏，增加了雅趣。

图 17-4　《簪花仕女图》

我们的人物图鉴设计也参照这样的形式（图17-5），不再规规矩矩地陈列，而是用长卷构图，让人物大大小小分散地布局在纸上，大量留白中营造古味的想象空间，而细小的装饰点缀其中，寡淡中增加了一点细致。

图 17-5　人物图鉴界面

物品的图鉴参考了佛器图谱之类的古书（图17-6），物品的摆放同样不受条条框框的限制，而是自然形成秩序感。画法亦是遵照古画中的物品透视，稍显笨拙的形态加上简单晕染的色彩，构成图谱（图17-7）。

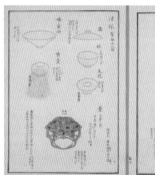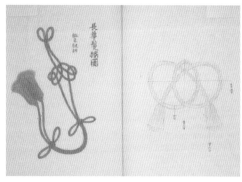

图 17-6　《丹鹤图谱》　　　　　　　　　　　　　　　《佛器图谱》

图 17-7　物品图谱界面

骨相对应的其实是结构版式，一个好的设计，就算没有视觉的包装，仅仅是布局排版，也应该具备基础美感。游戏中的界面虽然简单，但全都有据可循，取其古雅弃掉古旧。

17.1.3　粉饰

因为互动叙事游戏界面少，而且不忍打扰玩家沉浸的游戏体验，所以我们希望界面的设计是小而美的。看到有的游戏界面做得炫酷迷人堪比大片、绚丽的动效或者激动人心的强烈视觉吸引人眼球，有时候着实蠢蠢欲动，想是不是要加点什么，再给界面烹调一下，最后还是忍住了。就像时尚大片需要浓妆艳抹，而小清新却无须粉黛，最终我们还是保持了从一而终的极简内核，转而尝试细节刻画，通过设计一些小元素来打动人心。

一直觉得减法是很难的，就像产品设计。极简主义看似简单，对工艺的要求却是极高的，苹果产品的极简背后是最高精的工艺支持，是简单外表下的饱满细节填充。

我们的很多界面，有大量的留白，看久会稍显简单，一开始我们也在思考用什么花纹或者材质来装饰界面，但尝试后都太显复杂。如图 17-8 所示，最后我们开始想象画卷展开的样子，一点光和树影洒下，配合适当的婆娑动态和树影摆动，刚好呼应了游戏场景中的风吹草动，也为界面增加了一点闲适的动感（图 17-9）。

图 17-8 物品详情界面

图 17-9 背包界面

如图 17-10 所示，小图标的设计也表达了视觉设计师的细致用心，比如音乐音效的开关，在界面里就是很小的一个按钮，一般统一设计的开关控件就可以了。但设计师为这样的小按钮也设计了有情境感的画面，音乐是乐师演奏，画面是花的开合，配合动画，让小小的一个按钮也有了生动的表达。

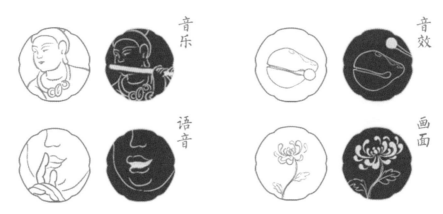

图 17-10　《绘真·妙笔千山》设置按钮图标的开关状态

界面的粉饰能为整体营造更好的氛围并提升细节，从而用细节传达情境和故事。我们追求不施粉黛，所以如何以小博大，如何取巧地运用一些小设计是我们思考的方向。

17.2　入画

游戏中，主角通过在画里画外穿梭，体会不同的故事。在交互上我们也希望可以传达出入画的意境。因此，在最后解锁的 3D 千里江山 Loading 上，我们设计了从作画到入画的过程，将青绿山水画的落墨、染底色、上重彩的步骤做成动态的过程，最后变化为 3D 的场景，镜头进入其中，一气呵成。

17.3　传画

分享是很多游戏都会设计的系统，分享玩家抽到极品卡的喜悦，分享战斗第一的爽快，亦或是分享艰难获得的成就。我们游戏比较单纯，应该都是风景党，截图分享美景。

我们觉得不能满足于此，于是设想了一些其他分享的点子，如分享人物、分享收集的图鉴，甚至在游戏里面组 CP 做海报，或者结合相机把玩家变成角色融入画面做照片分享。然而，我们觉得这仍然不是玩家最想要分享的东西。

我们游戏真正吸引人的，还是如画的风景，如果只是这一点，有办法深挖一下吗？观察很多刷屏朋友圈的分享活动，我们得到一些启示。单纯的美景图固然能引发分享，但如果图中加入了玩家的创造和独一无二的东西，加入了时间成本提高了玩家的参与感，分享的动机会更强一些。

图 17-11　装裱界面

我们基于分享游戏中的画面，增加了装裱环节（图 17-11），就像是画家画好一幅画，需要题词装裱再留存欣赏一样，游戏中的画面也可以有后续的环节。当玩家截图后，会出现小小的装裱按钮，如果不点击一会儿就会消失，不打扰玩家的沉浸感，如果点击便会进入装裱界面，画的形式、裱样、纹理任君选择，并且还可以题词写上此刻的感受，玩家可以完全创造属于自己的画面（图 17-12）。

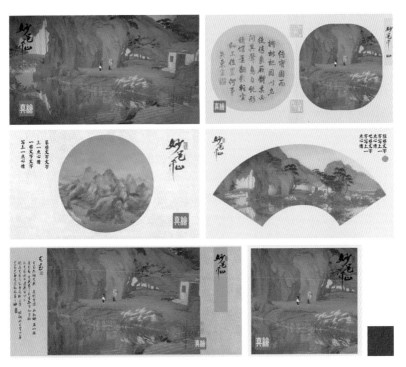

图 17-12　装裱的不同

通过不同的形式，如图卷、图页和扇叶，来传达不同的美感。除此之外，还可以在游戏中定制专属的印章（图 17-13），可以自由组合解锁提供的文字、图案、人物或者选择自由绘制。玩家由此创造出一些意想不到的有趣的设计。这些包装和环节的设置，也让玩家更贴近古人的生活，了解更多游戏以外的东西。

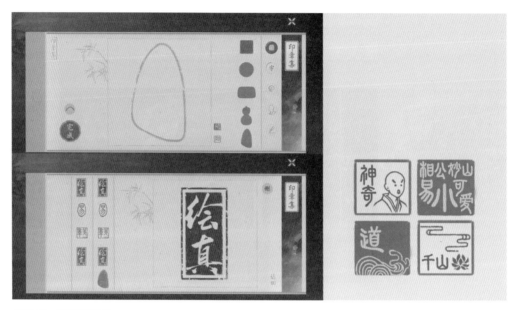

图 17-13　定制印章界面

17.4　结尾

《绘真·妙笔千山》里，界面和交互只是非常小的一部分，如果美术是秀美的群山，界面应该只是清风之于山间的装饰，能让玩家舒适自在地游玩其中，我们的目标就达到了。极富美感的美术设计和精巧考究的剧情体验才是重点，期待大家的体验。

GAME USER RESEARCH WORKFLOW

06

游戏用户研究流程

18 认识游戏、玩家、用户体验研究

Approaching Games, Players and User Experience Research

用户体验研究是互联网产业规模化之后分化出来的，专注于"用户体验"与"研究"结合的专业职能，这个概念在今天的 IT 互联网行业中，已经不陌生了。但当这个概念和"游戏产品"碰撞，用户研究在游戏领域会有一些什么变化，它包含一些什么样的知识与技能，有一些什么样的从业乐趣？本章就和大家一起讨论一下，游戏用户体验研究所包含的一些主要知识以及这些知识在工作中的体现。

顾名思义，游戏的用户体验研究主要由三大部分的知识构成，分别是：

（1）与游戏产品游戏研发有关的知识：我们的研究问题来源于游戏产品，最后的价值落点也回归到游戏体验。

（2）与游戏玩家有关的知识：游戏发展到现在已经是一个百花齐放的产业，当今世界上有 40% 的人在各种各样的平台上玩游戏，在丰富的游戏产品下，游戏的玩家变得非常复杂，玩家分别都是什么样的，如何去认识以及描绘他们，对游戏用户体验从业者来说是项重要的工作，也是一个持续的挑战。

（3）与用户体验研究专业本身有关的知识：用户研究是一个涵盖知识面广、有系统方法论的学科：理解需求、设计研究、数据解读、专业呈现、结果推进，研究项目要做好，任何一个环节都是功夫。

接下来就和大家分别聊一聊，游戏用户体验研究与这三大块知识相关的一些基础内容。

18.1 认识游戏

与传统互联网产品解决一个实际的功能需求（比如买到货、打到车、买到票）不同，游戏的核心是提供了一个体验场景，本质上与迪士尼乐园，环球影城是一致的。传统互联网产品的用户体验追求的是用户在达成目的的过程中，有更加顺畅与愉悦的体验，而游戏本身就是供给体验，体验即产品。游戏研发就是各个职能围绕着体验进行构筑的过程，这是游戏产品最为特别也最为有趣的地方。

游戏产品和用户体验的链接关系，有三个层次：

18.1.1 人与游戏产品的体验链接

游戏赋予了人源于生活又不同于生活的艺术体验，玩家在游戏里去理解美、享受美，游戏赋予了幻想世界中的沉浸体验，你可以穿越前朝，在雕梁画栋下沏一壶茶，也可以畅游群星，体验星际迷航中的史诗与壮阔；游戏赋予了多元的挑战自我的机会，不同能力的玩家都可以在游戏中找到属于自己的挑战体验，你可以从一块砖开始建构一个世界，你也可以享受竞技体育那种拼搏不息追求高峰的快感。人与游戏产品的互动是游戏体验的基础，是玩家感知一个游戏产品最初始的内容。如图18-1所示，《第五人格》的美术设定，给玩家带来了丰富的想象空间。

图 18-1　《第五人格》的美术设定，给玩家带来了丰富的想象空间

18.1.2 人与人的体验链接

年幼时和几个发小挤在一台现在看起来是非常旧的计算机前玩《大富翁》，二十年后成了大家难忘的记忆。游戏如今已经不仅仅是玩家自我和代码的对话，即使一个小众粉丝向的单机游戏也能通过微博、贴吧、Facebook等渠道找到一起玩这个游戏的同好，更不用说网络游戏，游戏直接连接着每个玩家。很多人第一次和一个大型团队一起行动，甚至去领导、去组织的经历，是来源于《魔兽世界》。玩家中有一句老话，"游戏是一时的，而朋友是一辈子的"，这种"你站在窗台看风景，看风景的人

在路上看你"的体验，意味着对于游戏产品而言，除了游戏本身给玩家提供体验，游戏中的玩家彼此，也构成了相互之间体验的重要的组成部分。

有句话叫"有人的地方就有江湖"，人和人在游戏中形成的社会关系是非常有趣的，大家在游戏中，合作中有竞争，竞争中有合作。游戏是现实社会的延伸，所以人在现实生活中的购买力是会影响到游戏中的，而游戏体验的很大一部分是人与人的关系网构成的，不同购买能力的人相互之间会造成不同的影响。传统的游戏体验观点认为，花钱多的人就应该得到优越于其他玩家的体验。但从真正体验好，生命力长久的产品来看，公平的社交体验才是最人性也最为长久的体验。公平不是平均，不是大家都一样，而是不同购买力的人在游戏中都能有自己的选择和位置，都能找到自己的乐趣。但是要把握好公平的尺度确实是一件不容易的事情。

一方面产品需要做一些精巧的设计。比如在《率土之滨》里（图18-2），所有玩家的体力上限和恢复速度都是一样的，保证了玩家都有公平的行动机会，另外策划同学设计了一个与玩家购买力完全不相关的叫"攻城值"的数值，哪怕在游戏中完全不花钱的玩家，也能通过若干个攻城队，通过自己的策略，打出非常精彩的牵制与骚扰战术，甚至能够影响整场战役的进程。

图 18-2　《率土之滨》里的攻城战役

另一方面，把握公平的平衡却又是个很不容易的事情，用研在研究游戏中人和人的体验时，也会针对游戏中的社交公平，设计研究方法与数值指标，再通过大量的玩家观察、回访，帮助产品来进行判断。

我们希望通过我们的研究输出，让每位玩家在游戏里都有自己有意义的选择，人与人之间相互需要，这些互相的羁绊，让游戏中的萍水相逢，留下精彩的人生回忆，碰撞成为一生的朋友。

18.1.3 人与社会的体验链接

无论是武侠小说、浪漫主义画作、科幻电影，它们描绘的世界并不在我们生活之中，但它们却是源于生活、反映生活，其中优秀的作品都包含着非常积极的现实意义。游戏作为一种对现实艺术化、同时相对低门槛的大众体验产品，也是如此，它也应该去承载积极的教育引导意义与社会价值。你可能没有条件去博物馆参观《千里江山图》，但游戏能够传达美的意义（图18-3）。你可能做着毫无挑战平凡的工作，但游戏中能让你感受团队的使命与责任。好的作品是能够带给用户反思的作品，玩家在游戏中的经历带来了思考，同时为社会带来了积极的价值，这是好的游戏体验的终极奥义，也是一个游戏企业和用户体验从业者需要去追寻的价值。

图 18-3　网易游戏《妙笔千山》，让每个玩家都能感受深藏在博物馆中北宋《千里江山图》里的禅意与美

所以对于游戏的用户体验，它包含了游戏产品本身的体验，也有构建在游戏体验之上的人与人、人与社会的体验。它不仅仅是集中于某个控件，某个体验流程优化的问题，同时也很宏观，富有社会视角，甚至能够触及用户的认知与价值观。这应该是游戏用户体验区别于各行各业用户体验的魅力所在。

除了对游戏体验的理解，作为网易游戏用户体验的从业者，我们的工作要最后能结合到游戏产品里面去，我们还需要对游戏的设计理论、设计师对游戏的设计思路，以及游戏的研发过程有所了解。

18.1.4 理解游戏的设计理论与产品设计思路

我们通常不需要像游戏架构师一样去具体设计游戏，但需要理解设计师对游戏的设计是怎么来的。这么做能够让用户研究人员和设计师有相似的视角去解构游戏，有共同的话语体系，在实际工作中能够高效的沟通。我们的用户研究人员，都会和产品贴得很近，参加产品的日常会议，同时要

求做研究之前和产品进行充分的沟通，否则研究工作无法带给产品一些比较深入的信息与发现，
甚至有可能跑偏。

18.1.5　理解游戏产品的研发逻辑

游戏软件开发是一个大型的群体工程，不可能因为任何一个环节或一个问题就停下，同时软件研
发又是成本，进度与产品品质的博弈。用户体验研究工作的价值作用于产品的品质维度，但有时
我们发现了信息，却无法在产品中落地，并不是因为这个发现不够好，而是我们的发现太晚了。
所以对于体验研究人员，需要能够理解产品的研发阶段以及背后的逻辑，产品的开发流程具体怎
么运转，才能让我们的研究有前瞻性，在合适的时间拿出合适的研究产出，顺势而为。在这个方面，
我们制定了游戏用户研究的业务推进地图，研究人员可以围绕地图和产品进行需求的讨论，哪怕
是从未与用户研究人员合作过的产品，也能在讨论中去全面思考自己在各个阶段对用户体验研究
的需求（图18-4）。同时研究人员也可以以此为基础，从深度或广度上对业务进行丰富。

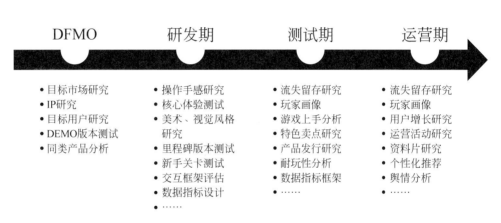

图 18-4　网易游戏用户体验研究工作各阶段业务参考

有了对游戏产品，以及游戏研发的基本理解，游戏的用户研究工作就可以开始做了。不过在这个
专业领域上要走得更远，还需要对游戏产业、游戏外围生态、市场环境以及发展趋势有持续的认
知与理解。

18.1.6　研究人员需了解游戏行业的构成与运作机制

从游戏产品研发上市，到玩家下载进入体验，已经是一个非常完善的产业链了，处在上游的产品、
发行，中游的渠道、电竞、直播平台以及终端的玩家，他们之间有着相互的作用与影响。对于一
个企业而言，游戏产品的体验不仅仅局限于玩家进入到游戏之后的体验，每一个产品和玩家的触
点都成了体验的一部分。游戏产品的体验竞争力已经不完全是产品单维的体验竞争力，而是围绕
产品整个泛娱乐生态的立体体验竞争力，比如应用商店里的玩家评论，各类围绕游戏的UGC内容，
或者一场有趣的游戏直播（图18-5）。

图 18-5　网易 NeXT 电竞直播

18.1.7　研究人员也需要有对市场发展趋势的敏感性

如今的游戏行业和 20 年前已经极大的不同了，市场上有着各种各样的选择，有着太多的产品，同时科技在进步，文化在发展，人们的需求也在升级。用户体验研究者，一方面要能抓住体验的本质，另一方面也要能在市场的变化，成功的产品中去学习和发展。如图 18-6 所示，18 年前《传奇》上线，简单、热闹、直白爆装备，通过重复劳动即能获得成就感的体验，也反映了当时社会背景下玩家们对社会成就感的需求。而如今经济相较 18 年前有了天翻地覆的变化，人们的生活越来越好，相反之前只在欧美发达国家受欢迎的末日生存类游戏题材，在国内也受到了玩家的追捧，玩家希望能够去体验不同于现实平静生活下的"刺激"的游戏人生。

图 18-6　18 年前的《传奇》与如今的《明日之后》，都反映了两个时代发展背景下，人们的需求与价值观的变化

综上所述，游戏用户研究的从业者，需要对游戏产品体验本身，游戏的研发过程，以及游戏的行业与发展都能有持续的认识和理解。这些，我们总结为游戏用户研究的第一个必要的思维能力——游戏产品思维。

18.2 认知玩家

用户研究同学们的日常工作都在接触大量的玩家，认识的玩家越多，越发现游戏玩家真是世界上最有趣的人了。有些玩家现实生活中非常内向，不苟言语，而游戏中的他乐善好施，朋友遍布天下，一旦和你聊起他喜欢的游戏来，眼神放光，滔滔不绝；有些玩家现实中过着普普通通的生活，而游戏中却机巧精明，富甲一方，深谙生意之道；有些玩家在高房价的一些城市住着 50 平方米的小屋，而游戏中却组织着一大群玩家搭建了宏伟的都市和城堡。游戏是现实社会的延伸，为玩家个人能力的施展，人与人的连接，提供了更广泛的平台和更多的可能性。你会发现游戏玩家充满了灵性与想象力，同时有着自己的梦想与追求（图18-7）。

图 18-7 《我的世界》建筑大赛，成了很多玩家角逐想象力的舞台

游戏玩家很有趣，但要真正理解与认识他们，却又是很复杂的。

一方面，每个玩家的生活、成长的历程都是不一样的，他们对不同游戏的态度、选择，各不相同，有的游戏玩家喜欢竞技，追求非常高难度的操作细节；有的玩家却玩得佛系，每天和三五好友研究着怎么利用游戏拍一部自制剧。此外，同一个游戏的玩家也是有差异的，1996年的巴图模型中就提出了在MMORPG中不同行为倾向的玩家在游戏中的相互作用和关系，这个模型在今天仍然适用并且还有了更丰富的表现形式。有些玩家擅长组织，游戏内外都有不少影响力，有些玩家自创游戏内容有很多粉丝簇拥，有些玩家玩得少但游戏视频看得多（云玩家）等。

另一方面不同年龄特点，地域的差异，也带来了复杂度。比如年纪大的玩家喜欢一些对长时间专注度要求相对偏低的游戏，一些操作频率不高的 SLG、消除类游戏就比较适合他们的生活节奏。而一些年纪小一些的玩家则对新鲜的游戏类型与题材有更强的接受能力。拿国内不同地域的玩家来说，东部、南部沿海的经济情况相对较好，很多玩家玩游戏的历史更长，接触的游戏类型也越多，对游戏体验品质的要求也更高；此外游戏产品已经是一个全球化的产品，涉及不同国家，不同文化的差异，本地化问题等，则更为复杂了。

最后，人自身就是很复杂的物种，"用户永远不知道他自己要什么"，游戏玩家也是一样。玩家对体验的需求只有更好，没有标准，他们都在为更好的生活买单。玩家不会直接把答案给到用户体验研究者，对玩家的理解需要用户研究者不断的洞察、思考与理解。

那怎样才能提高用户体验研究者理解玩家的能力呢？以下三方面基础很重要。

18.2.1 自己得真正"成为玩家"

如果一位研究者不玩游戏，不喜欢游戏，或者没法深入去体验游戏的话，那么他是很难做好游戏用户体验研究的。类似于社会学研究者不做田野调研，关在办公室里，是无法准确理解这个社会一样。社会学家费孝通先生在写自己的博士论文时，在吴江开弦弓村进行了长期深入的实地调研，最后成书《江村经济》，关于中国农村各种传统、现象的成因，不是单维的，而是天、地、人多个维度共同作用下形成的。必须深入体验到被调研者的生活，你才能够理解这个环境中的人为什么是这样子，他们为什么做这些事，为什么会产生这样的文化。

游戏产品与游戏社会也一样，用户体验研究者如果自己不深入体验游戏，光靠玩家以及游戏外的信息收集，想要全面理解好产品以及产品的玩家是不可能的。玩家的体验受游戏中的设计，游戏中的玩家，各种因素共同作用影响。这些游戏环境传递着的信息，如果自己不切身感受，仅通过言语或数据，研究者很难共情其中。

那么用户体验研究者应该怎么样玩游戏呢？除了自己"玩进去"，自己去感受游戏体验与游戏乐趣，也要能"玩出来"，一方面去思考自己的行为，为什么自己在游戏中总会这么做，另一方面去观察周围的玩家，不仅仅在游戏中，包括在玩家群中，社交媒体，去思考玩家各种行为背后的情景与动机。

18.2.2 锻炼自己从宏观角度与微观角度认识玩家的能力

用户体验研究中对玩家的研究通常包含宏观和微观两个层面：

/ 宏观层面

玩家群体是一个非常多样同时高度复杂的群体，我们需要能够对这个群体进行降维，分类抽象，这样才能够理解玩家。传统的玩家分类方式主要包含从人口学的角度来分类，比如性别年龄职业地域；也有从游戏类型的角度来分类，比如玩 MMORPG 的玩家，玩竞技游戏的玩家。在今天的游戏市场环境下，单一的分类方式都已经不适用了，一个玩家一年可能会玩很多很多的产品，他看着《炉石传说》的直播，同时玩着《暗黑破坏神 III》，手机上还开着《阴阳师》刷着御魂，我们没法用一个单一的卡牌游戏玩家或ARPG玩家来定义他。为此我们在研究用户分类的过程中，一直进行着各种各样的尝试与探索，也取得了不少理论方面的收获。我们基于玩家的体验资源，体验门槛，以及爱好的核心体验乐趣来分类用户，在创新游戏产品品类的过程中，帮助产品能定位到更多的目标用户群以及产品的蓝海人群。举个例子，手游 MMORPG 之前一直是一个玩家年龄相对偏高的产品品类，并不是因为低年龄的玩家不玩 MMORPG 了，而是以往 MMORPG 在对玩家的在线时长、数值成长方面的体验资源都构成了一定的门槛，《一梦江湖》在游戏中加入了丰富的 PVX 的游戏内容，使得玩家在游戏中的体验维度，玩家成就感来源维度变多了，一些无法持续在线的玩家也能在这个游戏中找到乐趣，最终也使得手游 MMORPG 这个品类能够吸引到不少年轻的玩家群体。

/ 微观层面

个体用户确实不能代表产品的用户群，但一些有一定典型性，信息丰满的玩家个体，却往往能带给产品多样的设计启发。我们在研究中把基于微观角度的研究发现总结成玩家故事放在研究报告中，让研究产出变得更形象丰满，有血有肉，另一方面我们也会配合游戏研发团队，和玩家进行更多的接触和了解，离开一线城市的办公室，去玩家家中看一看，和他们聊一聊（图 18-8）。

图 18-8　山东滕州的漫展聚集了很多游戏动漫爱好者，这里的体验和一线城市的漫展有很大不同

18.2.3　始终怀有尊重玩家，客观中立的研究态度

客观中立的研究态度可以说是游戏用户研究者最基本的研究态度。一方面用户研究过程也是游戏产品的一个体验触点，代表了产品的体验口碑，游戏用户研究者需要和产品一样重视玩家，在和玩家接触的过程中要以服务用户的心态与方式来接触玩家；但同时用户研究者并不是直接去给玩家输出服务，用研的意义在于全面、客观、真实地发现信息，最终驱动到产品体验。对于各类型的玩家在研究中都应该客观对待，基于玩家的研究方法应准确严谨，以帮助产品能做出准确的判断。

玩家是游戏从业者服务的对象，衣食父母。对于游戏的用户体验研究者，帮助产品能更好地认识玩家，理解玩家，是这个职能的使命，也是重要的职业竞争力。我们把认识用户的能力，总结为游戏用户体验研究第二项必要的思维能力 —— 游戏用户思维。

18.3　认识体验研究

在今天，用户体验研究在互联网行业中已经不是一个陌生的词汇了，最近 10 年来，互联网企业，甚至很多传统企业都设立了用户体验研究的岗位，各个高校的设计学院、心理学院、软件学院等都有相关的课程，学校里的一些产品创意竞赛，毕业设计课题等，用户研究也是一个必不可少的环节。

从知识领域上来说，用户研究是一个高度专业的综合性学科。用研的最终价值落点在产品，所以它会和互联网产品设计、交互设计有关。研究过程需要确保研究有良好的信效度，很多实验设计来源于心理学的试验方法。游戏是一个现实 × 游戏、2×2 的社群结构，要能更好地理解玩家在游戏里的群体行为，理解不同地域不同文化背景的玩家，需要借助社会学、人类学的理论和研究方法。互联网时代，人和人节点的信息传播成了知晓产品的主流渠道，传播学和游戏体验的结合越来越重要。用户研究工作需要处理大量的信息，统计学的相关数据分析方法是惯常的分析手段。同时，用户研究作为产品开发中的一个环节，必要的软件学知识，项目管理知识也是需要的。如此可见，用户研究是一个涉足知识面很广的工种，所以用研工作总能在解决各种各样问题的过程中开启新的知识面。

当然用户体验研究不是个纯理论的工作，它从一个有具体问题的需求出发，最后落地到游戏产品的设计与服务过程，包含有需求分析、研究设计、研究执行、数据分析、结果呈现到推进落地，最终形成业务闭环。

关于用户体验研究这个专业，很多初入行的用户研究者容易陷入的五个误区（图 18-9）。

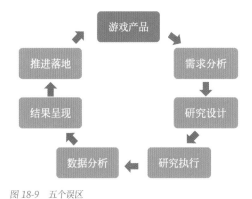

图 18-9　五个误区

18.3.1　需求理解不到位

研究要解决什么问题，要达到什么目标，是整个研究的基础。而我们面对一个研究项目时，

研究者需要理解的不仅仅是问题本身，还有整个问题背后的逻辑。为什么要关注这个问题？这个问题在整个产品逻辑中是怎么作用的？关于这个问题，产品是怎么理解的？已经有一些什么信息？产品对研究结果的期望是什么？可能会怎么来落地研究成果？这些信息对把握准研究方向都很有价值。

18.3.2　研究执行前，不重视研究设计

之前接触过一些刚入行的用研者，做一个研究可能都不写研究方案，或者草草列几个研究问题，就当作研究方案了，往往他们的研究结果最后根本没法用，到报告环节这个研究几乎"无法补救"。研究设计是整个用户研究闭环中最为重要的环节。一方面，你要能正确定位你要研究的玩家，不同玩家对产品的需求和喜好是不一样的，曾经我们有个启动图标的研究项目，我们在测试时获得反馈最好的图标，实际上线后的数据表现并不是最好，核心原因就在于当时我们选择参加测试的玩家和产品最终的核心用户群是有偏差的。另一方面，用户研究在获取相对真实准确的信息中，总会受到各种各样的干扰，比如说我们做玩家留存研究时，都会在游戏中投放问卷，然而填写了问卷的玩家本身就存在着不少幸存者的偏差，如果我们去研究导致玩家流失的原因，只通过问卷数据的解读来说明问题是不可取的，所以我们在研究设计的时候，就需要预埋好能够接触到真实前期流失玩家的触点。甚至用户研究的执行材料的设计中，一些巧妙的设计都能大大提高研究人员的执行效率，或者带给玩家更好的体验。比如打印给玩家填写的问卷字最好大一些，清晰直观，阅读起来足够舒适，用户测试的观察单，设计的时候也要考虑使用者记录的时候如何高效方便，能够尽可能少地翻页，以及能更快地找到记录对应的位置。图 18-10 为玩家测试观察单设计样例。

体验时长	2小时	或 等级升到29-30级					
玩家：	玩家1			玩家2			
阶段1-新手副本-5级问卷前							
创建角色	破军	兵谋	素心	破军	兵谋	素心	
	墨弓男	墨弓女		墨弓男	墨弓女		
	鬼谷男	鬼谷女		鬼谷男	鬼谷女		
操作上手	移动	视角控制	技能	移动	视角控制	技能	
	任务寻路	交接任务	UI	任务寻路	交接任务	UI	
新手副本							
5级问卷							
阶段2，<=15级							
功能上手	装备使用	坐骑使用	技能加点	装备使用	坐骑使用	技能加点	
	目标找寻	交接任务		目标找寻	交接任务		
主线任务流程							
日常玩法							
15级问卷							

图 18-10　玩家测试观察单设计样例

18.3.3　忽略研究对象所处的情景，研究中不重视情景还原

很多用研者可能比较喜欢做桌面研究，或者以投问卷为主，或者常年呆在用户体验实验室里。确实这些研究方法敏捷、也挺重要，同时也有不错的效果。但这些研究方法都有同样的问题，脱离了玩家的实际生活环境。但其实环境传递了玩家非常多的信息，你结合到玩家的实际情景中，去思考玩家的行为，玩家为什么这么说，你对玩家的需求会有更为深刻的理解。网易游戏用户研究的同学每年都会到全国各个区域去做一些入户走访调研，协助游戏设计师、市场营销的同事们，深入到城里乡间，去看看各种各样的玩家，他们的生活都是什么样的，他们对生活的认知都是什么样的，他们的游戏需求在哪，而我们可以为他们做些什么。

当然，如果每个研究都到玩家的实地去考察，这是非常不现实的。所以在研究设计时，需要对玩家所处的情景进行调研了解，围绕着玩家可能的游戏体验场景去做研究设计，千万不要一味用自己的生活去假设玩家的生活。

18.3.4　缺乏量化研究，粒子性分析的思维

对用研方法有过一些了解的同学都知道，研究有定性研究，定量研究两个分类，在实际工作中，两类研究方法几乎在所有项目中都是相融合的。比如我们做一个问卷调研，为了深入了解数据背后的原因逻辑，我们还需要找到一些有关的玩家去聊一聊；同样我们做一次玩家测试，哪怕只有5个左右的玩家样本，我们对玩家操作行为的统计，访谈玩家时候玩家反馈顺序的统计等抽样出来的定量关注点，也能帮助我们获得更多角度甚至更精确的研究数据。

在采集，分析解读数据的时候，有如下的三条经验比较实用：

（1）多做对比，设定好参照系。比如用研者想了解某个陌生产品或IP的用户构成，可能经常会分析微博，贴吧等社交媒体相关的数据，但受社交媒体本身的用户特征的影响，我们从这些渠道获得的数据就是有偏差的，这时候你可以拿一个你已知的产品去进行对比。

（2）关注数据变化趋势，一个指标静态的数据往往不能说明问题，而一段时间动态的趋势，却能解读出更多的信息。

（3）重视信息的粒度，新同学在研究中经常会遇到这样的情况，提出了某个体验问题，但对其解剖仅停留在问题表面，并没有拆解分析到诱发问题的原因，这样带来的结果是，我们发现了一个问题，但似乎也没起到什么帮助。

18.3.5　不重视研究最终是否形成闭环

用户研究不是写个报告发个邮件就完事了，用研的结果需要研究者去沟通，去推进。我们要求每个研究者完成了研究报告后，都要和相关的需求方做一个面对面的沟通，这样的面对面沟通对整个研究结果落地至少产生了50%的作用，在这个过程中不仅仅让需求方更容易理解报告内容，同时还会传递了很多不一定会写到报告里的信息，比如说调研过程中的一些玩家行为案例，或者一些典型的玩家故事，同时这样的沟通会上，产品和产品之间，用研和产品之间也会相互讨论，从而产生出新的体验价值点。

此外在研究过程中，邀请产品团队的参与也很有必要，在玩家的体验与反馈过程中，设计师亲眼所见，亲身感受，也能够激发起设计师更多的灵感。

另外关于研究结果的落地，持续跟进也很重要。通常沟通会上会对体验问题达成一致意见，但毕竟用研产出的设计开发需求仅是产品研发过程中的一部分，很可能因为成本、排期等各种原因最后被延后或搁置。如果没有持续跟进，这些研究结果最终得不到落实，研究也就最终没实现其应有的价值。为了保证用研确实能最终促进产品用户体验的提高，我们把体验问题清单系统化（图18-11），增加了自动的数据统计，简化了记录以及产品反馈的流程，确保各个产品的体验问题状况能得到跟进与督促。

综上，企业的用户研究与科研机构的研究，本质的不同在于企业的研究更注重与实际业务价值的结合，它除了研究专业的知识技能之外，还需要对业务需求的洞悉和理解。我们把用户研究技能的理解和应用能力，总结为游戏用户体验研究第三项必要的思维能力 —— 体验研究思维。

至此，如图18-12所示，我们讲到了游戏用户体验研究最基础的三个思维能力:（1）游戏产品思维；（2）游戏玩家思维；（3）体验研究思维。

图 18-11   网易游戏内部平台的用户体验问题清单系统

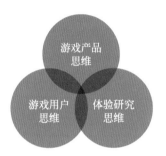

图 18-12   游戏用户研究的三大基础思维

18.4   游戏用户体验研究的乐趣

最后，作为一位从业多年的游戏用户体验研究者，我想聊一聊关于游戏用研的乐趣。之前和一些想往游戏用研方向发展的同学聊天的时候发现，不少同学向往游戏行业都是因为自己是一名游戏热爱者，但又很担心自己如果做了游戏行业之后，这样的热情和乐趣还在不在。

那么什么是游戏用户体验研究者的持久乐趣呢？当你从事了游戏行业之后，会发现游戏带给你的乐趣变得多元了，不仅仅是在体验产品的过程中获得乐趣，在你解决一个具体的游戏设计、运营、推广等问题中也会不停地获得成就感。用户体验研究在游戏中，也有其独有的乐趣，乐趣一方面来源于游戏，你会接触不同的产品，遇到新的问题，同时对过往问题的理解也会越来越深入，始终有一种在 MMO 中不停变强的成长感。另一方面来源于玩家，研究玩家的过程就像在开放世界的游戏中不停地探索，总会发现你没去过的"新大陆"，同时玩家经常会给你很多意外和惊喜，"呀，原来玩家是这么想的！"。如果你是个爱好探索的人，游戏用研工作总能不停地满足你那不知足的好奇心。最后，企业做研究和科研机构本质的不同在于企业的研究结果非常看重于能够落地，你看到自己精心设计、用心分析的研究成果，最终能帮助到产品解决问题，自己的研究最终能得到终端玩家的正反馈，这是一种莫大的成就感了。

最后要说的一点，如果作为网易游戏的用户体验研究者，务必要坚守"以用户体验为核心"的职业原则。

游戏市场是一个发展迅速，同时会遇到一些诱惑的市场。市场上确实也有过放大付费玩家的数值体验，重视玩家付费后的膨胀式成就感反馈，但在产品的文化、内容、社交内涵上的体验完全不考虑的产品。这样的产品哪怕生命力不一定长久，但也确有机会为企业获得一笔不错的营收。

网易游戏的愿景，让游戏能传达中国文化、包含人类文明的精神内涵，游戏能成为一个让玩家有反思、最终反哺到社会、实现人的价值的产品。网易游戏用户体验研究者需要和公司的愿景保持统一，不堕于局部短视、浮躁的商业模式与市场环境中，从最根本的用户体验价值出发，把"以用户体验为核心"作为自己的职业价值观，帮助产品去把握各类型用户在产品里感受到的深层内涵与底层价值，帮助我们的游戏团队，在游戏设计、产品运营中，不仅仅取得商业成功，更重要的是去追求与实现产品与社会的价值链接。

19 需求沟通
Demand Communication

需求沟通是所有用户研究的开端，需求沟通的效果和质量，很大程度上会影响用户研究的实际效果和价值。

一个好的需求沟通应该由 3 个部分组成（图 19-1）：项目执行前的需求拆解分析、执行中的需求预期管理和执行完成后的需求结果转化。

图 19-1　需求沟通的三大部分

19.1　需求的拆解分析

19.1.1　沟通需求的基本内容

沟通本身是一个比较灵活的过程，但为了保证需求沟通的有效性，最基本的需要沟通清楚三个方面的内容：

/ 范畴与定位

界定问题是什么，包括需要研究的内容是什么、哪些内容、定位是怎样的、是要解决什么问题等（图 19-2）。

/ 前因和背景

厘清问题提出的背景，包括：

（1）目前的状况是怎么样的？为什么要对这个内容进行研究，了解了前因才能更清楚"要解决的问题"；

（2）产品当初设计这个内容时是什么思路，为什么用这样的思路。

/ 目的和解决方案

了解问题解决的落地点，包括最后产品要如何利用测试结果，什么样的结果能够支持到产品决策或改善以及后续用什么方式来验证是否达到了改善效果等。

图 19-2

19.1.2 界定需求的类型

在获得了上述信息之后，我们需要对不同的需求进行进一步分析。如图 19-3 所示，按照问题的明确程度（需求方和执行人是否明确）我们会将接触到的需求进行分类，共分四类，不同类型的需求在沟通难度、完成难度、价值可靠性和沟通要点上都不同，如表 19-1。

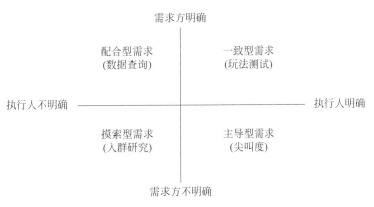

图 19-3　需求分类

（1）对一致型需求来说，最重要的是明确时间点，这种需求因为觉得都在掌控之中，容易变成了不紧急的事情而不断拖延；

（2）主导型需求，关键是想明白问题解决的亮点在哪里，围绕亮点来推送沟通需求；

（3）配合型需求，需要让需求方清晰表达出他所关注的重点或者优先级，因为如果需求方需求点很多的时候，按照一样方式处理，会影响效率；

（4）摸索型需求最大的问题，就是容易人力越投越多，却不见效果，因此在需求沟通的时候，最重要的是明确边界，也就是什么问题是这个需求范畴，什么不是，尽量把边界缩小。

表 19-1　各需求特性

	沟通难度	完成难度	价值可靠性	沟通要点
一致型需求	🤝	🚩	💡💡💡	明确时间点
主导型需求	🤝🤝	🚩	💡💡	明确亮点
配合型需求	🤝🤝	🚩🚩	💡💡	明确重点
摸索型需求	🤝🤝🤝	🚩🚩🚩	💡	明确边界点

从表 19-1 来看，一致型需求的性价比应该是最高的，所以需求沟通推动问题的明确就是通过沟通将尽量把需求往一致型需求靠拢。

19.1.3　进一步拆解需求

拆解需求的核心是尽可能想得更多，不仅仅从需求方的要求出发，更需要提出自己对需求的理解。这里分享几个常用的方法：

/ 需求分析的全局思维：比找问题原因更重要的是判断问题重要性

任何问题都不是单一原因造成的，比如流失问题，即便体现为在某个节点很明显地阻断体验导致，但我们仔细思考一下，这种阻断体验玩家真的没法完全克服么？如果不是的话，那说明在这个点之前的吸引力是不是也不够？当我们能够类似这样努力做更全面的问题假设的时候，我们才能更接近真相——对于产品来说，不是任何问题都需要解决，更需要解决的是更重要的问题，而我们需求分析的核心是帮助我们能够更好地判断问题重要性。

/ 全方位的换位思考：需求相关方的换位思考

我们要让自己全面思考需求，但其实还不够，除了更好的需求分析和沟通，还要思考更完备，代入更多相关方的需求思考。比如直接需求方提出让我们做一个新手测试的需求，对直接需求方来说是为了验证做了更新之后的新手是否让玩家更好上手，除此之外，我们还可以代入产品经理、玩家、公司高层可能对这一需求的要求或关注点，通过这样的换位思考，才能设计出更全面的执行方案。

/ 重新解构问题：连续追问，发散找关键

尝试重新解构需求来达成更精准解决问题的目的，通过不断对需求的出发点，进行"为什么"和"怎么做"的发散性提问，从而寻找到需求本质或者更有价值的完成方式。比如我们在接到"做一个 00 后人群研究"需求的时候，多和需求方进行发散性讨论，最后我们可能发现需求方提出需求其实是想给年轻群体做一次分享，那这个时候我们就完全可以采用现有研究和资料的整理，寻找能引起年轻人共鸣的点就好了，这样避免了大量资源投入但最后只有一部分结果可用的尴尬。

/ 控制沟通的过程：有技巧的沟通提问

沟通过程要注意控制，关注敏感信息，注意提问技巧。在实际沟通过程中，技巧的使用因人而异，可以参考以下原则：

（1）勇于表达：敢于说自己的想法，特别是不明白的地方；

（2）先想后说：表达清楚自己想表达的；

（3）直截了当：直接回答问题，不卖关子不绕圈；

（4）观点明确：有自己的观点，但不同时说超过三个观点；

（5）代入情境：直接抛出讨论的问题假设，并描述清楚问题情境；

（6）理据结合：基于事实来表达，不作武断主观臆测；

（7）寻求反馈：确认需求方的意思，确认需求方理解自己的意思；

（8）追问模糊：当需求方出现"可能""我觉得"等模糊表达的时候，重点追问；

（9）适度冲突：必要的观点碰撞，坚持但不顽固，换位思考；

（10）合理取舍：把握最重要的观点，达成一致最重要；

（11）多次沟通：沟通后不明白的点继续沟通，不要想当然。

19.2 需求的预期管理

假设我们现在需求分析得比较清晰了，这个时候我们会有一个系统的执行方案。但需求沟通依然需要进行，并且依然很重要。

如果经常被需求方询问某需求现在怎么样了，那往往就是执行过程中的需求沟通没有做好，执行过程的沟通就是做好需求完成前的持续和稳定的预期管理，这个过程要变得更主动。

19.2.1 预期进度和结果的沟通

进度沟通不能仅仅是在一开始接到需求的时候进行确认，在整个项目执行过程中都应该在一定节点或计划方案后跟需求方反馈当前的进展。方式可以通过简单的交流或过程邮件发送，让需求方心中有数，一方面避免项目拖延过久，另一方面也让需求方知道你一直在关注需求。

而结果的沟通需要带着研究过程中的观点去碰撞和交流，通过观点的交流，我们可以更好地了解需求方的想法，从而更好地修正我们的表达，也更有利于我们说服需求方接受我们的观点。

19.2.2 参与感：把"乙方"的沟通变成"甲方"的沟通

除了要做好以上内容的过程沟通外，对于需求方和执行人都不明确的摸索型需求，还可以通过把"乙方"的沟通变成"甲方"的沟通，这种提升参与感的方式实现更好的预期管理，不同类型的需求方，我们提升其参与感的方式可以不同，参见表 19-2。

表 19-2　需求方参与感

需求方类型	提升参与感方法	案 例
喜欢做决定的掌控型	共同完成关键决策或结论 沟通敏感关注点	小到执行细节，甚至到每个玩家信息确认
观察型	邀请参与方案制定过程 激发参与执行过程的动力	比如尖叫度我们允许也欢迎产品一起参与，但不能打断流程
授权型	做好进度和关键节点的汇报 管理自己预期及时应对变化	即便需求方说不管，还得做好邮件或 popo 的进度知会

最后要注意，对于沟通过程中需求方提及的新需求或要求，要在综合评估自己的能力和时间后慎重许诺，和需求方反复沟通达成一致，切忌盲目许诺而又无法完成。

19.3　沟通推动结果转化

当我们明确了需求，做好了需求过程的沟通，产出了报告，发送了需求方，似乎到这里一个需求就完美结束了。但实际上我们会要求执行人员还要做好结果的沟通，良好的结果沟通才能推进结果落地转化，同时也让我们的产出更有价值。

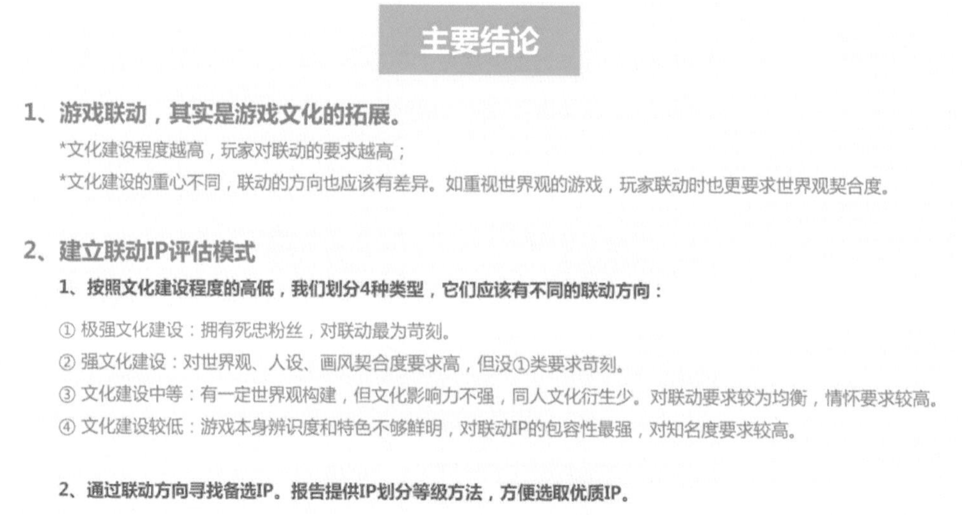

主要结论

1、游戏联动，其实是游戏文化的拓展。
*文化建设程度越高，玩家对联动的要求越高；
*文化建设的重心不同，联动的方向也应该有差异。如重视世界观的游戏，玩家联动时也更要求世界观契合度。

2、建立联动IP评估模式
1、按照文化建设程度的高低，我们划分4种类型，它们应该有不同的联动方向：
① 极强文化建设：拥有死忠粉丝，对联动最为苛刻。
② 强文化建设：对世界观、人设、画风契合度要求高，但没①类要求苛刻。
③ 文化建设中等：有一定世界观构建，但文化影响力不强，同人文化衍生少。对联动要求较为均衡，情怀要求较高。
④ 文化建设较低：游戏本身辨识度和特色不够鲜明，对联动IP的包容性最强，对知名度要求较高。

2、通过联动方向寻找备选IP。报告提供IP划分等级方法，方便选取优质IP。

图 19-4　报告结论示例

我们先看一个案例，图 19-4 是我们某次研究的报告结论，如果按照我们的报告撰写标准，结论的表达和提炼还是非常到位的，但如果要从书面报告转化为结果沟通，就不能只是照本宣科。需要在考虑到沟通场景和沟通对象之后灵活组合沟通内容，才能获得更好的效果，比如面对直接需求方、产品经理、部门经理，当你只有 10 秒或 1 分钟的沟通时间时，要提及哪些内容，舍弃掉哪些内容？参见表 19-3。

表 19-3   阐述与时间

对象	10 秒时间	1 分钟时间
直接需求方	?	?
产品经理	?	?
部门经理	?	?

具体怎么做？

19.3.1   需求方视角：需求方到底想用什么方式听什么

首先必须要有的是需求方视角，考虑需求方到底想用什么方式听什么。如果你确定了需求方的需求，那么就是从中选择组合就好了，如果不能就根据沟通情况，随时调整和切换（图 19-5）。

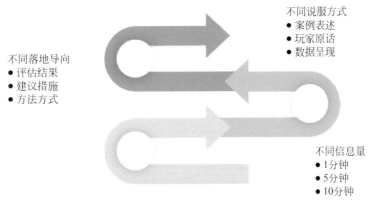

不同说服方式
● 案例表述
● 玩家原话
● 数据呈现

不同落地导向
● 评估结果
● 建议措施
● 方法方式

不同信息量
● 1分钟
● 5分钟
● 10分钟

图 19-5   确定需求方需求

19.3.2   提升沟通表达效果

除了有需求方视角外，还可以通过一些表达技巧和方法的训练来提升沟通表达效果，比如：

/ 10 秒原则

（1）整个研究结果的不同表达版本都能 10 秒表达；

（2）每个版本下的每个模块，能够 10 秒表达；

（3）每个模块下的最主要结论，能够用 10 秒表达。

10 秒的时间里我们可以放你和需求方有共同印象的内容激发联想，可以多用数字，直接给出关键结论、原因分析或假设。在 10 秒原则和方法下，上述案例的文字报告结论，在跟产品经理沟通时，可以表达为：这是上次《阴阳师》联动分析报告的后续，我把 10 个市场爆款产品按文化属性分类之后，发现《阴阳师》属于第二梯队，还有很大的文化属性提升空间。

/ 预留讨论和交流空间

结果沟通除了是向沟通对象反馈我们的需求结果外，更希望的是通过结果沟通能够和需求方一起就结果进行讨论交流，包括需求方对观点的看法、对关键论据解答担忧和质疑、对于改进方向和落地措施的探讨、研究过程的思考交流以及其他的脑洞启发。

/ 着眼落地方案和未来计划

如果我们单纯就研究结果来沟通的话，我们其实没有做到需求的闭环。一个好的需求的终点，应该是一个新的需求的起点。因此，我们在和需求方沟通这次研究的结果的同时，更需要关注的是在这次需求完成之后的落地措施和问题解决方案，以及下一步我们需要继续更新或推进的研究，这样我们才能和需求方保持一致向前的节奏，来更好地实现我们共同的目的。

20 研究方案设计
Research Plan Design

经过需求沟通以后，在正式执行之前，还有很重要的一步，就是将需求沟通的结果具化为达到这一结果的研究思路和设想、研究的方法和手段等，这就是撰写研究方案。研究方案不是一种流程化的东西，研究方案决定了我们的执行效果，并很大程度上直接决定了我们的研究产出价值，所以研究人员必须重视研究方案的撰写和完善。本章将介绍研究方案的设计。

20.1 研究方案的基本要求

研究方案是研究思路和设想的体现，也是研究人员专业性和专业素养的体现，一份好的研究方案要求如图 20-1 所示。

有效	详尽	清晰	工具化
方法得当，能够测试出效果	安排细节落到实处，不含糊	呈现清晰，可读性良好	更高效的记录和反馈，做到"标准、统一、易用"

图 20-1　好的研究方案应有的特质

20.2 研究方案的要素

虽然不同的项目类型对研究思路和设想，以及研究方案和手段的选取都不同，需要着重关注的地方也存在差异，但基本来说，一个研究方案要能基本涵盖绝大部分项目执行之前需要涉及的准备内容，要能对研究执行产生有效指导，最基本需要包括以下要素（图 20-2）。

背景与目的　　　　研究方法　　　　玩家特征和要求　　　记录仪器
研究内容和关注点　物料准备　　　　招募方式　　　　　任务脚本
　　　　　　　　　时间规划　　　　　　　　　　　　　调查问卷
　　　　　　　　　研究产出约定　　　　　　　　　　　访谈提纲

图 20-2　研究方案的要素

20.2.1　目的

/ 目的与背景

研究背景和目的是在需求沟通阶段就已经确定下来的，在研究方案中再次明确出来，一是帮助研究人员再次确认自己已经清楚本次研究的目的，在第 19 章中我们已经明确了研究目的的重要性；另一方面如果该研究有多位研究人员执行时，除了口头沟通确保所有研究人员都清晰本次研究目的外，方案的明确能保证所有人在研究的整个过程达成一致认知。

背景和目的的撰写，需注意切忌过于模糊和空泛，否则代表研究人员还并未真正清楚本次研究的背景和目的。以下是某研究方案中的研究背景和目的，就存在不够清晰明确的问题，修改之后的版本则能让未参与该项目的其他人也能通过研究方案清楚地知道本次研究的目的和背景。

修改前：

xx 产品对上个版本测试后发现的问题进行了调整和改善，希望通过测试了解更新版本的新手流程是否顺畅，以及前 20 分钟玩家的体验感受。

修改后：

xxx 产品对上个版本测试后发现的问题进行了调整和改善，主要更改内容有：

（1）调整指引方式，取消前 10 分钟的任务式指引，减少后续任务量及任务支线；

（2）调整建筑物输出的大小和底座形状；

（3）增加音乐音效。

产品希望通过测试了解更新版本的新手流程在流畅性、代入感、指引效率等方面的改善情况，以及前 20 分钟玩家的体验感受。

/ 研究内容和关注点

研究内容和关注点是研究目的的具化，体现的是研究人员将研究目的转化为可研究内容和变量的过程，就像维度和指标的关系，而且研究内容和关注点很多时候也是我们的研究产出内容，甚至可以直接成为最终的研究报告结构和结果，因此研究内容和关注点值得研究人员仔细思考和斟酌。

研究内容和关注点的撰写也同样需要注意，不能过于模糊和空泛，要具有粒子性，关注点之间需要做到基本具有独立性，综合起来能比较好地反映研究目的。以下也同样给出一个研究内容和关注点的例子，修改之前不够具体和清晰，并不能很好地指导后续的研究执行，修改之后则具有比较好的指导意义。

修改前：

（1）测试前 20 分钟新手指引的内容安排和指引方式是否顺畅合理；

（2）玩家对游戏内容，美术风格以及音乐音效的满意度；

（3）是否存在影响玩家新手体验的可用性问题。

修改后：

1. 新手指引

（1）测试新版本的新手指引的表现情况，在指引的流畅性，代入感和指引效率等方面相比上个版本是否有改善；

（2）评估整体的可用性质量，定位可用性问题并给出相应的建议；

2. 核心乐趣

目标玩家（塔防和 COC 玩家）对游戏核心乐趣的理解和接受程度，分别关注前 10 分钟和 20 分钟的体验感受，玩家能否感受到和策略乐趣

3. 品质表现力

玩家对新版本游戏的变现力的满意度，重点关注美术和音乐音效的表现，对比上个版本是否有改善

（1）美术方面重点关注新版本建筑表现的改善情况；

（2）音乐音效方面关注玩家对音乐音效的满意度。

20.2.2 安排

/ 研究方法

在明确了研究内容和关注点后，就可以根据这些内容和关注点的性质选择研究要使用的方法，概括地说，定性与定量研究是市场与用户研究中常用的两种方法（图 20-3），他们各自也包含不同的具体形式，这些方法将在后续章节中详细讲到，这里不赘述。

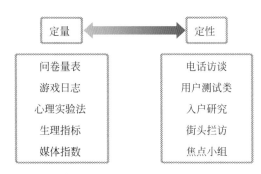

图 20-3　研究方法

比如前述例子中的关注点就可以分别采用以下的方法：

1. 新手指引

（1）测试新版本的新手指引的表现情况，在指引的流畅性，代入感和指引效率等方面相比上个版本是否有改善（观察法、问卷法、专家评估法）；

（2）评估整体的可用性质量，定位可用性问题并给出相应的建议（观察法、专家评估法）。

2. 核心乐趣

目标玩家（塔防和 COC 玩家）对游戏核心乐趣的理解和接受程度，分别关注前 10 分钟和 20 分钟的体验感受，玩家能否感受到和策略乐趣（问卷法、访谈法）。

3. 品质表现力

玩家对新版本游戏的变现力的满意度，重点关注美术和音乐音效的表现，对比上个版本是否有改善。

（1）美术方面重点关注新版本建筑表现的改善情况（问卷法、访谈法）；

（2）音乐音效方面关注玩家对音乐音效的满意度（问卷法）。

然后再将需要使用同一种方法的关注点综合起来，再去具体化为任务脚本、访谈提纲、问卷内容等。

/ 研究安排和物料准备

研究安排包括了项目相关人员的安排和整个研究流程的安排。

人员安排要求研究人员妥善安排项目的相关参与方，使得项目相关方能合理分工和参与进来，

比如：其他研究人员，每个研究人员的具体职责和任务、完成任务的标准等；产品需求方，协调需求方的时间安排，在有多个需求方且有分开观察需求时，安排好不同研究场次的观察需求方。

如图 20-4 所示，研究流程的安排是要求将整个研究的不同内容和场次串联起来，同时规划好不同模块的时间计划，这会直接影响到实际执行过程的效率和质量。

测试流程：

图 20-4　测试流程示例

物料准备其实就是一个 Checklist，帮助研究人员对照梳理研究执行中需要用到的相关物料，比如笔、纸质问卷、观察单、手机、录音笔等。注意除了需要的物料类型外，研究人员也要提前根据研究需要预估好对应的物料需要的份数，对于部分重要物料，建议预留多一些数量以作备份，为实际执行中可能出现的突发情况提前做好准备，比如如果研究执行中需要借助手机让玩家操作或展示材料，则最好备用几台手机，以防现场出现设备问题。

/ 时间规划

研究人员需根据需求沟通约定的项目时间或者项目实际完成大概所需的时间，在将整个项目过程进行拆解后，做出时间规划和安排（图 20-5）。一方面能让研究人员提前做好规划，项目可以有条不紊地开展，另一方面对需求方来说，时间规划能让他们心中对项目执行有数，能更好掌控和跟进项目执行。

	第一周						
	1.7	1.8	1.9	1.10	1.11	1.12	1.13
专家评估 / 试用							
撰写测试任务							
撰写访谈提纲							
编制问卷							
用户招募							
	第二周						
	1.14	1.15	1.16	1.17	1.18	1.19	1.20
用户测试							
	第三周						
	1.21	1.22	1.23	1.24	1.25	1.26	1.27
数据整理							
数据分析							

图 20-5　时间规划示例

/ 研究产出约定

研究产出约定就是研究人员在需求沟通时跟需求方确认的产出形式、产出内容等，如果在需求沟通时并不涉及该方面，研究人员也可以基于研究的目的、研究内容和关注点在方案阶段提前对产出形式和内容进行设想。实际中，如果研究目的、研究内容和关注点相对比较明确，该项也不一定在方案中明确写出。

20.2.3 玩家

我们的绝大多数研究项目都需要跟玩家进行接触，因此在研究方案中研究人员需要对此次研究对玩家的特征要求、人数批次以及这些特征的玩家计划的对应招募方式和渠道进行罗列，更详细的还可以同时附上玩家招募提纲。玩家招募将在下一节进行介绍，此处不赘述。

20.2.4 工具

工具就是基于我们的研究内容和关注点、确定的研究方法而延伸出来的具体操作工具。其中主要包括方法相关的记录仪器如眼动仪、心率表、录音笔等，以及任务脚本（图 20-6）、观察记录单、调查问卷、访谈提纲等。由于问卷调查和玩家访谈将在后续章节详细介绍，此处仅介绍任务脚本和观察记录单的设计方法。

任务脚本主要用于需要在研究中借助于研究人员设定的情境和任务来引导玩家的项目，一般在界面交互、产品功能等类型的项目中使用较多。任务脚本撰写的关键是按照玩家实际使用情景来规划任务流程，让任务成为玩家的“自发行为”，包括：

基于对玩家使用习惯的了解合理安排任务的先后顺序；

衔接的指导语要自然清晰；

情景性的任务描述；

对玩家心中有数：多细想玩家可能出现的情况。

以下是任务脚本的一个简单示例。

模块	测试任务	关注点
暖场	欢迎参加XXX坐骑系统体验活动，待会儿我会让你使用一下XXX的灵兽坐骑系统，在这个过程中如果感觉哪里不妥当，或者有任何疑问，你都可以马上说出来	
情境	当人物等级达到一定级别后就可以拥有灵兽坐骑了，你现在已经拥有了灵兽，你打算对它进行一些操作，你准备怎么做？	打开坐骑面板
基本功能	你都有哪些灵兽（>=2），请选择当中一只	灵兽选择
	你相对这种灵兽进行一些基本操作，比如骑乘，你应该怎么做呢？ 1. 右键单击“激活”键 2. 左键双击灵兽头像	灵兽的激活
	你想要骑上灵兽	骑乘
	骑乘上灵兽后再试试别的功能，比如召唤？（同时观察下坐骑的功能）	召唤
	召唤有效果吗？	
	怎样能够让灵兽消失在画面中呢？	召回

图 20-6 任务脚本示例

观察记录单用于在研究中对玩家有价值操作和行为进行记录，一方面是避免仅凭研究人员的过程记忆而带来的偏差和遗漏，另一方面标准化的记录单也让后期的数据统计和分析更加方便，甚至部分项目的观察记录单可以做到直接编码和统计。观察记录单的设计上还要考虑如何方便记录，比如注意预留足够的记录空间、记录维度的翻页上要合理、避免跨度过大影响记录的及时性等。（图 20-7）提供一个观察记录单的设计案例。

倩女幽魂新手测试观察记录单

等级	任务流程	立即完成	延迟完成	未完成无影响	未完成有影响	备注
	创建角色					
	人物移动和行走					
	使用新手包裹					
	与npc对话获取任务（主线/支线）					
	与npc对话交任务					
	使用任务追踪寻路					
	选择任务奖励					
	获得并使用装备					
	战斗技能使用（快捷键或鼠标）					
1—10	杀怪掉落物品的捡取					
	查看任务详情					
	购买和识别任务道具（牙板）					
	采集任务物品（蘑菇）					
	任务道具的使用（空瓷瓶）					
	使用乾坤袋					
	使用地图自动寻路					
	查看右下角系统消息					
	调整镜头视距					
	人物手动升级					
	查看人物信息					
	使用人物称号					
	完成技能学习					
11—15	将新学技能添加到快捷键					
	技能升级					
	使用场景传送（传送石/NPC）					
	战斗吃药恢复					
	做流派任务（师门）					

图 20-7 观察记录单示例

20.3　研究设计案例

上述研究方案的各个要素要写什么内容，按照研究方案最终能获得什么样的效果，其实根源还是在于研究人员基于研究需求而产生的研究设想和思路，而这一步无疑是最考验研究人员积累和水平的，是综合研究能力和专业性的展现。由于项目千差万别，不同研究人员对同一个项目也可能做出差异化的研究设计，以下仅提供部分案例，这些案例或者比较巧妙地将不太好着手的研究需求通过可操作的指标和方法来实现，或者比较好地结合了已有的成熟范式，既准确高效又专业，提供给大家参考。

20.3.1　利用眼动技术研究同屏人数与玩家社交行为

我们曾经利用眼动仪对游戏内同屏呈现人数与玩家社交行为之间的关系做过研究，通过把每个玩家划分为一个兴趣区，计算玩家在各兴趣区上的注视时间和注视次数，分析单屏玩家数量与玩家注意行为之间的关系，解决的问题是：是否人越多就代表游戏的社交越好，越能给玩家带来更好的社交感受？图 20-8 展示了网易《天下 × 天下》手游主城人数密度效果。

主城人数密度效果展示

图 20-8　网易《天下 × 天下》手游主城人数密度效果展示

20.3.2　利用经典心理学实验范式——视觉注意的双任务范式测试 UI 布局的效率

我们曾经以双任务范式的方法模拟实际技能键的使用过程，去研究不同 UI 排布方式与距离关系，对玩家技能按键效率的影响。主任务为鼠标（绿圆）追踪圆形，次任务为对相应的快捷键快速按键反应，程序记录玩家每个快捷键的反应时间和鼠标在圆内的时间。

实验过程中要求玩家保证鼠标（绿圆）追踪大白圆（保证绿圆在大圆内的时间为 90% 以上）的同时，对出现的快捷键快速准确的按相应的键反应（图 20-9)。在这个实验研究中，自变量为技能按键的排布方式（底部横向排列 vs 两侧竖向排列）和技能栏中心与屏幕中心的距离，因变量为玩家按键反应时。

任务流程设计。

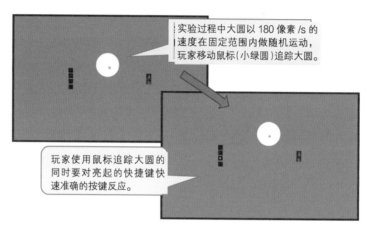

图 20-9　任务流程设计

如下是四种自变量水平（图 20-10 ）。

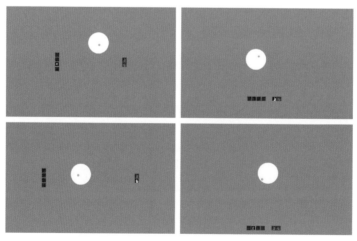

图 20-10　四种自变量水平

因变量为：按键准确率和反应时。

最后，研究撰写完成后就开始进行研究执行了。在正式开始之前，我们建议研究人员可以通过小样本的方式先将研究方案进行预演，对方案进行完善。另外很多时候在正式执行过程中如果发现方案有需要更新的地方，也需要立即更新，保证接下来的执行没有问题。由于研究执行涉及不同方法和技能的使用，而这些我们将在下一章详细讲解，因此接下来我们将先跳过研究执行部分，继续展开其他内容。

21 玩家招募
Player Recruitment

研究方案的撰写完成不等于我们就可以马上开始研究执行了，用户研究必然需要接触玩家。因此在开始执行研究前，首先要做好玩家招募。不同的研究类型对招募的玩家的要求和类型也不同，总的来说，招募的核心目标就是寻找到适合当前研究需要的代表性玩家，使研究结果更准确。

在开始招募前，首先需要基于已有的需求沟通结果撰写玩家招募方案，包括分析玩家需要具备哪些特征，分析其可能出现的场景，判断采取什么样方式进行招募，定下玩家招募的标准，用于玩家招募执行。

21.1 制定玩家招募方案

21.1.1 玩家招募方案的要素：wwhhh

对于大部分玩家招募，我们都可以采用一个统一的方案进行招募，根据目标玩家群体的最基本特征（Who）和目标群体可能会出现的场景（Where），判断可能采取怎样的方式接触（How），需要接触到多少目标群体（How many），以及完成这个目标需要花费多少时间或金钱等成本（How much），即 wwhhh 法（图21-1）。

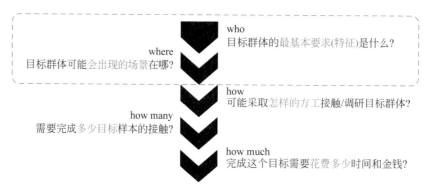

图 21-1　招募方案制定的逻辑

Who：需要招募的目标玩家最基本的特征是什么？是游戏经历？还是人口学特征？ Who 是整个招募方案的核心，也是该方法的分析起点。

Where：基于对 Who 的分析，可以罗列出该类目标群体所有可能的出现场景，包括线上和线下，比如玩家属性主要考虑出现在哪款竞品中，这款竞品有没有玩家集中交流的平台等。

How：招募玩家可用的接触渠道有很多，面对不同渠道，既可以选择主动出击，根据 Who 和 Where 发放试玩邀约，也可以在流量较大的公共平台上公布试玩活动，比如社交媒体、兼职平台，等待愿者上钩。

How many：测试人数一般是根据招募方案来定，但招募人数需要根据实际情况有所调整，实际操作中，需要提前考虑报名人数的通过率，比如某 MMORPG 进行实验室测试，需要 10 名符合条件的玩家前来，筛选条件相对宽松，因此确定 Where 和 How 之后，大约收集 20 人的报名信息就可以挑出 10 名符合条件的被试玩家；而某带有 IP 的二次元游戏进行实验室测试，需要根据玩家对 IP 理解程度进行被试筛选，大约报名 100 人才挑选出 10 名符合条件的被试。另外还需要考虑是否增加备用的测试玩家，以及大约准备多少个备用测试玩家比较合适。

How much：主要是时间和经费。测试方案中会定下测试时间和产出节点，因此招募工作都是有明确时间范围要求。招募的经费通常会算到实验室测试的玩家礼金中一并结算，但也有时需要进行一些额外的招募费用支付，比如通过兼职渠道需要额外支付招大约 5~20 元 / 人的招募成本。

21.1.2　确定招募标准文档

最终产出的招募标准文档一般分成两部分，一部分为招募需求，另一部分为玩家甄别提纲。

招募需求部分是对需求玩家进行说明，并根据 wwhhh 进行招募需求的罗列，一般是交给招募执行方，可能是用研团队成员，也可能是第三方如外包、兼职平台等，便于对方理解并按照标准进行相应的玩家招募。招募需求文档可以适当放宽条件，先收集最够的报名玩家信息，再通过甄别文档对报名玩家进行二次筛选。

玩家甄别提纲则是用于对收集到的报名玩家信息，通过电话甄别的形式，对报名玩家进行筛选，从而最终确认可以符合测试条件的被试玩家前来试玩测试。甄别文档类似于电话访谈的提纲，但问题更少，目的更明确，主要检查报名玩家与其报名信息是否一致，以及其自身的状况是否可以完成本次测试调研，比如沟通表达能力是否正常，有没有不适合参与测试的身体症状（一些 VR 游戏需要确认是否有高血压、心脏病史）等。

21.2　用的玩家招募流程

在完成玩家招募标准的制定后，即可进入招募的执行流程。玩家招募的执行大致分为两个阶段：

（1）玩家报名阶段，包括确认招募渠道和发布招募信息；

（2）玩家筛选阶段，包括对报名玩家进行电话甄别，对筛选通过的玩家进行测试邀约。

21.2.3　确认招募渠道

招募渠道指研究者用于投放招募信息，测试玩家获取测试活动信息的通道。想要参加测试的玩家通过招募渠道了解测试活动的信息，然后选择是否报名。常见的招募渠道有公共社媒平台、垂直人群平台、兼职网站/APP、玩家社交圈、线下渠道、外包公司等，一些运营期的游戏也可以在游戏内以邮件等形式直接招募自己的玩家。不同的招募渠道适合不同的测试需求。

/ 公共社媒平台

微博、微信公众号、贴吧、Facebook 等泛互联网用户聚集的社媒平台。很多游戏公司都有一些对外的社媒平台，可以作为招募信息发布场所（图 21-2）。公共社媒平台招募的玩家属性比较广泛，有可能招募到游戏经历、游戏水平、游戏偏好参差不齐的玩家，这样的测试用户贴近互联网广大泛玩家群体的真实面貌。但由于招募条件的限制，在公共社媒平台发布的信息虽然接收到的玩家多，但报名率偏低，因此需要适时地维护招募信息，必要时需要多次多处投放。此外，一些立项前期或研发初期不太适合公开的游戏信息（比如涉及保密 IP 等）不适合在公共社媒平台投放。

图 21-2　发布玩家招募信息的网易游戏猹叔公众号

/ 垂直人群平台

针对一些特殊人群，可以根据其地缘、业缘或趣缘特征有针对性的发放招募信息。地缘和业缘群体比如海外玩家、留学生、外出打工族，可以通过一些海外游戏玩家的交流工具、留学生公众号、三四线地区的家乡论坛等进行招募信息发布，而趣缘群体比如军迷爱好者、二次元御宅族、NBA 球迷等，可以通过 QQ 群、兴趣论坛、弹幕视频网站、图文直播 APP 等垂直人群平台进行招募信息发布。对于垂直领域的人群研究，通过垂直平台招募到的用户更符合测试条件。但垂直人群平台通常会有一些进入或者发言的门槛，比如入群许可、账号等级或权限等，需要有内部人士引荐，或者结合一些其他方法发布招募信息，如群发 QQ 邮件或者站内私信等。

/ 兼职网站/App

比较通用的玩家招募渠道，特别是大学生兼职网站或者 App。直接用商家账号发布有偿测试兼职招募，等待玩家报名即可。好处是固定成本、节省人力，且报名率较高。存在的问题是报名者逐利性强、玩家属性弱，会出现为了获取兼职资格上传虚假用户信息的情况。

/ 玩家社交圈

许多玩家都自带游戏社交圈，通过玩家内部扩散测试信息，也是一种常用的招募渠道。将测试招募信息发给玩家，让玩家在自己的开黑群、朋友圈、公会频道扩散，使得招募信息可以被符合条件的玩家接收到。如果可以找到领袖型玩家或 KOL 人群帮忙扩散，效果会更好。这个渠道需要有一些可靠的玩家人脉基础。

/ 线下渠道

一些线下场合也是不错的招募渠道。比如官方或玩家自发组织的线下赛事、游戏或动漫展会、游戏专卖店等，甚至高校门口、网吧附近等一些有潜在玩家群体出没的场所也可以作为线下招募的站点。海报、易拉宝、纸质问卷都是可以适应线下渠道场景的招募信息扩散方式（图 21-3）。线下渠道的主要问题在于人力和物力成本较高，且受时间、场地、天气等条件限制，不能随时使用。

图 21-3　考拉线下店门口的玩家招募易拉宝

/ 外包公司

一些专门做市场调查或者咨询的公司，有目标人群招募的服务，甚至可以准备测试场地和执行人力。适用于一些条件限制致使难以招募或招募成本过高的人群渠道盲点，如一些偏远地区的下沉用户。此外，一些不适合公开游戏公司身份的调研，也可以通过外包公司以第三方的身份去完成。外包公司提供的服务通常价格不菲，且黑盒的招募流程无法保证测试质量。

/ 游戏内邀约

游戏内邀约仅适合一定规模的测试期或者运营期的游戏产品。游戏内直接招募甚至邀约符合条件的玩家。

21.2.4　发布招募信息

确定好招募渠道之后，可以准备招募信息。发布招募信息包含三个要素：载体、内容和报名入口。

招募信息的载体与招募渠道挂钩。线上平台一般都是直接发布信息，例如微博推送、兼职信息发布等，一些渠道可以灵活变化招募信息的载体，比如某些外部玩家或某趣缘体的 QQ 群、论坛等，除了可以直接发布消息外，也可以借助工具把用户邮箱信息收集起来，然后群发测试活动的报名邮件。如果有办法收集到手机号，也可以通过群发短信进行报名招募。线下渠道可以采取把活动招募信息制作成海报，在渠道场地进行发放，或者制作成易拉宝，摆放在合适的位置。

内容即对招募信息的呈现。需要呈现的内容有 6点：发布主体的身份、活动的形式和目的、报名要求条件、活动时间地点、活动奖励报酬、报名方式。在一些需要快速阅读的场景发布时，如社交软件的群聊、朋友圈，招募信息越直观越好，尽可能概括上述 6 点信息，可以让有意报名的玩家联系后咨询。在兼职网站/APP 发布时，需要根据平台要求填写兼职要求，一般都会突出时间和报酬。在公众号、垂直人群平台发布时，可以考虑将内容包装成试玩活动，减少"测试"这一词带来的读者距离，甚至用软文的形式吸引读者阅读并自发传播（图 21-4）。

图 21-4　微信公众号软文系列（by 网易游戏猹叔）

报名入口通常以报名问卷的形式呈现。除一些轻量化的调研可以不通过问卷直接报名，大部分测试由于需要进行玩家甄别流程，因此制作报名问卷的必要性很高。报名问卷通常嵌在招募信息之中。问卷主要是让玩家勾选一些便于研究者进行二次筛选的基本信息，并提供联系方式，是进行玩家甄别和邀约的前提。报名问卷尽量简短，填写时间不宜超过 5 分钟，收集一些基本筛选信息即可，如基本的游戏经历和娱乐偏好，以及性别、年龄、职业、可参与测试的时间等，最后邀请填写联系方式（最好是手机号和邮箱）。其他信息可以留到玩家甄别阶段再进一步确认。

21.2.5 进行玩家甄别

玩家甄别是对已经报名的玩家信息进行筛选，对可能符合报名要求和条件的玩家进行电话联系，通过类似电话访谈的形式进行二次筛选。在招募方案准备时做好的玩家甄别文档就是用于这个阶段的。

玩家甄别只建议用电话的形式甄别，因为只有一对一实时交流才能充分判断报名的玩家是否符合招募条件。比如检查报名信息是否有误，游戏经历是否虚报，对游戏的理解是否符合该类玩家的正常标准，还可以预判该玩家是轻度、中度还是重度的测试需求属性，以及该玩家是否具备完成一次游戏测试所需的表达能力等。

在通话快要结束时，提醒玩家注意近期留意短信或者邮件，如果通过甄别会以怎样的形式告知等，如果没有通过甄别，是否会获得提示信息等通知。

玩家甄别阶段是剔除大量不符合条件的测试样本主要流程，通过玩家甄别，研究人员基本可以判断出这次参与测试的被试玩家样本质量如何，并决定是否需要补充招募或者安排备用的被试玩家。

21.2.6 玩家邀约

玩家甄别时将电话访谈所获得的信息填写到甄别文档上，整理后筛选出最终决定测试邀约的玩家，并对这些玩家进行邀约。

玩家邀约也有一些注意事项。对于通过筛选的玩家，用短信或者邮件的形式进行通知，通知信息中说明测试活动的时间、地点，以及需要携带的相关证件（身份证复印件是劳务报销的必备材料），同时说明需要请假提前联系工作人员，无故缺席有进入公司内部黑名单的风险等注意事项。可以把合适的交通出行方式，如测试地点附近的公交车、地铁线一并告知玩家，给予玩家更好的邀约体验。一般文末都会要求玩家进行回复，确认双方信息已经对接上。如果玩家在测试前一晚还没有回复，建议通过电话进行最终确认，避免出现玩家临时放鸽子导致测试流程受到影响。

对于没有通过筛选的玩家，建议统一给予短信或者邮件回复，告知其未通过筛选，并在文末留出"下一期试玩活动 / 近期有同类型的试玩活动时，我们有可能主动邀请您参与"之类的信息，目的是不把试玩邀约的结果说死，防止通过的玩家有请假或放鸽子的情况，及时从没有通过筛选但又接近合适条件的玩家中补录。

21.2.7 一些特殊人群的招募

除了上面介绍的一些常规招募途径和接触方式外，基于研究类型和目的的差异，我们还经常会接触到一些比较特别的群体，之所以特别一方面是因为我们常用的招募途径和方式不容易接触到大量的这类群体，另一方面是对于这些群体的研究需求间差异较大，对招募的方式和途径要求更严苛。

/ 留学生

留学生通常有自己的组织，比如校园社团、地区 Club 等。留学生组织的网站上也会有一些主要成员的联系方式，包括其 FaceBook、Twitter 等。联系到组织的负责人之后，就可以灵活接触留学生了，比如以组织活动的形式让留学生们参与，在活动中进行测试或访谈。

/ 小学生

小学生通常无法单独邀约。可以在下午放学时间的小学校门口进行随机调研，或者在小学附近的麦当劳等快餐店或饮品店随机拦访。如果研究不要求面对面接触，还可以通过 QQ 或微信进行接触。

/ 科技爱好者

科技数码产品相关的论坛和贴吧均可接触到。比较推荐线下接触，比如谷歌 I/O 大会等前沿科技发布会开展时，一些地区（如上海）会有自发同步观看活动，参会的都是前沿科技的忠实关注者。

/ 军迷

可以从铁血论坛、二战吧、军迷圈的 QQ 群以及一些圈内 KOL 的社交媒体上接触目标人群，比如通过微博可以找到空军摄影爱好者、军史政治哲学爱好者，通过知乎可以找到军史政治哲学答主等。此外，一些人气比较高"网红军事 KOL"出没的线上和线下环境有不少真军迷。

/ 车迷

车圈论坛、QQ 群是比较容易接触到的。此外，车迷圈有明显的男性倾向，因此一些男性用户为主的社区化 App 中也可以找到"爱车一族"的分区，如虎扑、NGA 等。

/ 二次元

二次元群体出没的贴吧、Q 群可以进行玩家接触。比较建议在漫展、动漫节、动漫周边商店等场所进行线下接触，对于偏"宅"的二次元群体来说，主动出击比被动等待报名效率要高得多。此外，有条件的可以在 B 站进行问卷发放。

21.3 维护玩家招募库

完成玩家招募和研究执行后，可以对被试信息进行入库维护，既可以避免其他研究项目招募到重复玩家，也可以作为其他符合条件的游戏产品备选的研究用户。另外，有些持续性研究也需要跟进玩家动态。

21.3.1 将招募后的玩家信息入库

养成被试信息入库的习惯，完成玩家招募工作中的闭环。把参与研究的玩家信息整理后，录入玩家信息池，包括玩家属性、人口学信息、联系方式等，并备注已完成研究玩家的一些信息，比如表达能力、测试积极性、提供信息真实度等。

玩家信息池，除了前面提到的可以为之后的研究或者其他游戏产品的研究提供备选玩家信息之外，也可以用来检测后续研究是否有经常重复参与测试的玩家报名，此外，还可以跟进玩家后续的动态，比如游戏产品进入大规模测试期或者运营期，之前参与过研究的玩家是否有邀请参与测试、体验，在游戏中的行为数据和体验打分是否符合产品对该类玩家的预期，以检验游戏体验状态是否良好。

21.3.2 维护特定类型的玩家

一些招募难度较高玩家群体，或者需要保持一定联系的研究人群，最好建立单独的玩家维护渠道，比如前面所提及的小众爱好群体、留学生群体、中小学生群体等。根据他们的社交习惯，通过稳定的沟通渠道，保持与他们的联系，可以是兴趣交流的微信群、Facebook 主页，也可以是一个公共账号，定期发布内容吸引他们注意力，比如用公共 QQ 号发动态，迎合中小学生喜欢"暖空间""暖说说"的特点，便于后续跟进调研，以及同类玩家招募信息的扩散。

22 报告撰写
Report Writing

报告撰写是研究流程中非常重要的一环，研究人员通过报告将研究的分析过程和结论进行整理和呈现，以达到结果沟通、记录存档、价值升华的作用。下面将从报告撰写的基本原则、报告框架、报告的论点和论据、报告呈现这四个方面展开，具体介绍如何撰写报告。

22.1 报告撰写的基本原则

用户研究人员在做研究产出报告时，需要适应快速开发、快速决策、快速更新的研发环境，在长期合作和摸索中，我们已经形成了一套基本的指导原则，那就是：专业性、敏捷性和可读性。

22.1.1 专业性

报告撰写是研究人员专业性的直接和集中体现，在研究过程中所采用的科学的执行流程，严谨的数据分析方法，以及各类访谈技巧等都将最终体现在报告中。具体来讲，我们对专业性的要求是结论要客观与严谨，要敢于提出假设，但论据客观，论证严谨。

22.1.2 敏捷性

不同于学术报告往往花上几个月甚至几年的时间，在商业研究中，时间就是金钱，一个研究从执行到产出报告往往就是在几天之内完成，每一个环节都要非常敏捷，我们要求常规的可用性测试，从需求沟通到报告完成，不超过三天。如果时间拖得太久，最后往往会使得结论的价值大打折扣，比如错过应用结论的时机，或是需求方已经通过其他方式解决了问题。因此，报告输出的敏捷性是非常重要的一个原则。

22.1.3 可读性

如果说报告是研究人员的产品，那可读性就是这款产品基础体验的直接体现。一方面，良好的可读性能让读者更好地理解报告内容，除了前面所说的逻辑清晰的框架，还包括图形化的内容展示，简洁流畅的文字表述，清晰连贯的排版等；另一方面，在资讯爆炸、追求效率的研发环境中，良好的可读性能让读者，尤其是决策者快速获取重要的、有价值的信息，而不是在长篇大论中苦苦寻找。因此，研究人员在报告撰写时需要非常关注报告呈现的可读性。有一个检验报告最终呈现效果的原则值得参考——3/30/300 原则：即 3 秒看懂标题，30 秒把握主要信息，300 秒把握细节信息。

22.2 报告框架

优秀的报告一般都有一个清晰的框架，这能使研究者把自己的研究所得以合理的逻辑阐述出来，更便于阅读者去理解和吸收。搭建报告框架的核心，是结构化——围绕报告的主题，来有效地组织和排布不同层级的研究发现。

22.2.1 两种结构化方式

/ 自上而下的金字塔模式

以要解决的核心问题为导向，建立金字塔的顶部，然后不断补充论点和论据，并在这个过程中进一步修正和完善结构。如图 22-1 所示。

> 这种安排结构的方式，是刚好对应这样一种研究框架的：我们已经有了关于问题的初步假设或观点，我们需要通过研究来收集证据，从而验证或者修正自己的假设。所以我们的论述，都是围绕着某个最核心的问题来展开的，这个核心点，就是金字塔的最顶层，对于商业报告的撰写人来说，就是报告要服务的需求。

图 22-1　自上而下的金字塔模式

举例来说，我们要服务于一次营销宣传活动是选 A 海报还是 B 海报的研究需求。通过实验室测试，我们已经可以把握到 A 海报效果优于 B 海报了。这个就是我们要验证的观点，是金字塔的最顶部。那么是什么原因导致 A 海报效果优于 B 海报呢？这里面可能涉及海报的页面布局、色彩运用、字体设计、角色外形差异、不同样本群体的不同偏好等诸多因素的影响。另外是不是 B 海报就一定一无是处呢？可能也不尽然，B 海报的一些优点可以被 A 海报所借鉴。这就需要我们梳理出这些影响因素的重要程度和产品调整的优先层级，那么报告撰写的框架也就基本搭完了。

/ *自下而上的金字塔模式*

一种探索型的结构，研读所有的研究材料，把从中所获得的论点和论据一一罗列、分析和梳理不同论点之间的关系，从下往上一点点把报告逻辑搭建起来。如图 22-2 所示：

这种安排结构的方式，又刚好对应这样一种研究框架：我们需要研究一个庞大复杂的问题，或一个全新的议题，研究人员尚没有一个明确的假设或判断，整个研究具有较强的探索性质。所以最终从小论点到核心主旨的提出，都依赖于对大量研究资料的不断分析和整合。

图 22-2　自下而上的金字塔模式

举例来说，我们要服务于"关于游戏长期留存为何不佳"的研究需求。尽管研究者心里多少有些答案，但还不至于直接以自己的猜测开始自上而下地搭建框架——毫无疑问这会使最后的研究结果变得狭小而片面。于是通过各类调研手段，我们掌握了大量的玩家反馈和行为数据，在整理分析的过程中，持续有一些影响长期留存的问题被暴露出来——有对标社交系统的，有对标核心玩法的，也有对标长期追求等。通过梳理彼此的关系，研究者就能把握到问题出在哪些模块、哪些是影响甚大需要重点修改的问题、哪些是影响较小可以暂缓调优的问题。这时候报告的框架也就比较清晰地呈现出来了。

以上两种结构化的方式，可以应对多种情境下的结构化需要，彼此之间也不是对立关系，可以灵活地交互使用，比如先用自下而上的结构去探索问题，最后再从需求出发自上而下地检查一遍框架，剔除与本次研究主题不甚相容的论点（这些需求外的额外发现，可以考虑另起一次研究或另写一份报告），合并内容重合或相近的论点。

22.2.2　结构化拆解和分析中的加减法

不管采取何种结构化的方式，都会涉及对问题的拆解和分析。先做加法，再做减法是一个不错的思路。

/ *先做加法*

Mindjet 等各类思维导图软件是研究者非常爱用的工具，它可以把思考具象出来，便于我们梳理和复盘，如图 22-3 所示：

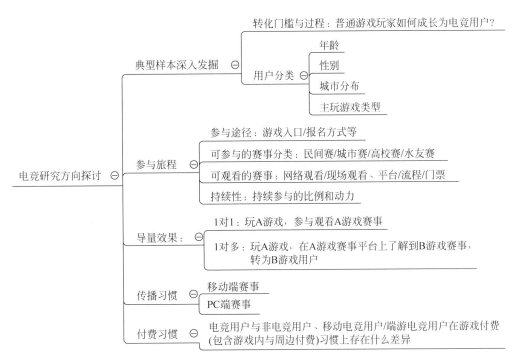

图 22-3　思维导图示例

如图 22-3 所示，在第一次拆解分析一个问题时，尽量做加法，把要分析的问题拆解到较为细致的维度。在这一步并不需要有太多顾虑，完全把你的思考写下来，做到全面而细致是你的唯一目标。可以多与其他的研究者讨论，看看是否还存在一些遗漏掉的重要维度。

/ 再做减法

并不是每一个分析结果都是完全独立的，A 元素可能会和 B 元素相互影响，又可能他们都属于另外一个 C 模块。如果不做减法的梳理，就可能出现这样的情况：你在报告的一开始写到"因为中学生玩家占比高，所以产品的每日在线人数在周末达到高峰"。然后你又在报告的末尾写到"因为高中生玩家较多，所以产品的每日在线人数在暑假有所增长"。这两个论点都没错，但是它们都属于"运营数据受特殊用户结构影响"这个更大的模块里。所以合并它们，在某个段落全面阐明当前的用户结构对运营数据到底造成了何种影响才是合理的。

而当你这么做的时候，就很自然地发现，除了刚才提到的在线人数，还有留存和付费等其他运营指标也与用户结构紧密关联，如果你的研究正好需要这一块的内容，就可以一起合并进去了。所以对于熟门熟路的撰写者来说，问题拆解的加法和减法经常是同步进行的。

22.2.3　关联性、独立性与完备性

在用加法和减法更新了你的拆解思路之后，有 3 个原则可以用来检验你的结构化拆解是否到位（图 22-4）：

（1）关联性：前后联结的点之间应该存在关联性；

（2）独立性：每一个拆解的要点和其他同级的要点之间没有互相影响和干扰的因素；

（3）完备性：每一层拆解的逻辑对应的点需要完整。

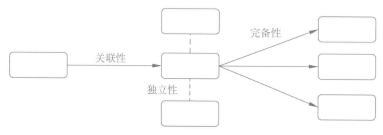

图 22-4　结构化拆解示例

我们来用一个关于"新手体验"的案例来做参考，我们首先看图 22-5：

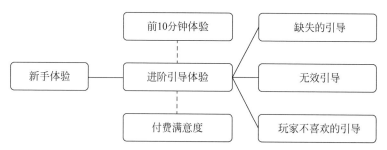

图 22-5　结构化拆解示例

这样的结构化就是不合理的。首先第一层的拆解逻辑是不明确的——先以时间维度来划分体验，然后又以引导的难易这一维度来划分，导致两种原本可行的划分方式都失去了完备性。其次是付费满意度和新手体验之间的关联性并不明确。最后，"玩家不喜欢的引导"和引导是否缺失、是否无效，也不构成独立关系。依据这样的结构写出来的报告，就会显得混乱而没有重点。

我们来尝试一下修正，得到图 22-6 所示的结构。

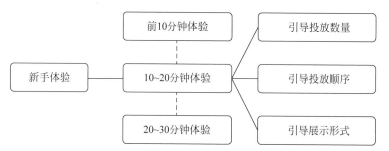

图 22-6　结构化拆解示例

我们统一以时间作为划分依据，确保第一层拆解的关联性、完备性和独立性。然后针对每一个时间段，都使用从范围层到表现层的内在关系来分析引导内容，从"投放数量""投放顺序""展现形式"这三个维度去阐释合理与不合理性，彼此之间也构成了完备和独立的关系。以这样的结构写成的报告，显然比之前更有逻辑，更能呈现新手体验的问题所在了。

22.2.4　最终报告框架的参考示例图

这里提供一种最终成型的报告框架示例图。这份报告包括了序言、报告主旨、分论点和对应论据这样 4 个模块，如图 22-7 所示。

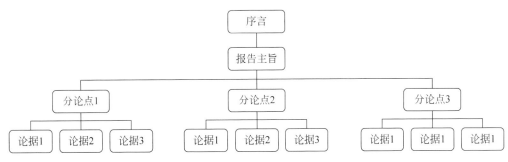

图 22-7　报告框架示例图

序言用来阐明本次研究的基本情况，譬如发现了什么问题，研究者做了哪些事等，这可以让读者快速把握研究背景，也能勾起读者继续阅读的兴趣。

主旨就是核心结论，或者中心思想。注意，一份报告应该只能有 1 个中心思想，或者能用一句话完成概括。

分论点则是为了证明研究者的中心思想，根据不同层级划分好了的研究发现。一份报告不建议呈现过多的分论点，3~5 个足矣。同时为了支撑每一个论点，势必会有若干条论据。论点和论据都需要按照一定的逻辑顺序来组织——这个逻辑可以是影响程度的大小，可以是体验顺序的先后，也可以是更新成本的高低等，但务必确保逻辑线是清晰、易被把握的。

22.3　报告的论点和论据

完成框架的搭建之后，报告就相当于有了骨架，现在需要的是填充血肉，这个血肉就是论点和论据——逐条撰写你的研究发现和建议，并且给出充分的论证。我们从上一节中的报告框架示例图中不难看出，每个小论点及其对应论据，是构成一篇报告的最小单元。

论点论据撰写的核心要义很简单：那就是严谨，严谨，再严谨。

让我们从收集和处理研究素材这一步开始，来阐述在撰写中需要注意的点。

22.3.1　素材的收集和处理

研究者获得论据素材的方式极为丰富。对于用户研究员来说，用户测试（包括可用性测试、玩法测试、眼动 / 心率 / 脑电测试等）、问卷调研和用户访谈这三大块的基础业务已经可以满足最基本的研究需要，提供大量的论据撰写素材。除此之外，通过第三方数据平台、竞品跑查、桌面资料、社交平台等渠道也可以获得大量有益的内容。

当认为报告所需的素材基本已收集完毕时，研究人员就需要通过一些处理手段来提取其中的关键信息，看看能否为自己撰写论据提供帮助了。

定性分析——挖掘事物背后的本质

受限于用户个人习惯或访谈语境中的一些微妙影响，直接的用户反馈往往隐蔽了大量真实信息，我们需要通过仔细阅读和揣摩，把前后文联系到一起去对比分析，才不至于使研究停滞在表象上。

信息提取——编码处理、图表化

访谈记录、问卷原始记录、跑查录像、原始log 数据……这些第一手资料往往非常繁杂，直接将其呈现在报告内用作论证是不合适的。我们可以采用编码处理和图表化的手段来处理。编码处理适用于问卷的填答题、各类访谈记录等文字形式的内容。图表化则几乎适用于任何场合。是的，可以说任何素材都可以制作成对应的图表。我们用新手流程的对比来举例。你可以把两个游戏长达 10 分钟的新手流程录像，以流程图的形式画出来，去对比两个流程在关卡数量、关卡前后逻辑等架构上的区别。可以把两个游戏的全部新手引导点——罗列后按照初高中级做编码处理，然后制成统计图去论证哪个游戏对新手的帮助更大；也可以用关卡数为横轴，引导点数量为纵轴，以折线图来对比哪个新手流程的体验更加平滑，节奏更加合理（图 22-8）。

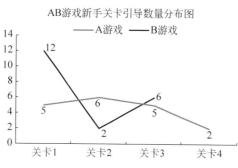

图 22-8　AB 游戏新手关卡引导数量分布图

通过图表化的处理，可以使研究者能直观感受到，但尚无确凿证据的观点得到呈现和论证。甚至经常能获得一些事先并未假设到的新发现。

数据验证

很多复杂的问题，纯依靠定性分析或简单的编码/图表化，是不能充分论证的——比如游戏的平衡性问题、比如某次更新为游戏社交带来的促进作用。这就需要更加精确的数据支持。如果有一位专业的数据挖掘伙伴，研究工作就会变得更加得心应手。通过 log 数据的接入，我们可以看到用户在进行游戏、使用产品中的行为特征，这些数据精确而全面，可以为研究报告提供强有力的说服力。

22.3.2　具体撰写中的注意事项

我们已经完成了素材的收集，也完成了对它们的加工验证，现在需要的就是把论点写清楚并附上那些足够有说服力的论据了。以下几点注意事项可以帮助研究人员在撰写中做到自检。

论据清晰一目了然

一组论据对应一个论点，删除与论证内容不相干的冗余物。

多用对比

多使用对比，一种是内部的纵向对比，对比产品过去和现在的表现，对比某个指标往期和本期的变化情况等。另一种是横向的竞品对比，对比其他同类产品，尤其是成功产品的差异所在和差异大小。通过恰当的对比，可以有效明确问题的严重程度和优先层级，也能了解产品开发更新后的实际效果。

不要轻易下结论

这是所有的研究人员都曾犯过的错误——由于各种原因而撰写出了乍一看有道理实际上却不太能站得住脚的结论。最常见的原因是以下几种：看待问题不全面，只顾微观忽视了宏观或者相反；当了"用户传声筒"；没有经过自己的深入思考，对数据理解不佳；混乱了问题因果联系。尝试和同事讨论你的报告初稿，可以帮助减少此类错误。并且在每次犯错时记录下来，可以快速帮你积累判断结论准确性的经验。

/ 不要不敢下结论

与上一条刚好相反，为了避免写下不合适的结论，干脆不下结论，只呈现图表素材，这样的做法也是不合适的。想象一个塞满了 50 张统计图而没有任何文字结论的 PPT，很难说这是一份商业"研究报告"了。并且，正如前文所述的，每个人看待问题的出发点不一样，如果任凭你的研究服务对象自己解读图表素材，他的理解和你想呈现的结果很有可能是不一致的。

22.4　报告呈现

至此，整个报告的撰写已经进入了最后一步。而这最后一步，也非常的关键，因为它决定着你报告中那些闪光的价值点，在信息传递的过程中能否被读者有效地接受、理解和消化。

我们在优化报告呈现上的目的非常明确——让你的读者能在短暂的时间内快速抽取并吸收报告的核心价值观点。这需要我们拥有高超的文字驾驭能力、得体的内容排布能力和一点美观设计能力。

我们从日常经验中汇总了如下几个简单实用的技巧。

22.4.1　"去掉页面上一半的文字，然后把剩下的文字再去掉一半"

Krug 可用性定律被很多同行们奉为圭臬，不得不说，这条"可用性第三定律"在检测报告的呈现水准时非常管用。很多充满激情的撰写者能轻易在一页报告 PPT 里塞上数百字，但往往几十个字就可以把一个观点清晰地展现出来。

所以，试着去压缩你的研究报告的文字量，一定存在可以将你最初次的报告文字对半删减，甚至再次对半删减的可能。当然，在有了多次撰写的经验并且牢记"言简意赅"的要义之后，就可以省去这一步了。

22.4.2　结构化的呈现——打造顺畅、良好的阅读节奏

报告框架的搭建需要结构化，那么报告最终的呈现也依然需要结构化。

/ 结论先行

达到这个目标的重要方法就是"结论先行"——将结论标题化并且置顶。在每一页的固定位置，比如左上角，呈现该页的结论。这个结论不能是学术报告式的展开，例如"用户结构现状"，而必

须是总结式的阐述，如"用户结构年轻，18 岁以下用户占比超过 50%"。这能使读者即便没有时间一字不漏地查阅报告，但通过快速翻页，也能了解每一页的主要内容和通篇的核心内容。

/ 内容排版强化

一页 PPT 阐明一个观点能提供非常不错的阅读节奏。有 1 个惯用的逻辑值得参考：先客观陈述事实，再进行问题分析论证，最后提供问题解决建议或机会点的表述，这对读者来说也非常易于理解和接受。有 3 种常用的排布方式供参考：

通栏型——尤其适用于图表展示（图 22-9）。

图 22-9　通栏型排布方式

左右型——经典左右二分，适合图 + 文字的说明。

栅栏型——高延展性，适用于举例、列小点（如图 22-10）。

图 22-10　栅栏型排布方式

另外，在一页 PPT 上，可能有的是研究者的表述，有的是用户的反馈原话，有的是特别希望读者注意到的关键内容，这就需要对单页信息进行加工：包括字体调整、关键词加粗、字色修改、行距调整等，方便读者尽快区分出不同维度，不同价值的内容。

/ 字不如表，表不如图

如果你发现一页的 PPT 无法阐明哪怕一个小

论点，上文排版强化中提到的技巧也无济于事，你可以尝试用图和表来进一步精简你的内容。因为图表能够更直观地表达逻辑和结果，因此能够省略大量的文字。不过也要注意控制图表的数量，单页尽量不要放入超过 3 个的图表。更好的表达是图形化形式，通过标记、逻辑图等更生动的表达方式来传递信息。

22.4.3　美观设计——一项长期磨炼的技能

达到上述两点的 PPT 报告，可以说在呈现上是做到了合格。但是离真正"精美"的 PPT 还有距离。绝大多数研究者毕竟不是设计科班出身，所以最好的钥匙是去寻找或购买几分优质的 PPT 模板。通过研究和把玩这些模板，可以学习到很多实用的 PPT 设计技巧，比如颜色的搭配、特殊图形的制作方式等，本章就不再一一罗列了。

当你积累了一定的 PPT 撰写经验，就可以开始尝试制作具有个人特色，或符合产品调性的"专属"PPT 模板了，这不仅能为你的研究报告提供更强的代入感，也有利于研究者打个人品牌。这里罗列一些工具素材或者网站，可以为你成为 PPT 进阶美化者提供技术支持或排版设计灵感（不过当在使用以下工具时，请注意尊重版权）：

（1）站酷、花瓣、Logicdesign 等设计网站；

（2）Photoshop、AI 等图形处理软件；

（3）StockSnap、阿里巴巴 iconfont 等图形素材库；

（4）《时尚芭莎》《中国国家地理》Capital 等国内外杂志。

最后必须强调的一点是：商业报告的核心是内容，而不是美观。一份内容翔实、论述精准、具有强落地意义但是美化不佳的 PPT 报告，也远胜于一份外观精美却内容空洞无法落地的报告。所有的美观设计技巧，说到底是服务于"通过优化呈现来让读者快速准确把握研究价值"这一最终目的的。

23 研究落地
Implementing Research

用户研究的核心目标是解决问题，解决问题的核心标准是研究结果得以运用，并且为产品创造有效价值。故而报告发送并不是研究过程的终点，我们一直强调用户研究人员要努力推动自己的研究结果落地，实现研究的闭环。

推动研究结果落地，除了要做好我们前述的所有研究流程外，研究人员还需要管控实际的落地进程与质量，与这些举措带来的最终效果，需要分析获取的收益与损失，放大价值并收缩风险。常见的管理内容包括：

（1）落地进程管理——维护好待处理的问题列表，时刻管控进度；

（2）落地效果管理——设定好能够衡量更新效果的数据指标，比对前后变化；

（3）落地舆论管理——明确玩家对更新内容的主观意见与建议。

23.1 落地进程管理

绝大多数的研究结果都不是马上能落地的，从产出结果到产品接受再到实际修改和外放，有一定的时间差，因此在落地管理中，我们强调研究人员要经常跟进自己研究结果的落地进程，努力解决落地进程中的问题。以界面和玩家测试相关研究为例，我们是使用问题清单的跟进来管理落地进程（图 23-1）。这些测试会产生大量的更新需要，数十个甚至上百个问题有待推进，如果没有有效的管理工具，很难确保每个问题都能有效落地。因此我们通常使用问题清单的形式，去标记每个问题的影响、处理建议、跟进归属与修复状态。

图 23-1 UX 有数平台问题清单平台页面

在将问题清单录入好后，随后可以对每个版块的问题解决情况进行追踪，即可以知道每个版块的优化处理进程，并及时对进程较慢的版块进行主动的沟通跟进。

23.2 落地效果管理

对于一些机制向的，有明确更新目标的落地内容，研究者需要提前思考如何评判目标是否被达成。区别于可用性问题通常只有"解决"与"未解决"两种客观状态，目标向更新的"达成"与"未达成"的状态相对主观，需要对更新前后的效果进行有效量化。

可用性问题举例：玩家与好友 A 聊天时，无法第一时间看到好友 B 发送来的聊天信息。

目标向更新举例：通过改善社交相关界面的使用体验，我们希望看到玩家之间更多的聊天互动。

对于第二类问题来说，"更高频"是个模糊概念，聊天互动的频率是一个连续向数据，因此对最终实现的评估会相对复杂。通常情况下，我们需要提前分析玩家之间的聊天互动频率需要用哪些指标来进行评定，用以比对更新前后对应指标发生了什么变化，多大程度的变化，从而判断更新带来的有效性，如表 23-1 所示。

表 23-1 落地效果管理

计划更新	负责人	外放版本	评估指标	观察时间	对比时间
各道具、宠物增加分享到聊天频道的入口			每天分享道具、宠物到聊天频道的次数	外放后 1 个月	外放前 1 个月
聊天新消息的加入更明显的特效提醒			玩家日常聊天数量，双向聊天的玩家比例	外放后 1 个月	外放前 1 个月
...					

23.3 落地舆论管理

研究落地的数据效果需要综合玩家舆论来看，即便有时更新后数据指标向利好的方向变化，但是如果玩家的体验感受在下降，这样的研究落地也未必称为成功。因此研究落地后，除观察数据效果外，追踪舆论评价和适当程度的接触玩家意见是必要的。

23.3.1 舆论监控

为了确保信息采集的高效性，我们会将官网论坛、百度贴吧等各个社区的玩家言论汇集起来，当研究落地后，需要对某一话题进行持续关注时，在平台检索关键字，即可将玩家相关言论迅速汇集，拣选出有用信息，判断玩家对更新方式的态度与正负面情绪。

23.3.2 玩家回访

如果舆情平台的信息数量不足以解读玩家对当次研究落地的态度，抽取一定数量的玩家回访通常是较为普遍的做法。而访谈相对舆情收集的优势在于：可以有更明确的问题指向性；可以有更广泛的话题扩展性；可以有更深层的思路启发性。当我们积累了足够的样本数量时（通常做 5~10 场），则可就收集到的玩家言论进行汇总分析，并抽取一些具有总结向价值的玩家意见，而非单纯搬迁呈现玩家的游戏评论。

RESEARCH SKILLS AND METHODS

07

研究技能和方法

24 实验室测试
Lab Testing

本章主要介绍用户研究中最常用的研究方法之一——实验室测试，主要包含实验室测试的适用范围，几个典型场景下实验室测试方法，并介绍实验室测试结果中最基础的一种——可用性测试报告的撰写方法。

24.1 实验室测试

实验室测试，顾名思义就是将用户邀请到"用户研究实验室"这个特定场地与环境下进行的研究与测试，与之相对应的是不需要用户到场的，在外部环境下进行的"街头调研"等形式。"用户受邀到场"，以及"实验室环境"决定了它是一种被试可经仔细筛选，且配合度较高，并且能够对测试过程与环境进行较高干预与控制的测试形式。

两种情况下我们会考虑进行实验室测试：一种是客观上不具备外部测试的条件时，比如在产品研发早期，缺乏外部网络环境条件下，在实验室内网环境内进行研究测试。另一种则是由于研究需要，要对用户的认知、行为、态度进行细致的观察与了解，需要用户有较高的配合度；或者需要为用户"营造"一定的特殊的环境或氛围来实验研究目的时候，例如一个多人战斗玩法，我们需要观察玩家之间组队战斗时的互动过程，就需要采用实验室测试。

24.1.1 实验室测试优劣势

如前所述，实验室测试的优势在于我们能够利用实验室的各种设备，对用户的行为与态度进行细致的记录与分析，例如追踪用户的视线轨迹，记录用户在进行游戏时的情绪变化等，也有更充足的时间与用户进行深入的访谈与交流以探究用户的认知与态度。并且在实验室测试过程中，需求方也能够更方便地加入进来，一起对用户使用过程进行观察与讨论，对于第一手的信息有更直观的感受。

看起来实验室测试有很多不可替代的优势，但其劣势也是明显的，首先由于要招募用户到场，一般很难做到特别大的样本量。有限的样本决定了我们了解到的是抽样的"典型"玩家的意见，在对研究结论进行推论时必须小心谨慎。从成本上来说，由于需要给予用户一定的测试报酬，实验室测试的成本会相对较高。更重要的是，由于用户实际体验产品的环境是脱离其日常真实使用场景的"虚假"环境，加上用户本身是经过筛选与邀约的，能够"不远万里"来到测试地点的玩家都是配合意愿很高的玩家，更何况还有测试报酬的激励。因此很多时候，玩家会对自己的真实想法与行为有意或无意识地予以"隐藏"，我们听到和看到的都是被"包装"后的用户意见。

一个最典型的案例，某端游的界面在实验室测试中并没有明显阻碍与问题，而在一次网吧邀请活动中，我们发现网吧玩家对界面内的"开始"按键进行了连续快速点击，玩家在日常真实情况下是非常"急躁"的，对界面按键的响应反馈延迟容忍度非常非常低，而这样的行为在实验室环境下是很难观察得到的。

24.1.2 实验室测试环境与条件

一般来说，标准的用户研究实验室需要的设备有：单面镜、录像或监控等视频采集与传输设备，音频采集与传输设备，以保证玩家与设计师可以分处两个不同的空间，避免设计师的"围观"造成玩家的不自在。设计师通过同屏传输、声音传输等设备和技术，可以直观了解玩家的实际行为（点哪里）和感受（说什么）（图 24-1）。

图 24-1　网易用户体验实验室

24.2 常见的实验室测试类型与方法

我们在用户研究实验室进行过以下各类研究。

按照研究对象分：开发中未上线的产品和已经上线运营的产品；

按照研究内容分：小到产品的 LOGO，ICON，大到产品系统与玩法；

按照研究方法：客观定量的如游戏玩法的操作频率测试，主观定性的如画面美术风格研究；

按照测试时间长度分：短到 1 小时的界面或眼动测试；长到持续一周的新游戏体验测试；

……

实验室测试只是一种研究形式，对测试的内容并没有限制，只要是研究目的和需求符合的都可以采用实验室测试。这里我们介绍几种常见的实验室测试类型，以及采用的典型方法。

24.2.1 核心体验（玩法）测试

在一个游戏 DEMO 或是玩法设计出来后，我们需要尽快知道玩家对于该玩法的态度与乐趣感知，在玩法未对外正式放出之前，会针对该玩法进行数次实验室测试以判断玩法的设计与实现是否存在问题。一般流程是让玩家无干扰的体验玩法，主试同步记录玩家的操作行为与语言反馈，并在体验后进行深度访谈。

在核心体验（玩法）实验室测试中，除了常规的观察与记录玩家在游戏过程中的操作行为与结果，并在游戏后利用"主观自陈问卷"获取玩家对于玩法各部分——如规则、奖励、乐趣性等的满意程度评价之外。我们还可以借助一些"高科技"方法，在不打断与干扰玩家体验过程的情况下，通过对玩家生理指标的采集，来实时、客观地了解玩家在游戏进程中所处的真实心理状态。

如图 24-2 所示，通过脑电，我们可以直观地观察到玩家在当前体验下的专注程度。在我们进行的一项研究中，我们对比了玩家在体验两款跑酷类游戏时的脑电，发现玩家在玩游戏 A 时，注意度的指标全程都低于游戏 B，这一结果与玩家的主观报告相吻合。更重要的是，玩家在玩游戏 A 时，注意度的起伏频率较大，而在游戏 B 中起伏较小，即玩家能够稳定保持在较专注的状态，而在玩游戏 A 时，玩家出现更多"走神"的时刻。这一现象玩家并不能主动报告，而在后续分析中，我们通过进一步的发现这一现象可能是由于游戏 A 中游戏场景以及关卡内难度梯度设计所引起的。

心率指标则能够帮助我们了解到玩家的及时情绪状态，在相对兴奋的阶段能够观察到较高的心率，而体验平淡的阶段心率变慢与平缓（图 24-3）。在玩家体验游戏时利用智能穿戴设备记录其实时心率数据，能够帮助发现产品设计定位与玩家体验之间是否匹配，以及情绪的积累、爆发是否符合预期，并据此调整产品节奏，打造更沉浸式的体验感受。

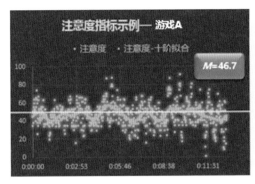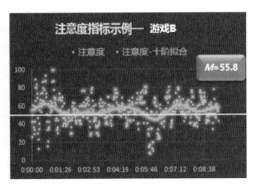

图 24-2　玩家在两个游戏中的随时间变化的注意度指标变化；蓝点为原始数据，黄线为进行拟合后的趋势线

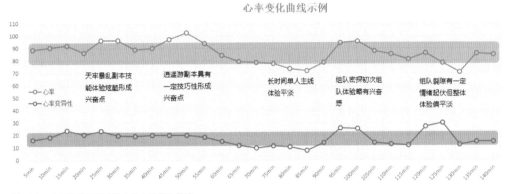

图 24-3　手游新手体验过程中的心率变化曲线

24.2.2　美术风格偏好测试

玩家对美术的偏好是一个较为主观的选择过程，为了尽可能了解这种主观选择背后的认知线索与评判依据，美术类的研究也常会以实验室测试的形式开展。通常会借用本品与丰富的竞品美术素材的对比，以一对一深访的形式，结合侧探与联想等访谈方法，充分挖掘玩家审美特点与原因。

/ 第一步——了解玩家对目标素材的态度与倾向

由于审美是一个非常主观的行为，当面对单个素材的时候，用户很难清晰地分辨与表达出自己的态度，很可能会给出模棱两可的结果——"还不错"。此时传统的满意度量表效果已经大打折扣，我们需要借助对比的方式来衡量出目标素材在玩家心中的地位，常用对比方法有等级排列法与对偶比较法：

等级排序法——当测试素材比较容易一屏显示全的时候（如图标、头像、表情、武器等），同时呈现所有方案，让玩家按特定标准（如喜不喜欢），把所有方案按顺序排序（从最喜欢到最不喜欢），根据所有玩家测试的结果评定每个方案的排序分数（偏好顺序）；

对偶比较法——方案两两同时呈现，玩家根据特定标准（如喜不喜欢），选择更偏好的一个；为了避免顺序的影响，每一对方案都要呈现两次，一次呈现 AB，另一次呈现 BA；所有方案的配对组都两两比较后，计算每个方案被选择的次数并计算排序分数。

/ 第二步——利用深访技术挖掘玩家认知原因

上一步的对比结果，给了我们进行挖掘的"线索"，相比起直接询问玩家"你觉得 A 哪里好看，哪里不好看？"提供参照物的询问方式会更容易回答，如"你觉得 A 不如 B 图片，是在哪些方面不符合你的喜好？""A 给你的感觉是什么？看到这个图片时，你脑中想到的第一个词是什么？哪些部分让你产生这样的感觉？""B 给你的感觉是什么呢？为什么有这样的感觉？"

24.2.3 界面（页面）测试

界面测试也是实验室测试中进行较多的一类，在这类测试中我们一般会关注视觉元素的传达效果以及玩家的操作逻辑与操作效率，常用方法有眼动测试与引导任务测试。

眼动测试适用的场景主要是一些比较关注玩家"看哪里"和"怎么看"的场景，如游戏广告注意和加工、游戏界面使用等。利用眼动仪，我们能够得到反映玩家关注程度与关注顺序的各种眼动指标，如：热点图和注视轨迹图，首次进入时间和平均注视时间等（图24-4）。

图 24-4　眼动测试示例

热点图与平均注视时间能够帮忙我们知道页面上哪些信息或内容更容易吸引玩家注意力，玩家是否充分注意到了我们提供的"高价值信息"；而注视轨迹与首次进入时间则让我们清晰地看到玩家的注意力在页面上是如何发生迁移与流转的，其视觉动线是否与我们设计的操作逻辑相符合。

这里需要注意的是，眼动测试是精度较高的实验方法，很容易受到各种额外变量的干扰，例如实验室光线、玩家的姿势与运动，起始注视点，以及视觉材料的呈现方式（时长）等，在研究设计中需要对各种干扰变量进行精心的设计才能充分保证实验效果的信效度。

界面任务引导测试一般适用于了解系统的功能可用性与操作便利性的场景下。通过对系统功能的拆解，为玩家设置不同的操作目标或任务，观察玩家的操作逻辑与操作效率，以及对错误操作的自学习情况，从而判断界面交互设计是否能够满足玩家的使用需求。需要注意的是，在任务设计的过程中，首先通过对产品设计逻辑与体验层级逻辑来对体验目标进行拆解，尽量覆盖该界面下的主要功能与需求；其次要充分考虑玩家的实际使用流程，我们建议用户研究人员在任务流程安排时将自己设想为一名用户，以用户接触该产品或系统的视角与思路来设置测试任务，当然这需要用户研究人员具备很好的"共情"或是"身份转换"能力。最后要制定合理且相对统一的观察与结果指标，可以是操作完成时间、操作失败次数、玩家的点击次数，等。

24.3   实验室测试注意事项

24.3.1   预测试的目的与方法

在正式执行测试前进行至少一组预测试是非常必要的,预测试能够帮助我们完善与更新测试方案,发现研究任务是否能够有效被玩家理解,流程是否与用户的实际使用流程符合,是否能得到有效充分的信息,整体测试时间的安排是否合理,以及各种实验设备与工具是否运转正常。因此我们需要尽量在正式测试的环境与条件下进行预测试,并且在测试前尽早完成,以便留出充分的时间对研究方案进行针对性调整。

24.3.2   现场执行与反馈

前文我们提到过,实验室测试是最适合需求方到场参与的一种研究形式,需求方的到场对用户研究人员对于整个实验室测试过程的掌控提出更高的要求。例如需求方可能会在研究现场对需求进行增补或调整,或是在研究过程中与玩家直接对话。根据我们过往的经验,需求方在与用户对话的时候,很多时候会很急切于让用户了解或认同其设计思路,大多数时候他们可能会直接告知用户"这个设计的目的是 xxxx,你有没有感觉到很方便……"这样的交流与提问中有很多影响用户客观判断的"诱导性"语言,它会掩盖甚至阻隔玩家真实态度的表露。因此对于这类情况的出现,我们需要提前予以干预,一般在邀请需求方到场时就会提前沟通整个研究的流程与安排,明确告知需求方,在研究过程中尽量保持"克制与旁观"的状态,在全部流程完成后,会单独留出时间与用户进行交流。

除了在测试前需要与需求方充分沟通之外,我们建议用户研究人员在每一场测试完成后,都能够敏捷地针对当场测试情况予以总结,并及时与需求方进行沟通与讨论。这就要求我们在每场研究的执行场次之前也应该预留出一定的时间段进行这项工作,有助于我们快速整理该场研究的信息,时刻审视我们对于研究问题的理解情况,对后续场次的研究内容及时进行调整与更新。

除了与需求方的充分沟通外,如果一场实验室测试是同时由多名研究人员进行的,要注意不同研究人员间的分工要明确。一般会分为引导人员,主要在实验室引导玩家进行任务,解答疑问和访谈等;还有观察员,主要负责在观察室记录,和需求方沟通等。

24.3.3 营造良好的测试体验

玩家来参与实验室测试的过程，也是玩家近距离了解游戏开发过程，亲近产品与公司品牌的过程，用户研究在这个过程中不能仅把玩家当做测试产品的"小白鼠"对待，"他们"更是我们产品的客户，而且是热心核心的超级用户。在整个过程中我们有必要为玩家营造和维护一个良好的体验氛围与感受，树立网易游戏与用户体验的专业形象与口碑，使实验室测试成为一次"品牌口碑宣传之旅"。

在整个用户研究过程中面对玩家的时候，尽量不要使用"测试"的字样，这会让玩家感觉到自己是被研究和考察的对象，进而产生紧张与排斥的感受。我们一般会将研究包装成为"体验活动"，是"有一款开发中的游戏想邀请热爱游戏的玩家来提前试玩，给游戏提意见"。除了在用词上进行包装，关怀和体验更要落到实处，例如在活动过程中为玩家备好零食与饮料，如果有些活动进行到较晚的时间，需要考虑玩家的用餐以及返程的安全问题。

为了保证我们的测试对于玩家来说是一次愉快的"游戏体验过程"，我们会对玩家本次的体验过程进行回访调查。在玩家完成活动后，邀请玩家对当次体验过程进行评分与评价，并根据玩家的意见不断改善测试活动的流程与体验。

24.4 实验室测试报告——可用性问题清单

本节我们重点讲解最常见的一种实验室测试研究：可用性研究的产出物——可用性问题清单。可用性问题清单是由一次测试中发现的各种问题的详细情况所形成的统一列表，借助它我们可以对产品的体验问题进行统一的管理与跟进，甚至能够进行定量化的衡量与统计。

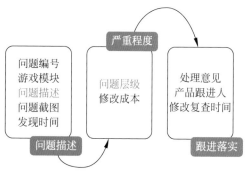

图 24-5　问题清单组成

24.4.1 可用性问题清单与标准

如图24-5所示，一份完整的问题清单由以下部分组成：

问题描述是问题清单最核心的部分，也是最考验用研同学对问题理解与分析的部分；严重程度则帮助我们判断该问题的影响大小，并且根据修改的性价比来判断对其修改的紧急程度；跟进落实部分则更多是为了便于体验问题的确实改进，对问题"责任到人"的记录与追踪。

24.4.2　如何撰写问题描述

问题描述的撰写要求是：用尽量简洁的文字（问题清单也要讲求阅读体验），有理有据地完整表达一个问题；撰写的关键是做到粒子性，一条问题清单阐述一个问题。以下是问题清单的基本结构，也是最直观的"撰写公式"（图24-6）。

图24-6　问题清单撰写公式

实际产出的问题清单如图24-7所示。

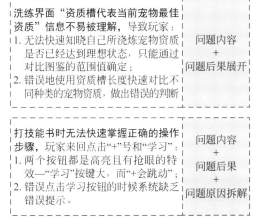

图24-7　实际产出的问题清单

问题清单撰写中最常见的几个问题：

/ 问题杂糅

例如"商城商品价格和好友列表中在线好友不易辨识：两者均属于需要重点突出的内容，但是颜色和周围其他内容一致，不方便玩家快速感知"。该清单中包含了两个问题"商城商品价格"以及"好友列表"，虽然其问题形式是类似的，我们仍不建议将其放在同一条清单中。

其考量因素是，往往商城与好友这两个系统是分别由不同的策划来设计的，放在一起呈现并不便于各负责人查阅与跟进自己负责部分的问题改善。因此我们建议"一条清单只阐述一个问题"。

/ 表述含糊

我们经常会看到一些新人用户研究人员给出例如"部分提示信息大于3行，缺乏关键词"这样的问题描述，这个描述出现了语义含糊的问题，需求方在看到此条问题时会产生疑惑，到底是"哪部分"信息大于3行了，还是缺了什么"关键词"。在问题描述过程中要尽量避免使用"部分""有些""少量"这种语义抽象含糊的词语，避免内容所指不明确的情况发生。

/ 问题未经分析与加工，成为玩家的传声筒

例如"玩家认为技能冷却时间过长"，这并不是一条有效的问题，它只是描述了玩家的一条态度与声音，并不是玩家每个与你所预期不一样的行为都是问题，也不是玩家说的每一句话都是问题。用研同学需要有自己独立的判断与分析过程，就"技能冷却时间过长"这个意见，我们需要作出如下判断：①当前技能冷却时间与产品设定是否一致（判断是否出现Bug）；②玩家是根据什么依据得到"过长"这样一个判断的，其中是否存在玩家的操作或者认知理解错误；③目前这样的冷却时间会对玩家造成什么样的影响；④当前这样的冷却时间设置是否合理。

24.4.3　问题的定级方式

我们一般根据问题以下属性来定义一个体验问题的严重程度，分别是模块重要性，反馈频率以及对玩家的阻碍程度：

（1）所属模块的重要性：玩家需要频率操作或接触的系统，或者对游戏来说是很重要的系统（如消费）；

（2）反馈频率：50%以上玩家都出现错误操作或障碍；

（3）阻碍程度：出错玩家无法在1分钟内纠错（摸索了但是没有发现纠错方式；纠正成本过高；纠错成功率极低），行为负面影响大，损失不可挽回。

根据上述三个维度，我们一般讲体验问题拆分为四个层级，如表24-1，其中一二级问题属于重要体验问题，对于上线游戏是不允许存在的。

这里需要特别说明的一点是，Bug类问题并不被我们算在体验问题内，Bug一般会向产品的QA同学进行单独反馈。而我们区分Bug与体验问题的方式是，Bug是设计与实现逻辑不符的状态，而体验问题则并不存在实现逻辑的错误。

实验室测试是用户研究的入门和基础技能，除了掌握测试的基本做法外，测试中还需要综合运用到其他的研究方法，比如问卷、访谈等能够获得客观准确的测试结果。

表24-1　问题清单层级说明

一级问题	严重阻断体验，使游戏无法继续；
二级问题	影响面较大的阻碍体验，但游戏可以继续
三级问题	降低体验流畅性，但用户自行体验解决； 能够一眼被看出的问题但不影响实际游戏体验
四级问题	体验改善的问题，修改可以提升用户体验水平

25 玩家访谈
Player Interviews

定量研究无疑有很多优点——测量标准一致，数据结果可反复检验，数据获取快捷……但是，有很多问题很难用量化手段回答，例如："你喜欢什么样的角色？"此时就需要用到定性研究。定性研究只要求对研究对象的性质作出回答，更强调意义、经验（通常是口头描述）、描述等。玩家访谈无疑是最常用的定性研究方法之一。

一次完整的玩家访谈执行包括访谈提纲的设计，再到有技巧执行访谈，同时根据不同的访谈类型做调节，最后是分析访谈数据四个环节。

25.1 访谈提纲的设计

访谈提纲总的来说就是一份关于我们要"问什么"以及"怎么问"的访谈方案。

25.1.1 问什么——根据研究目的细化到具体问题

如图 25-1 所示，在撰写提纲之前，先要明确总体项目目的，然后对总目的进行拆分，再据此提出研究假设和预期，最后再据此提出每一个访谈问题，以保证每个问题都有其想要达到的细分目的！

图 25-1　明确总体项目目的

经过前面几步的处理，每一个访谈问题，都可以找到明确的意图。例如（图 25-2）：

[××玩法]
● 经过刚才的比赛，你觉得如果想要胜利的话，有哪些策略或者需要注意的地方，可以和我分享下吗？

[一、换人规则]
● 1. 在战斗过程中有换过英雄么?(如果换的话)你一般在什么情况下会换英雄呀?(如果不换的话)为什么不太换呢？

了解玩家实际规则使用情况和原因

● 2. (不换，假设未提取主副英雄)你觉得主英雄跟副英雄的区别是什么呢?你用的这两个英雄分别是什么定位?哪个你觉得更好用呢？
这对你要不要换人有什么样的影响吗？

帮玩家聚集到某个我们假设可能会影响玩家是否换人的点，确认影响程度

图 25-2   访谈问题对应意图示例

25.1.2 怎么问

/ 提纲有针对性

就算是在同一个研究目的下，因为面对的玩家类型和特征不同，玩家的游戏体验和感受也不同，决定了我们需要从不同玩家身上抓取的关键点也不同，这就要求我们针对不同类型玩家的访谈提纲需要有一定差异。比如想要询问 X 英雄的操作感受，对不同玩家可以重点关注如下内容：

（1）新手——这个英雄的操作容易学会么，是否存在某些不顺手的地方？

（2）普通玩家——这个英雄操作起来感受如何，走位、技能瞄准和释放有无什么问题？

（3）高玩——这个英雄的连招容易打出来么，和 XX 英雄比起来平衡性感受如何，配合空间高么？

/ 精心安排访谈顺序

访谈顺序很大程度会影响被访者的感受，而且逻辑连贯的访谈，可以激发玩家的思路，获取到更多有价值的信息。

常见的访谈顺序安排方式如下：

（1）开放－半开放：先用开放式提问找到玩家的想法，再用半开放式确认玩家的想法；

（2）由浅入深：先问不太需要思考的问题，熟悉以及思维激活后再问难度大一点的问题；

（3）相近模块放一起：避免问题跳来跳去，相关问题一起问也便于发散思维；

（4）总－分－总：先问意见方向，再对各个意见点追问，最后总结玩家的整体意见倾向；

（5）按时间顺序：根据时间轴从前往后问，玩家便于把握，思路比较流畅；

（6）按重要程度：问题方面涉及很多的时候，先问最重要的，以免倦怠和遗漏。

像真实聊天一样"自然"，是访谈顺序安排的最高宗旨。以便既能得到我们需要的信息，又能让玩家感觉轻松舒服。任何符合该要求，又能满足访谈需求的顺序排布，都是好的访谈顺序。

/ 话术客观中立

执行人的用语和情绪会产生诱导性，而自己甚至可能都未曾察觉，在提纲设计时就要考虑避免该问题的出现。最常见的诱导是将自己的研究假设直接代入访谈问题中，产生了暗示。以为"问题要直指目的"，实际上诱导玩家往自己期待的方面去考虑问题。

比如我们的研究假设是：英雄设计区分度不够是导致玩家不换英雄的原因。

强引导性的问法有：

"你有没有觉得 X 英雄与 X 英雄设计区分度太小，使得你不想换英雄呢？"

"X 英雄与 X 英雄区分度太小，是不是让你懒得换英雄？"

客观中立的问法应该如下：

"在战斗过程中有换过英雄么？（如果换的话）

你一般在什么情况下会换英雄呀？（如果不换的话）为什么不太换呢？（不换，假设未提到主副英雄）你觉得 X 英雄跟 X 英雄的区别是什么呢？你用的这两个英雄分别是什么定位？哪个你觉得更好用呢？这对你要不要换英雄有什么样的影响吗？"

/ 话术标准化（明确、无歧义、浅显易懂）

访谈是一种探寻原因的质性研究，任何研究都应该具有良好的稳定性——即研究结果可重复，甚至期望访谈回收的质性数据也能够做量化分析，这时就需要访谈样本量扩大（例如扩大到 30 个），往往也意味着访谈不会是由一个人进行执行。此时，保证对每个人的访谈都是一致的，就是保证收回的每份数据都可靠的必要条件。

要达成"每个访谈都是一致的"标准访谈，首先需要保证每个执行者的访谈问题都是一致的——即访谈提纲明确、无歧义，而且不同回答分支下的追问都是相同的。除了歧义问题，提问方式过于晦涩（书面化）、存在难以理解的专业词汇，也是访谈提纲的常见问题。良好的提纲应该"说人话"，用通俗易懂的大白话，来尽可能减少被访者的理解障碍。

25.1.3 撰写访谈提纲的其他注意事项

/ 提纲要有预案

访谈的过程是一个很灵活变化的过程，访谈对象很可能不按照你的提问顺序进行，或者访谈对象的回答在你的准备之外，你不知道如何追问，又或者你准备了很多问题，但访谈对象表达不出来或不清楚，这些问题在访谈中非常容易出现。因此在访谈提纲撰写时就对这些问题进行预案，是一个良好的习惯。

案例 25-1　对玩家不同的回答分支下的问题进行预案（图 25-3）：

---

16. 你一般是否会过一段时间就在 DNF 中花一些钱？（关注持续性消费，看是否有固定频率，有的话原因是什么）

　　16.1 "是" ➔ 都买些什么？为什么买这些？

　　16.2 "否" ➔ 为什么？你习惯在游戏中如何花钱？

17. 商城里有没有什么你从没用过，也没想过要用的东西？

　　17.1 "有" ➔ 是什么？为什么从没用过？

　　17.2 "没有" ➔ 一个一个解释一下从什么途径得到的？（如果没有直接买过,询问为什么不直接买？）

用来做过什么？

图 25-3　案例 1

案例 25-2　当玩家答不上来时，如何进行层层引导。图 25-4 为"无 / 低 / 中消费玩家和 RMB 玩家的关系问题"的层层引导。

---

25. <无/低/中消费>你在游戏中遇到一看就知道是花了很多钱的玩家，一般是什么样的看法？（羡慕，鄙视……）你喜欢和这样的玩家组队或 PK 吗？为什么？

26. <无/低/中消费>你觉得在 DNF 中，因为 RMB 玩家的存在，会让你的游戏变得更艰难还是更容易？为什么？

27. <无/低/中消费>你觉得在游戏中，自己和 RMB 战士可以形成一种共赢的关系吗？为什么？可以怎么做？

（同时也关注一下同消费类型玩家相互之间的关系）

图 25-4　案例 2

/ 演练调整

和实验室测试进行预测试一样，在写完一份访谈提纲之后，进行演练也是很有必要的。通过演练可以发现和处理很多问题，进行演练时可以参照以下标准进行自检：

（1）剧本式：检查这是否是一份即使直接照着念，也毫无压力、顺畅自然的提纲？

（2）换位感受：假设你是玩家，这个问题的描述你能理解吗？好回答吗？感觉舒服吗？

（3）预案充分：对不同分支下的追问预设是否充分？

（4）无歧义：访谈同时存在多个执行人员时，演练能帮所有执行人员明确问题的含义是否清晰无歧义。

25.2　访谈的执行技巧

在准备访谈提纲的同时，就应该着手访谈执行的相关事宜，例如玩家招募、访谈场地、访谈设备等的筹备工作，这里我们重点介绍一些访谈技巧的使用，能够帮助我们打开玩家的话匣子，采集到尽可能多的有效信息。

25.2.1　访谈的暖场

想要让一个第一次见面的陌生人吐露心声并不是易事，在涉及正式内容之前，需要一个良好的过渡，即暖场。常见的暖场首先是自我介绍，除了增加熟悉度，也是为了让玩家觉得安全，看到自己价值：比如和玩家介绍屋子里的其他围观群众，向玩家表示"我们很想了解你的看法和感受"。以容易拉近距离的话题来入手访谈，也是暖场的一部分。暖场也需要根据研究目的进行设计，要与即将进行的访谈话题有关。一般来说，玩家喜欢的游戏，是一个很好的开场话题。暖场点到即止，不要耗费过多的时间。有时候会遇到"特别能说的玩家"，要适时控制其开场跑离话题，及时拉回主题。

暖场小问题示例（5分钟）：

（1）你之前玩过什么游戏？最近在玩什么游戏？

（2）最近玩的游戏你选的是什么角色？为什么选这个角色？你一般选角色的时候，会考虑哪些方面呢？

（3）你玩过的游戏中，你角色人物角色比较漂亮的游戏有哪些？能举一些例子吗？为什么觉得漂亮？

（4）在现实中，有没有你觉得比较帅／好看的男女明星？从长相来说，你喜欢什么类型的明星？

经历事实入手、容易回答，帮助我们预先了解这是一个什么样的玩家，他的经验、喜好、关注点。

25.2.2　用"听"来打开玩家的话匣

好好听，能让玩家感到被尊重、自己说的有价值、更愿意说，也是追问和深挖的基础。一个好的听众，应该具有以下四个特点：

（1）敏感。敏感是指能及时抓住玩家的言外之意。例如玩家说"我觉得 70 级以后反而不好玩了"，那么：70 级以前是好玩的，好玩在哪里？70 级发生了转折，原因是什么？

（2）好奇心。是指想去了解"意料之外"的内容产生的原因，以及对玩家的意义。是指访谈者有一颗真正想理解玩家的好奇心，而不是为了完成当前这一份报告。用户研究是个持续的工作，那些对当前问题可能不太有关的内容，对产品可能仍然是有价值的。当然这并不意味着访谈者可以毫无控制任由玩家跑题。

（3）真诚。尊重玩家、诚恳认真的聆听态度（举止、表情等），例如身体略微前倾、目光注视、对内容即使进行表情或简短语音反馈等，是所有良好沟通的必备要素。

（4）去专家化。表现得太像专家，则是访谈的大忌，因为这会让玩家畏惧出错，从而选择尽可能少说。访谈者尽量表现得像个玩家，穿得休闲点，使用玩家的语言而非专业术语，能给玩家更轻松的感受。例如玩家说"手一抬的动作"，访谈者的话术就不要用"前摇"（术语修正可能让玩家觉得自己讲得不够好而受挫），除非访谈者是希望确认玩家所讲的是不是自己所理解的意思。

25.2.3　正确提问题

访谈的本质就是一系列的提问与回答，正确地提问、激发玩家反馈是整个访谈的主体。学会正确的提问，是访谈成功的关键。

提问的关键是"围绕核心，话题开放"。提问可以分为开放式提问（例如：第一次打造装备是什么样的感受？）和封闭式提问（例如：第一次打装备满意么？），好的提问应该是开放式的，每个问题都能够激发尽可能多的反馈信息。封闭式提问往往只在确认玩家的意思是否被理解正确，或者确认玩家的态度偏向时才使用。

/ 让玩家说多点

除了开放式的提问，让玩家说多点的技巧，大致有：对玩家表示认可、适当地自我暴露以增加玩家继续倾诉的意愿和信心，对玩家所说内容进行重复、总结、重组以启发更多的思维内容，有技巧地停顿以诱导更多的细节补充。

而任何可能激发玩家防御心理的回应方式，都应该避免。常见的有如下几种：

（1）沉默：玩家说话的时候没有回应；

（2）辩解："你们这个副本太难了。""可能你今天刚开始玩，还没适应？"；

（3）质疑："无敌保护这段时间太难受了""那没有保护不是会被一直连到死？"；

（4）诱导："这个角色不是很好看！""是不是因为这个头发的颜色太丑了？"；

（5）论说："我打副本的时候都不知道这个副本说什么故事的。""是的，在带入感这块，我们现在还没有完全完善，因为我们觉得玩法可能是更优先的。"

/ 让玩家说到"点"

让玩家说到"点"的关键是正确且适时的追问。好的追问方式有三种：

拆分追问

顾名思义就是把一个问题拆分出各个模块，启发玩家能够更加细致地发现问题。例如，玩家觉得角色外形不好看，追问为什么不好看时，就可以从角色的穿着、身材、长相等维度拆分，找到真正让玩家觉得不好看的点。

利用情景追问

借助具体的事件或素材，把复杂、难以描述的问题变得容易表达。例如，当我们想研究玩家曾经在游戏中的一些行为时，我们可以借助语言假设或是图片、视频等材料，帮助玩家回忆当时的一些行为是怎么样的。

对比追问

与详尽的事物反复对比，从而启发玩家的思维，通过对比把难以描述的问题变得容易表达。例如，当我们想了解用户对于一家食堂的感受时，可以问用户对比大学食堂这家食堂如何，对比网易食堂这家食堂如何，对比外卖这家食堂如何，对比吃过的最好的食堂，这家食堂如何。通过反复的对比追问，获取更有价值的信息。

追问确认

访谈的一个典型误区是：只问到好还是不好，哪里不好，没有根据实际需求进行追问确认，使得采集到的信息不够详细或者不准确。

/ 灵活组织问题

高明的访谈者能够把一个访谈自然的组织起来。实际的访谈很难完全按照提纲问题进行，因为好的访谈实际上需要保持敏感性，在访谈中记下需要追问的话题点，不停地向前追问。而且玩家提到每个点的先后顺序不同，本身也会导致访谈问题顺序的各种改变。

虽然各个话题的顺序可能千变万化，然而好的访谈几乎每个主要问题板块都可以形成"试探带出话题－递进深入－联系参照系－归纳确认"这样的闭环。

/ 不同玩家，灵活应变

由于性格的差异，访谈的对象大概有五种类型，除了天生乐于表达且善于表达的理想型，还有如下四种（图25-5）需要针对性灵活处理的玩家类型。

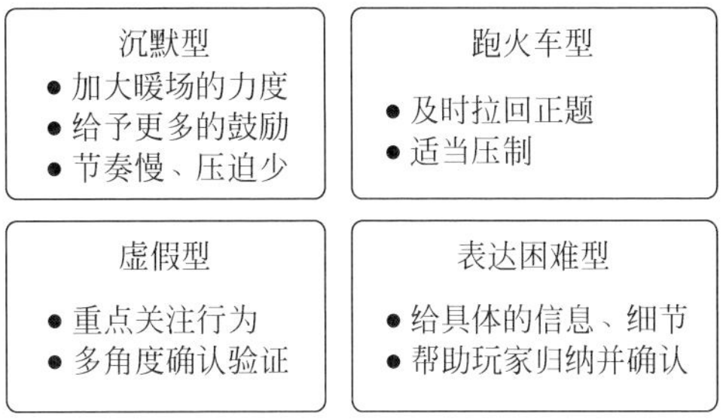

沉默型 ● 加大暖场的力度 ● 给予更多的鼓励 ● 节奏慢、压迫少	跑火车型 ● 及时拉回正题 ● 适当压制
虚假型 ● 重点关注行为 ● 多角度确认验证	表达困难型 ● 给具体的信息、细节 ● 帮助玩家归纳并确认

图 25-5　针对四类玩家的处理方式

25.3　访谈的类型及注意事项

访谈根据执行的地点、人数和时长，综合来看可以分为深度访谈、焦点小组、电话访谈、街头走访和入户访谈几大类。

项行为的动机和原因。通常会在一个封闭不受外界影响的环境下进行。在游戏行业，常用于了解玩家对游戏的体验感受以及评价原因。

25.3.1　面对面深度访谈

面对面深度访谈是专业访谈人员和被调查者之间进行的，时间较长的（通常是30分钟到1小时），针对某个主题的一对一方式谈话。用以采集被调查者对某事物的看法，或做出某

25.3.2　焦点小组

焦点小组顾名思义就是招募一个玩家小组来对某个话题进行针对性的讨论。适合开放的、探索性的问题（例如玩家网络社交需求分析、目标玩家美术风格偏好分析等），不适合寻找具

体问题所在。用于观察某一群体对某个主题的观点、态度和行为，而不能用于确定用户的个人观点和行为（会受到他人意见的干扰），也不适合敏感话题。

焦点访谈有一些其他形式所没有的好处，主要是：

（1）参与者可能受到他人意见启发，考虑更完善；

（2）除了了解用户自己的想法，还可看到参与者对他人观点的态度和评价，从中获取新的发现。

要获得焦点小组的上述好处，就切忌将焦点小组操作为轮序的个人深访，而要所有的参与者都能真正表达并且产生想法碰撞。

总的来说，焦点小组的注意事项有如下几点：

（1）取样：有额外关系（同事 / 亲属等）者不建议同时被选入；要求同质性，即同组用户背景需有一定的一致性（否则易导致交流障碍）；对于过于强势或弱势的玩家，不建议选入；

（2）破冰暖场：非常重要，要完整地包括在研究方案中；

（3）访谈提纲：需确定好每个问题的讨论深度以及耗时；

（4）预案：重点在于考虑冷场（无人发言）时如何处理，抑制表达欲过强者，以及处理意见冲突引发的不适，从而让被访者意见表达均衡；

（5）记录：需由额外的辅助人员来记录每个人的发言，或录音录频；

（6）话题展示：最好准备一个演示 PPT，展示每次探讨的问题。

25.3.3 电话访谈

相较于需要面对面进行的访谈，电话访谈能够

跨域地域阻碍，使得取样更具有代表性，亦能极大地缩小成本。其特点如下：

（1）无法面对面沟通，对声音依赖大（语言清晰、声音好听）；

（2）被访者耐心有限；

（3）无法展现材料；

（4）难以判断被访者当前状态（例如是否注意力集中等）；

而电话访谈的注意点有：

（1）注意扩大使用声音的感染力（例如在适当的时候笑笑），增加被访者的沟通意愿；

（2）言简意赅，直奔主题；

（3）总时长控制在 10 分钟左右；

（4）不适合视觉类的问题。

25.3.4 街头拦访

招募玩家到实验室参加访谈，会带来一定的筛选，例如特别热爱此类游戏或者希望获取礼品 / 礼金的人才会前去，而电话访谈又无法展示视觉材料。此时就产生了另外一种访谈方式：街头拦访，即在某个目标区域随机拦取用户参与访谈。

其特点为：

（1）适合视觉材料展示；

（2）场所嘈杂，被访者注意力易分散；

（3）被访者耐心有限；

（4）面对面被拒，访谈者容易产生挫折感。

注意点：

（1）尽量选取非移动状态的人员；

（2）言简意赅，直奔主题；

（3）总时长控制在 5 分钟左右；

（4）不适合需要深入思考的问题。

25.3.5 入户访谈

前述几种访谈类型都不是在玩家的实际生活环境中进行的，很多有利于我们理解访谈者和解读访谈信息的背景信息只能依靠访谈者主观报告，或者访谈者进行仔细观察，但这些方式会遗漏掉很多信息。因此当我们希望能够更全面地了解目标玩家，并且玩家的真实生活状态对研究的结果影响较大时，我们会选择进行入户访谈。

其特点为：

（1）所能获取的信息非常丰富；

（2）成本耗费非常高，信息采集慢，很难做大样本；

（3）需要被访者极大的信任才会愿意参与。

注意点：

（1）选取最具有代表性的用户；

（2）尽最大可能获取受访者的信任，才能获得其真实的生活状态信息；

（3）注意保护受访者的隐私，个人信息（尤其是图片和视频）获取和保存前获得对方的同意；

（4）可采集的信息范围非常宽，采集前多思考研究究竟需要哪些内容，不要盲目。

25.4 访谈数据的分析

25.4.1 访谈记录与整理

访谈记录一般不需要逐字稿，但是需要含有信息点的原始语句记录，以免二手文字资料整理带来的信息传递噪声。规范访谈记录的内容和格式，能大幅减少后续数据整理耗费的时间。尤其是如果访谈量达到 10 个以上，希望对访谈材料做量化分析，特别需要按照统一格式对关键内容生成访谈摘要，以及态度倾向的确认结果，否则整理数据时梳理大段的原始记录就会耗费大量时间。

例如：访谈玩家对 A 游戏和 B 游戏的对比看法，最后的访谈记录摘要可以如下：

更喜欢哪个游戏：游戏 A。

态度偏向的主要原因：A 游戏人多、熟悉。

其他对比点：（1）美术：B 游戏更漂亮但整体来说二者差异不大；

（2）操作体验：无差异；

（3）上手：B 游戏装备上手有困难；

（4）AI：无明显感知；

（5）IP：B 游戏略占优势，对游戏选择有影响但是不长久。

同水平下评价游戏的关键点：操作感受 > 画面 > 人气 > 上手 >IP。

除此以外，多人访谈例如焦点小组的场合，可以考虑制作辅助记录问卷，随着访谈过程的进行，被访者可以将自己的答案选项或者理由填写进问卷里面。访谈结束以后，只需要对问卷数据进行导出，则可以获得统计信息，节省整理的时间。

25.4.2 量化数据的采集

量化访谈数据的采集可以考虑词频分析和舆情归纳两种方式：

词频分析是对通过访谈材料使用分词和词频统计的工具，得出访谈信息中的关键词和高频词（图 25-6）。

单次	出现次数
图标	30
好看	12
风格	11
喜欢	9
一点	9
色彩	9
界面	8
整体	8
游戏	8
颜色	8
狼人	7

图 25-6 词频分析示例

该图是界面风格的访谈记录。其中图标、风格、色彩属于高频出现的名词词汇，说明用户对于图标的风格、颜色设计等关注度最高。

舆情归纳是将访谈记录意见划分到某个类别，确认涉及的类别偏向。

归纳类别   原始记录

肝度	希望不要太肝
运营	早点上啊另外希望游戏外的运营也要跟上，把气氛搞起来
上手	完全不知道怎么组卡 有些卡描述太复杂，建议针对某些卡做教学
UI	其实感觉这UI很不行，日本的UI设计我是不能接受，感觉乱乱的，内容不够明确，
上手	玩法复杂，搭配卡牌难度过高，需要非常多的时间去研究，如果有可以直接上手的牌组对于新手来说可能会更友好些
玩法	增加类似《决斗之城》竞技之门玩法的随机选牌的PVP模式
玩法	多些新卡……多些后面几代的人物……其他蛮好的
UI	非自动的决斗语音建议速度可以快一点，或者也可以选择性跳过=。=不开自动决斗速度略慢
上手	希望新手介绍方面可以加多一点
UI	先后手二次判定
UI	游戏界面希望可以横屏显示，组卡界面太小，对战时操作有点繁琐
UI	ui，是我见过最难受的，求改下
付费	希望微课玩家也能好好玩下去
UI	UI理解成本太高，基本全是图形，前中期新手很不友好，需要较长的时间去熟悉记忆卡牌查看成本繁琐，反应较迟钝
玩法	五个怪兽位子 五个魔法/陷阱位子
玩法	希望尽快的推出更多的卡，套路卡组实在玩不动
UI	功能布局比较凌乱，希望可以更多改进哦
玩法	这次开放的卡池不够深，希望国服能跟上国际服进度
UI	好友对战的提示太不明显了
肝度	很多强力卡组（比如守墓卡组）需要刷很多很多决斗之门，就算是内测服，钥匙获取也很麻烦
UI	没有选非常满意的原因只有一点，就是UI不太友好。。。。要是界面UI能改善，平滑一点，不是那么硬核，就没毛病了
上手	新手参加pvp总是被吊打，希望增加一些平衡机制
UI	牌组切换不太友好，同一个人物的多套牌组总切换不成功

图25-7 舆情归纳示例

通过（图25-7）的原始记录，确认提的信息是属于哪个系统，再进行统计。

如图25-8所示例子，则玩家关注度最高的为UI系统。

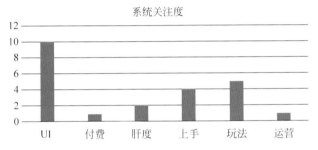

图25-8 系统关注度

25.4.3 质性材料的量化分析

访谈所获得的信息都是文字，文字很容易被再加工从而产生偏差。很多时候，完成访谈时访谈者就已经在心中生成了某些答案。但是人的记忆是容易受到典型事件的影响的，你可能认为玩家都喜欢玩法A，但其实仅仅是因为某个非常喜欢玩法A的玩家很明确且生动地表达了自己的态度，让你留下了很深的印象，而其余的人都用委婉的方式表达他们不喜欢，你的印象不深刻而已。

所以，如图25-9所示，对访谈数据进行逐条编码统计——即查看每个信息点下人数的覆盖情况，而非根据印象就得出结论，是非常重要、使得结果客观的手段。理想状态下，应该是多人编码，以免单个编码者产生个体主观偏差，但因其成本耗费较高，往往由单人完成。

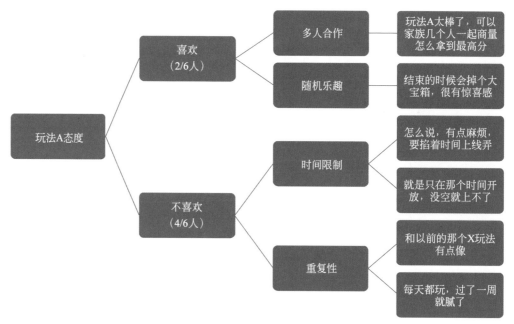

图 25-9　对质性材料详细编码示例

25.4.4　量化的呈现方式

为了让读者能够一眼就获知访谈的量化结论信息，可以考虑使用图形化的方式进行呈现（图 25-10）。

比如对于针对操作模式的访谈，玩家的偏向比例。

图 25-10　玩家的偏向比例图形化示例

文字云也是一种常用的量化信息显示手段（图 25-11）。量化访谈信息在生成文字云之前需要进行预处理的工作：

（1）去除无关的干扰冗余信息比如"感觉""觉得""这个""那个"等；

（2）控制关键词的出现频次。例如希望突出"UI"这个关键词，那么在量化信息里面"UI"的出现词频应该是最多；

（3）选择合适的分词器和文字云生成工具。网上有现成的工具可以使用，但是不同工具生成效果不一样，因此可以根据自身需要选择合适的工具。

图 25-11　分词器和文字云生成范例

26 问卷调查
Questionnaire

访谈、实验室测试以及观察法等这些定性研究方法，能让我们洞察玩家在体验游戏的时候为什么会有这样的表现，他们为什么喜欢或者讨厌某个游戏设计。但是定性研究不会准确告诉我们这些特征和趋势在整个玩家群体中的普遍性。问卷调查可以让我们在短时间内搜集到大量样本的数据。一套问卷包含一组问题，它让一个庞大的人群以一种结构化的方式来描述自己及其态度和偏好。运用统计学工具来处理调查结果，可以揭示玩家群体的广泛特征，提取出一些有趣的模式，这对于我们理解玩家、改善游戏体验都会有很大的帮助。

然而，调查问卷很容易出错。如果不进行精心设计，就会对错误的人群提出错误的问题，导致结果不准确、不确定甚至可能有欺骗性。另外，我们使用的问卷主要通过网络发放，在缺少与调查对象直接沟通的情况下，其准确性依赖于填答者的自我认知和他们坦诚报告的能力与意愿。而这些就会受到具体问题的内容敏感性、形式设计、填答者文化程度等多种因素的影响。接下来将介绍游戏问卷调查的主要类型、问题设计的规范与技巧、问卷投放和数据分析。

26.1 问卷调查主要类型

我们一般何时使用问卷调查：游戏开发前期，可用于快速了解用户特征和需求，为产品设计提供参考；有了产品原型或者游戏上线之后，可用来验证产品设计想法或了解用户满意度，为产品设计提供改进方向。

另外，有时候我们也会发放一些普查性的问卷（如社会人口学特征、游戏经历等），来筛选合适的目标用户进行深访或者实验室测试。在街访或者实验室测试中，使用一些专业化的量表来测量玩家的状态与偏好等。

常见的问卷调查有以下几种类型：

26.1.1　需求调研类问卷

对预设的目标群体进行问卷调查，了解他们的年龄、性别、地域等分布，明确他们的娱乐时间投入与消费倾向，分析他们的游戏经历、能力水平与乐趣偏好，发掘他们的常用触媒、喜欢的明星&KOL 等触达手段，可以帮助产品开发出更匹配目标玩家口味的游戏，且为后续的营销、运营做好准备。

26.1.2　满意度类问卷

这类问卷多是跟具体游戏内容相关，评估游戏的各个方面的体验和玩家反馈均会使用到这类问卷，包括玩家对游戏的整体满意度，或是对各个节日活动、系统模块的满意度等，都是我们持续关注并希望不断优化的指标。

26.1.3　专业量表类

我们在进行实验室测试、街头拦访的时候，为了提高数据回收的效率、增加数据的可对比性，往往也会引入问卷。经过严密设计的体验问卷，在多次更新、检验信效度后，就能固化下来。后续重复使用，数据就可以进行跨周期、跨产品的对比了。除了研究人员自己设计量表外，我们也会借鉴一些心理学、社会学等的专业量表，既科学又省力。

26.2　问题设计

问卷调查和其他方法一样都是服务于明确的需求和目的的，问卷就是要通过具体的问题设计来展现我们的研究目的和假设，问题设计的基本是需要做到准确有效，能准确反映研究员想要关注的内容，能获取到尽量客观准确的反馈。

26.2.1　问题设计基本规范

做到准确有效，首先是描述用词和选项设计要准确，关于问题设计的基本规范，我们拟定了 13 条自检项目，在设计完问题后可以对照进行检查（具体见图 26-1）。

用词：问题描述和选项的措词含义要精准，保证填答者的理解和设计者一致
用词：用词通俗易懂，清楚明白
用词：问题描述指向单一，避免一题多问
用词：问题描述避免带有倾向性和引导性，中立
用词：问题避免需要填答者进行复杂的计算和思考
用词：问题描述超过30个字，需突出显示问题的关键词，问题描述不超过50个字
矩阵题：与描述是否相符的矩阵题目，避免所有描述均使用正向或负向的描述方式
矩阵题：采用问卷SDK投放，受限于屏幕大小，避免玩家需要下拉，矩阵题最多呈现4个描述
选项：为避免顺序效应，不具有顺序意义的选项需答案顺序随机
选项：问题选项之间要具有互斥性
选项：问题选项要具有完备性，检查是否遗漏"其他"选项
选项：不适用此题的选项，固定在最后显示，如问手游经历时不玩手游的玩家
选项：多选题中有选项互斥时使用逻辑控制（答案可用性控制）
必答题：除了有逻辑控制关系的关键题目外，其他不建议使用必答题
有效性：允许的情况下，建议设置可筛选填答有效性的题目
模板题：通用的模板题，不随意改动，保持一致，NPS从低到高展示，满意度从高到低显示
问题顺序：问题的填写顺序遵循一定逻辑呈现，如先易后难、和玩家对调查问题的认知顺序保持一致等
分页：适度分页，页数不超过3页（不适用问卷SDK）
预测试：问题设计完成后，至少进行一次预测试（建议非本人），测试问卷内容及uid是否能抓取到

图 26-1　问题设计自检项目

熟练掌握基本规范一般来说经过几次的游戏研究问卷设计都可以做到，这里就不对这些规范进行一一详述，特别强调一下，对于游戏用户研究的入门同学，因为对游戏的不熟悉，以及较强的主观倾向，特别容易出现问题用词不够通俗易懂，在问题设计中强加自己的观点给玩家的情况，我们会建议入门同学最开始要多尝试用访谈的方法来思考问题设计。

特别强调为了方便不同产品和问卷数据的互通和对比，丰富对问卷数据的运用，对于人口学游戏经历类、二次元类基础题、自传播类、大逃杀类题目，我们有定期维护更新的模板题，研究同学可直接采用，注意不要随意更改模板题。

26.2.2　进阶设计技巧

做到基本规范可以让我们设计的问题基本合格，但如果研究的问题比较复杂甚至敏感，就需要我们使用更多的设计技巧，使问题设计更专业可靠。

/ 对于敏感和受社会赞许性影响的问题，条件允许可以采用列举实验法来获得更准确的结果

比如询问玩家在游戏中是否奔现的问题，玩家可能会由于不愿意表露这一敏感信息而在直接询问时选择没有奔现的答案，这样的结果很可能偏离实际数据。此时可考虑采用列举试验法，将玩家随机分组，一个为对照组，另一个为实验组。对照组选项中不带想要了解的关键选项，实验组中则包含该选项。玩家只需要回答有几个选项符合自己的情况，而不需要回答具体哪些选项，假设对照组的均值是 2.85，实验组的均值是 3.01，可以推测有（3.01 − 2.85）= 16% 的玩家有奔现的行为。

/ 使用更准确的参考系

问卷中我们经常需要通过特定维度的问题将玩家分类，此时使用准确易用的参考系能获得更统一准确的结果。比如询问玩家的能力水平：

您在 PUBG 中属于什么水平？

A. 高水平玩家　B. 中等水平玩家　C. 较低水平玩家　D. 手残玩家

直接这样的选项询问容易因为玩家每个人对高中低水平的理解不同而使得结果无法使用，方法一可以给出参考，如某个主播（吃鸡率/KD 情况）的游戏水平是 5，对自己的水平情况从 0~10 进行打分；方法二给出一系列的虚拟情境，例如落地成盒东南西北分不清，能贴脸杀人，能一人挑一队等。让玩家对这些情境打分，并对自己水平打分。

/ 使用测谎题筛选有效性

为了在问卷分析时能更好筛选出无效问卷，问题设计中我们还可以设置一些测谎题，但注意测谎题不能过多，否则容易让玩家觉得不够专业。

/ 使用量表测量复杂概念和属性

我们有时还会通过问卷去测量一些比较复杂的概念和属性，此时可以考虑使用量表，但量表的设计需要经过小规模测试和验证，信效度和区分度达到一定水平才可通过问卷大样本的投放。以衡量玩家的二次元程度属性为例（见图 26-2），我们先通过理论假设构建测量维度，再通过维度延伸出具体问题和指标，最后转化为具体的问卷问题。

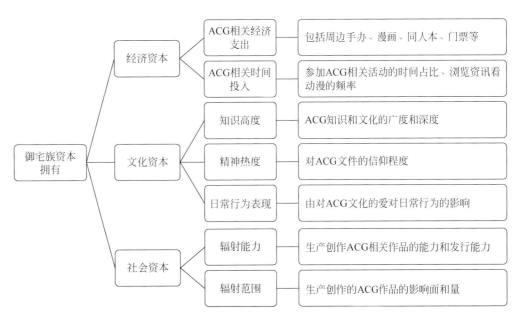

图 26-2　玩家二次元程度属性测量示例

/ 对变量类型的考虑

设计问题时还需要考虑回收数据后对数据分析和处理的预期来提前想好要用什么形式提问，不同提问形式会影响变量类型的选择，进而影响可以使用的统计分析方式和分析精度。比如询问年龄，既可以直接填写具体出生日期（定距变量），也可以采用年龄段的选项（定序变量），还可以采用儿童、少年、青年、中年、老年等更粗的分类方式（定类变量）。

26.2.3 问卷内容敏感性

最后由于针对的玩家群体和投放地区特殊性以及后续问卷分析的考虑等，问题设计时还需要做内容敏感性的检查：

- 比如针对不同二次元圈子的玩家群体或竞品玩家时，要考虑问卷内容是否可能会引发玩家产生不良舆论的可能性；
- 由于 GDPR 法规的影响，针对欧洲用户投放的问卷需保证有隐私声明流程。

26.3 问题体验优化

问题设计的准确有效更多是希望从设计者一端保障问卷结果的可靠性，降低由于问题设计的不准确而带来的对问卷结果的影响。而问卷整体体验的优化，则更多是从填答者的角度出发，希望能为填答者营造更好的填写体验，降低填答者这一端对问卷结果的影响。

26.3.1 投放体验

投放体验的考虑是希望能通过精准的调研对象投放减少对非目标玩家的打扰。投放体验包括投放对象的精准、投放时机的选择、投放方式的适当。比如问卷如果要针对参加了暑假活动的玩家进行调查，就可以通过游戏内数据将参加过暑假活动的玩家筛选出来，再从这些符合条件的玩家中抽样进行投放。

投放时机的考虑是希望能尽可能在玩家刚刚获得对应体验，还具备对这一体验进行评价反馈能力的时候进行投放，一方面降低玩家的填答难度，另一方面获得更及时准确地反馈。比如我们希望能获取首次参与了某个副本玩法的玩家的反馈，如果在副本玩法全部结束后再进行投放，此时玩家可能已经忘记首次参与后的感受，无法获得比较准确的结果。我们一般采用在玩家首次参与副本奖励结算后就可进行推送，获取玩家及时的感受反馈。

我们的问卷更多采用线上投放的方式，但并不是所有问卷都适合这类投放方式，比如一些题量大、主观题多、题目复杂度高的问卷，线下面对面问卷调研的方式更加适合，获得的结果也更可信。

26.3.2　题量控制

在没有清晰研究假设和目的的时候容易问很多不必要的问题，导致问卷题量很大，但很多时候即使我们有了明确的假设和目的后也容易因为不知道如何取舍而导致问卷篇幅过长。问卷题量越大，对填答者的时间、专注度的要求就越高，问卷数据有效性就可能越低，对填答者来说也是一种不良体验。因此单次问卷的题量，我们建议在不包含人口学模板题的情况下不超过 20 道。从图 26-3 可以看到，当我们的问卷题目在 10 道以内时，会有 4% 左右的填答者放弃继续填写，20 道题目时这个放弃率就提高到 6%。

图 26-3　问卷 sdk 示例

除了明确的假设和目的能帮我们取舍题目以控制题量外，我们一般还可以在问卷中做如下处理以减少不必要的题量：

（1）人口学游戏经历等个人信息在玩家会频繁重复填写的情况下可统一不问或使用逻辑控制（玩家若反馈填写过就不出现这类问题）、定向投放等解决；

（2）可以通过其他方式获取的数据尽量不在问卷中重复询问，比如设备品牌型号等；

（3）如果题量确实无法删减，可考虑拆分为多份问卷投放，或在同一份问卷中做随机，比如通过设置一道不会对玩家有明显特征区分度的题目，询问玩家生日日期是奇数还是偶数，选择奇数和偶数的玩家将填写到不同的题目；

（4）除了从问卷设计技巧本身来控制题量外，我们在部分产品也尝试针对轻量调研需求开发专门的轻量化问卷工具。

26.3.3　问卷形式

端游时代的问卷形式主要采用跳出游戏通过浏览器打开网页的形式，为了给玩家营造更好的填答体验，手游时代我们主要采用问卷 sdk 工具来做问卷展现。问卷 sdk 的特点包括：无须跳出游戏，不阻断玩家的游戏体验；可根据不同手游的视觉风格进行定制化，代入感更强。

图 26-3 展现手游中使用问卷 sdk 投放时的视觉效果。

26.3.4　问卷人设建立

除了通过问卷 sdk 工具玩家在填写时没有跳出游戏外，我们希望玩家在填写问卷时和玩游戏时获得的体验是一致的，体验是没有跳脱的。因此在每个手游中，用户研究人员会根据游戏的世界观和风格，建立自己在投放和设计问卷时的人设特征，用人设形象温暖玩家，用趣味性的问卷提高填答吸引力和填答质量。我们以《阴阳师》手游的问卷人设为例（图 26-4）。

《阴阳师》手游的用户研究人员根据游戏的世界观，将问卷人设定名为卷娘，性格设定为温文儒雅，说文言文，因此《阴阳师》问卷的封面语、问题和选项描述以及结束语都采用统一的偏文言文风格。这种跟游戏风格非常契合的问卷人设，受到玩家喜爱，甚至《阴阳师》玩家还为卷娘设计技能、丰满故事。

7.隐藏式神

最近一目连和般若有点小火，毕竟新式神。

但我要说一个式神，这个式神很少有人知道连3d建模都没有

她头顶有两朵花。

她叫卷娘，一个活在灯笼里的人。

图 26-4　《阴阳师》手游的问卷人设示例

26.4　问题投放渠道选择

问卷设计完成后就可以选择合适的渠道来投放问卷，渠道的选择一方面需要考虑问卷的调研对象，选择调研对象比较集中的渠道投放，考虑如何能高效地触达到这些样本，比如，本次研究主要是想了解玩家在第一天流失的各种原因及其占比。如果我们选择在游戏内投放一个15级跳出的问卷，可能就无法触达前 10 分钟就流失的用户，必须通过其他手段来找到这些人。

另一方面，如果问卷没有特定的调研对象，则需要考虑选择的投放渠道本身的样本特点，避免出现集中投放特定渠道，导致样本有偏，结果不具有很好的代表性。我们希望样本能代表全部用户，但总是存在着各种偏差，最常见的一种偏差是"不回复偏差"。在优化取样的同时，我们也要明确结果的局限性，比如此次选择了 QQ 邮箱来发送问卷，调查结果必然受到 QQ 用户群的特征的影响。对比我们所取样本和整体的分布差异（社会人口学、消费层级、游戏能力等），给我们的研究结果标注局限性是科学的研究态度。

投放渠道的选择也要考虑我们能获得的样本量。要选择多少数量的样本，这取决于调查玩家群体的差异和不同。越是多样的群体，所需的样本越多。一般来说，总量 10 万人的群体，随机抽样 800 人可以达到 95% 的置信度。当然，我们还需要考虑性价比，所以除了扩大样本量，我们更应该去筛选合适的投放渠道，提升问卷体验等来增加回收率。

26.5　问卷分析

待问卷回收完成后，就可以开始问卷分析了。使用网易 survey 平台投放的问卷，可以直接在平台上进行清洗数据、描述统计（基础分析）和基本的交叉分析，满足绝大多数的日常问卷需求。如果有进阶的统计需求，可使用 SPSS 等专业统计软件。图 26-5 为网易问卷统计分析示例。

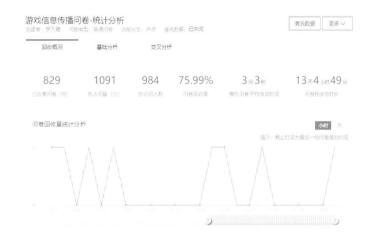

图 26-5　网易问卷统计分析示例

26.5.1　清洗数据

在正式进行问卷分析前，需要对问卷数据按照一定标准进行清洗，剔除掉无效数据。我们常用的有效性筛选标准如下：

标准一：剔除不完整答卷。

标准二：剔除作答时间极短和极长的答卷。

标准三：剔除某量表题全部选择某一选项的答卷。

标准四：剔除逻辑矛盾、测谎题出错的答卷。

其他还可根据研究需要，删除公司内 IP 的答卷，删除同一账号下的多份答卷，删除某个关键题目不符合的答卷（比如是否是某个游戏的玩家选择了"否"）等。不同的问卷，数据清洗标准不同，需要找到适合自己研究目的的清洗标准。

26.5.2 数据分析

常见的问卷数据方式包括：描述性统计分析、交叉分析、聚类分析、回归分析等。根据项目情况的不同，可采用不同的分析方法。需要注意的是，在问题编制的时候，就要先考虑好题目对应的数据类型。

/ 数据类型与对应的统计方法

级别越高的数据类型，包含的信息越丰富，就可以进行越多样的统计分析。而类似在称名数据、顺序数据上进行平均数的统计等操作是不正确的（图 26-6）。

称名数据	简单无序的组或类别	男="1"，女="2" 完成="1"，未完成="0"	计数和频率 卡方检验
顺序数据 （等级数据）	有序的组别或者分类	排序：A>D>C>B 下载意愿：肯定不会，可能不会，看情况不好说，可能会下，无论如何都要下	计数和频率 卡方检验，Spearman等级相关等
等距数据	没有绝对零点的连续数据，且测量值之间的差异是有意义的	SUS量表（0-100）、NPS（0-10）	计数、频率、平均值、标准差等 T检验，方差分析，相关分析，回归分析等
比率数据 （等比数据）	与等距数据相似，但是具有绝对的零点	通关时间、通关率	同上，等距数据差异的计算只能用加减，而等比数据差异的计算除加减外还能用乘除

图 26-6 数据类型与对应的统计方法

/ 善用分类与对比

我们常用的分析手段主要是一些描述性统计，比如频次百分比、平均数、中位数等。要充分挖掘数据的价值，最常见的手段是分类和对比。选择有价值的分类，发现细分的差异，往往会提供一些很有价值的洞见。比如，游戏内为了保障玩家的游戏体验，一般不做强制的问卷跳出，以至于玩家填答问卷的时间有较大的差异，此时通过关联填答时的等级与时间，就可以区分不同游戏阶段玩家的满意度差异，发现亟待改进的问题。

/ 量表编制与因素分析

有时我们会编制一些量表，这就需要有信效度的检验，用到因素分析等专业的统计手段。比如，在核心乐趣研究中，经过内容效度的检验、探索性和验证性两轮引子分析，将几十种乐趣体验点最后归纳成 5 种乐趣追求类型和下属的 12 种具体乐趣点。

/ 超大样本的文本题处理

相比访谈的分析，问卷文本题的编码是很头疼的一件事情，因为往往样本量很大。数据人员开发的问卷文本分析平台，可帮助我们快速处理，抽取文本中的关键词，统计词频，并将相应的文本进行归类，大大提高了文本分析的效率，节省了时间。

27 专家评估
Expert Assessment

无论是实验室测试、还是玩家访谈和问卷调查，这些方法都是需要和玩家接触，依赖于玩家，但实际工作中，由于市场超前判断需要以及时效性等因素制约，客观数据和客观材料往往无法及时提供充足的定量定性转换。这种情况下，就需要有经验积累、知识储备、思维能力等各方面达到要求的人来替代这部分缺失的判断依据，对评估对象做出判断，就是我们下面要介绍的专家评估法。专家评估是由领域权威专家团队进行的评估业务，是要求权威专家通过团队协作和个人能力来实现代替大样本大数据参考价值的评估形式。本章介绍 7 种主要的专家评估类型。

27.1 耐玩性评估

耐玩性评估：针对产品或系统实际生命周期的预判性评估。什么是耐玩性？一个游戏能玩多久就是耐玩性。主要分为理论耐玩性和实际耐玩性。理论耐玩性主要依照游戏内设计的数值深度与玩家资源收益的来获得。绝大部分游戏的数值深度都可以通过直接的记录数值或对记录数值进行拟合得到：

$$T = \frac{\int_{x_0}^{x_{max}} f(x)\mathrm{d}x}{c}$$

其中 T 为理论耐玩时间，x 为等级，$f(x)$ 为等级所需资源，c 为单位时间获得的资源量。

如果说理论耐玩性是从游戏数值层面导出，那么实际耐玩性更多依赖游戏的玩法设计。实际耐玩性反映了玩家在游戏中的实际现状，比如《逆水寒》中玩家的理论最高数值是很高的，但实际上玩家只会将数值提升到某个阶段就会减缓追求，一方面对玩家来说继续深入的成本很高，另一方面对玩家来说，至少在他所处的定位，那已经够用了。因此实际耐玩性等同于玩家对于"他所期望的状态"的追求时间，这是一个因人而异的数值，玩家和玩家之间的差异性可能会很大。

耐玩性评估的常规做法是针对研究对象的理论耐玩性深度进行阶段性扫描，确认其阶段性变化以及存在的阶段性卡点，从而推导出实际耐玩性。由于游戏产品的耐玩性核心非常多变，可能是常规的纵向数值追求，也可能是收集追求乃至技术追求，因此评估存在多套考量方案，供酌情调整。

以某个游戏的耐玩性评估为例，我们会关注以下方面：

（1）游戏完成度评估，涉及核心系统架构以及内容投放流程等；

（2）数值耐玩性评估，涉及理论耐玩性以及阶段性目标等因素引导下的实际耐玩性情况。该产品在中后期出现明显的核心追求缺失，导致理论耐玩性相比实际耐玩性大幅缩减；

（3）技术深度评估，产品技术空间和平衡性设定等；

（4）经济系统稳定性。

27.2　新手体验评估

新手体验评估：针对产品新手期设计合理性的评估。新手期是产品导量和留存两个节点之间连接的重要阶段，它很大程度上影响着产品的留存数据。针对新手这一块，评估业务进行了较多细分，包括难度曲线、知识点分布、兴奋点分布等，力求产品新手期在平稳帮助玩家沉淀的同时尽量激发玩家兴趣。

以某个游戏的新手体验评估为例，我们会关注以下方面：

（1）知识点分布与学习成本情况，该产品在初期堆积投放了大量知识点，实际上部分知识点并不能马上被玩家实践应用，产生的是额外的学习负担；

（2）新手引导设计；

（3）难度曲线与兴奋点投放，前期内容平淡，缺乏兴奋点，玩家很难获得足够的乐趣；

（4）核心乐趣前置投放，仅简单地展示了高等级战斗，玩家很难领会到游戏的核心亮点；

（5）体验流畅度。

27.3　社交系统评估

社交系统评估：针对产品社交结构建设乃至关联建设的评估。游戏社交的起点是要在玩家游戏体验的各个层面中产生定位差异，从而促使玩家意识到他人的存在意义，进而发展出人与人之间的接触。一个完整的社交架构，需要有从陌生人开始的逐步沉淀的过程。社交系统评估会围绕游戏的社交结构建设，关注其各个阶段的关联设计情况。

这是一块对玩家的积累要求很高的内容，因为部分社交设计的来源并不是测评游戏本体或者是竞品，而是其他游戏，甚至不是游戏的社交 APP，甚至需要在一定层面上去理解玩家行为的本质：不同的目标玩家群体，构成了不同的游戏社交设计与社交体验，是否匹配，这才是专家评估中，社交系统的重要内容。

27.4 平衡性评估

平衡性评估：针对产品数值平衡性设计的标准化评估。平衡性评估是个比较宽泛的类别，实际操作中会根据产品需求情况对评估内容进行细分。常规来说，平衡性评估会包含真实性测试和规则研究两部分。其中，真实性测试主要为实际的数值验证过程，通过专家样本的实际数值参考来给出客观平衡性情况；规则研究则是偏向桌面研究，主要通过竞品对比或数据推导等方式来判断设定合理性。

平衡问题是耐玩性问题的下级延伸，是耐玩性问题的子问题。对于平衡性，应当做如下理解：平衡性实际上是游戏内战斗、战术之间互相制衡的总和，很多时候我们说一个技能或者一个战术影响平衡，并非是这个技能绝对无解，而是在当前环境下我们没有制衡这个技能或者战术的能力。当然反过来说如果一个技能或者战术可能是一个弟弟设计（比较弱的设计），并非它不够厉害，而是制衡它的东西可能有点多。当制衡的总量很多的时候，玩家就不会出现"占优均衡"，而只会出现"纳什均衡"。这对于提升耐玩性有着一定的好处（图 27-1）。

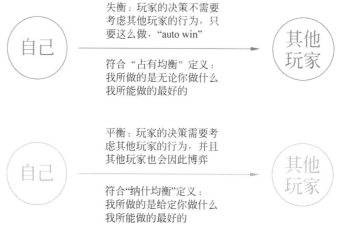

图 27-1　平衡性评估

以某个游戏的职业技能数值真实性测试为例，我们会如下进行：

选取 34 个高战力账号，共 59 套流派套装搭配，涵盖了每个职业的三个流派及对应的套装，每个流派记录了玩家常用技能的面板数值（基础伤害、加成系数、面板冷却时间）和实测数值（实际冷却时间、伤害跳字），被测试的怪物是通过内服模板指令调出的 50 级模板怪物。

27.5　基础体验评估

基础体验评估：针对产品不同基础体验维度的评估。这块是在专家评估领域中，能极大放大"专家"游戏思考力与游戏能力价值的部分，这里的基础体验不仅仅包括角色自身的基础体验，更包括游戏中出现的一切客体的体验，包括 AI。这也是目前在测评领域的深水区：能不能将测评从表现层面，深入到规则层面，并再次深入到逻辑层面，是摆在所有专家与立志成为专家的人前面，一条艰难的道路。

以《求生之路》AI 设计的评估为例：

表现上看，是《求生之路》的怪物设计让玩家感到紧张刺激。但深入后发现 AI 的设计规则在路径上（图 27-2），遵循"即时路径优化""活跃路径跟随"，在给予玩家行为可信规则上，包含着一套严格的行为管理系统。

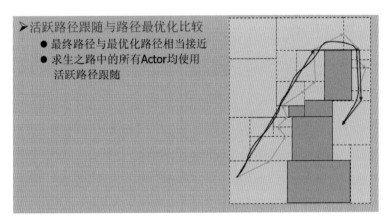

图 27-2　活跃路径跟随与路径最优化比较

一般测评工作到这里可能就结束了，但其实还有后文，在行为 action 封装层面，包含 continue、changeto、suspendfor、done 和 reason5 种不同转换，来处理 10 多种不同的行为事件。在这样一套复杂的设计原理下，才最终构成了我们在求生之路中感受到的刺激体验。

27.6　产品定位评估

产品定位评估：判断产品的目标用户群体以及与既定目标是否相吻合。根据产品核心乐趣和用户筛选设计，判断产品的目标受众群体定位，帮助产品了解自己的指向，修正自己的定位偏差。除了借助于专家对产品定位的判断外，我们同时还会进行目标玩家调研来共同进行评估和判断。

一个产品究竟该如何定位它的类型、核心玩法和价值，大部分游戏是很明确的，但部分游戏可能并不明显，因此对于产品定位的确定需要一分为二，一看当下，二看未来，当时间逐渐推移，是否会发生明显的差异化体验。或者在结构上寻找相似游戏，这些相似游戏后期的发展会很好地展示目标游戏的后续变化。

27.7　前瞻性研究评估

前瞻研究：发掘未来产品方向的探索性研究。旨在先市场一步发现潜在的需求点，帮助公司及产品先人一步挖掘新蓝海。具体工作形式比较多变，常规的有 MOD 研究等。

前瞻研究是综合性很高的产出，价值也很高。但大部分非前沿研究的前瞻工作，都有时效性和价值的要求。要求站在很高的角度快速判断，并可以从非游戏的产品中获得某些系统的设计价值，如抖音、快手之于社交与内容自生产。部分前瞻研究需要测评专家有很深的信息积累与思考，甚至数理文化艺术功底。

前瞻研究的核心在于逻辑网的建立，从游戏出发，对于各个系统产生逻辑链，这些逻辑链互相结合，划分为各个维度，为市场上各个产品清晰定位，最后找出高价值的市场空间，与符合这些市场空间的产品特征。此外，有很多的研究内容需要站在公司角度，给出与外界的合作方式，与合作价值，这种合作价值不仅仅是营利性的，也可能是社会性的。

以下以非战斗对抗研究为例：

非战斗对抗的本质并不仅仅是玩法，而是"降级"。如果说在消费领域，海淘类 App、严选 / 米家有品是消费升级的代表，那么拼多多是典型的消费降级：将产品下沉到更小的三四线乡镇、农村，打差异化。当然游戏的降级不是用户消费能力的降级，而是用户在学习能力操作能力等游戏能力上的降级。这使得现有产品如果要降级到更广大的用户中去，就需要做更低烈度的战斗形式，更低的社交门槛，更小的学习成本去满足这部分玩家。在这个层面的玩家群体中，目前的游戏形式，是小程序、QQ 平台斗地主、麻将等产品。高级玩法更换战斗形式完成下沉，会对目前部分细分市场，产生"降维打击"的效果。

最后，专家评估首先要求专家有充足的领域内经验，知识储备的宽度和深度均需要达到顶尖水平，由于缺乏客观数据和资料支持，专家往往需要依靠自己的知识储备建立认知结构和思维逻辑，因此经验积累的宽度和深度很大程度上决定了评估的有效性。但需要特别注意的是，静态的经验，是没有实际价值的。随着时代发展，任何行业每时每刻都在发生着技术更新和思维革命，尤其在游戏行业，每个月市场和用户都在发生着巨大的变化。因此，专家评估同时也要求专家团队能够主动拥抱变化，保持对市场和用户的敏感，时刻同步更新自己的经验，这样才能确保专家评估的实际价值。

28 桌面研究
Desk Research

桌面研究，也称为二手研究。之前我们提到的实验室测试、玩家访谈、问卷调研等研究方式都可以直接获取到第一手最新的资料或数据，但有些时候，我们也会通过网络搜索、书籍、行业报告等渠道获取信息，并进行信息的提取、分析、总结，以得出我们感兴趣的或有用的结论，后者就是桌面研究。在用户研究领域，桌面研究是一种常见的研究方法，最大的优点在于所需要的金钱和时间成本都较低，并且可以尽量扩大信息来源的广度。

28.1　桌面研究的适用场景

在日常工作中，很多项目或多或少都会运用到桌面研究的方法，以及从不同角度来帮助验证我们的假设。也有一些项目会把桌面研究作为主要研究手段，这些项目的背景可能是这样的：

（1）有时候项目执行所预留的时间并不多，客观条件上不允许我们去搜集一手资料，此时桌面研究则可以节约时间成本，起到敏捷反馈的效果；

（2）有时候桌面研究是回答我们感兴趣问题的最直接最有效的方式，最常见于舆情分析；

（3）有时候我们想要的数据并没有办法直接获取，比如其他游戏的市场表现、玩家构成等，此时可以借助一些外部的数据库、行业报告来间接获取这些结果。

28.2　桌面研究的应用案例

本小节我们将给出几个实际的工作案例，方便大家更好地了解桌面研究的应用方向和应用价值。

28.2.1 游戏舆情分析

我们非常关心玩家对我们游戏的感受和看法，虽然我们可以通过调研问卷、访谈的形式来获取玩家反馈，但从方案确定到数据回收再到结果输出，最快也需要几个工作日的时间，对于一些更新周期快的产品来说，往往具有滞后性。此时，我们可以借助网上的一些渠道来快速搜集玩家反馈，以便及时发现问题及时修改。比如某产品以周版本的频率进行更新，在每次更新之后，我们都希望进行舆情分析，此时可以观察游戏官网、百度贴吧、taptap、17173等游戏论坛的玩家评论和留言情况，也可以搜集App Store、Google Play等应用商店的玩家评论，发现玩家对周版本的满意点与吐槽点。在此基础上，我们也开发了一些自动化工具来加快分析速度，通过文本分析来判断评论的情绪效价（正面评论还是负面评论），或者对评论进行分类（性能相关、Bug相关、画面相关等），借此来实时观察网络舆情的变化风向。上述的舆情分析都基于现有的网络信息，是对网络信息的一种提取和整合，是桌面研究的一种应用形式。

28.2.2 竞品设计分析

很多行业都会做竞品分析，挖掘自己产品与市面上其他产品的差异所在，为产品定位、更新提供参考。而在游戏行业，竞品分析的重要性尤为突出，因为市面上同品类的游戏非常之多，很多游戏都会相互借鉴各自成功的地方。为了更好地了解竞品的情况以及从优秀产品中吸取经验，基本上每个游戏从业者都会去体验多款竞品游戏，用户研究员也不例外。当我们在进行竞品分析去获取我们想要的数据时，这本身就是桌面研究的一种形式。比如假设我们想要在南美地区海发一款新手游，但已有的资料表明南美地区的付费前景并不乐观，因此我们希望能挖掘南美玩家的付费特点和付费偏好，为

我们手游的商城设计提供参考。对这个研究项目，我们进行了系列的桌面研究，具体地，我们从Appstore、Google Play的畅销榜数据中挑选了一批排名靠前的手游，通过游戏跑查的方式整理了各个手游的付费框架和付费设计特点；对于代表性强的竞品（收入表现优秀，且玩法相似的同类手游），进一步通过官网和更新公告去追溯更新的重要节点，并与畅销榜变化进行对比，借此推断出影响付费的重要改动；通过切换不同商店地区不同服务器的方式，来搜集比对同一个游戏、不同国家地区在价格、内容上的差异化运营。借此，我们能提炼出南美地区畅销榜前列的游戏到底具备哪些付费特点，在运营上相对其他地区有什么特殊的地方，从而运用在自己手游的付费设计上。

28.2.3 市场判断和分析

除了竞品分析，用户研究也会涉及一些市场分析向的工作。比如随着近年来海发游戏的增多，我们也进行了一系列的海外研究，试图了解每个国家地区的游戏市场、游戏偏好，以及历史文化、风俗禁忌等，并相继推出了针对美国、日本、韩国、东南亚、印度等专题研究报告。由于我们很难直接得到不同地区的游戏数据，在接触玩家上也存在难度，所以桌面研究成为获取信息的重要手段。丰富多样的网络信息为我们的研究提供的条件，Newzoo、App Annie、Teebik等数据库和各类的行业报告都是信息获取的来源。宏观到各个地区的玩家量、游戏收入，智能设备情况，微观到玩家层面的触媒习惯、游戏行为、消费行为，这些问题都可以通过桌面研究的方式进行回答。

对于国内游戏市场，除了借助于一些行业报告和数据，我们还会关注国家新闻出版广电总局发布的获得版号的游戏名单，这也代表了未来一段时间内将出现在游戏市场上的作品，对一段时间之内的游戏市场有预见性。

通过桌面研究可以获取到大量的外部信息，部分信息经过了加工处理，成了能直接使用的发现或结论，如从各类行业报告所呈现的结果，但也有部分信息属于原始数据，需要我们提取再处理后才能得到我们想要的结果。比如通过百度贴吧的用户数据进行关联度分析，我们可以知道关注某个游戏贴吧的玩家，同时也在关注哪些其他的贴吧，借此推断出各个游戏群体的兴趣偏好；Steamspy 上有玩家的游戏购买数、在线时长、好友数、等级、评测数、国家地区等信息，通过对这些信息进行处理，我们可以进一步分析各国的 Steam 玩家的需求偏好差异，帮助我们更好地认识 Steam 玩家群体。

29 数据与分析
Data Analysis

在游戏用户研究中，除了前述的借助于与玩家的接触以及桌面研究获得丰富的数据和素材外，我们还有一个天然的优势，那就是游戏内所有玩家的几乎所有行为都会被我们的数据分析人员记录下来，这些数据不仅能帮助我们提升分析的深度，也能帮助我们发现更多的问题。

29.1 获取游戏内数据

游戏内数据是最常见的游戏数据来源，也称为玩家行为日志数据（见图 29-1）。它由数据分析人员与产品方沟通需求后确定日志埋点文档、程序员根据文档实现而产生。例如为了统计最基础的 AARRR 模型（Acquisition，Activation，Retention，Revenue，Refer）对应的指标，数据分析人员会设计玩家激活 App、登录、退出、付费等日志文档，程序员在玩家激活 App、登录、退出、付费的逻辑代码里，编写相关日志代码，记录日志文档所需字段信息，如角色 ID、时间戳、设备 ID 等，并发送至日志服务器。最终由服务器管理维护人员（SA）设置的一套日志上传、传输、分发程序，把玩家行为日志数据交付给数据分析人员。

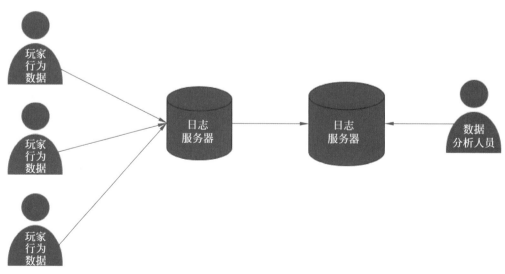

图 29-1　获取游戏内数据

游戏内数据的特点有两个：种类多、存在关联。日志的种类数跟需要记录日志的玩家行为种类数相关，一款成功长期运营的游戏的日志能达到数百种，例如《荒野行动》有 300 多种日志，《阴阳师》有 400 多种日志。日志是存在关联的。首先，一种特定的玩家行为，可能会记录多种的日志，这几种日志便产生了关联。例如玩家通关关卡 A 并获得了道具奖励，便会记录下关卡通关日志，其中关卡 ID 字段记录为"A"。其次会记录玩家道具变动日志，原因字段内容为"通关 A"，日志的关联提供了冗余，方便查错。

为了方便游戏内数据的管理，把游戏内数据分为 P1 日志数据部分和 P2 日志数据部分。其中 P1 日志数据部分是从各类游戏中抽象出来，形成通用的、必需的、可进行各游戏横向对比的数据；P2 部分是各游戏独有的日志数据，例如游戏玩法不同，形成的日志打法便可能不同，因此这部分日志数据不通用、也非必需，也无法直接进行横向对比。

29.2 数据分析的工具和方法

在进行数据分析之前，必须对原始数据进行抽取（ extract ）、交互转换（ transform ）、加载（ load ），即所谓的数据 ETL。

29.2.1 数据查询工具——Hive、Hue

数据经过 ETL 后，呈现在数据分析人员面前的即是较为规整、结构化的数据表，这部分数据表存放于基于 Hadoop 的分布式数据仓库 Hive 中（图 29-2）。分析人员使用类 SQL 的语言，可方便地进行数据查询与统计。

```
hive> add file hive_transform_ip_to_address.py;
Added resources: [hive_transform_ip_to_address.py]
hive>
    > select
    >     ip_province,
    >     count(distinct account_id) as cnt
    > from (
    >     select
    >             transform(*)using 'python hive_transform_ip_to_address.py -c 1'as (ip_province, ip_city, account_id)
    >         from(
    >             select
    >                     min(array(dt,ip))[1] as ip,
    >                     account_id
    >             from
    >                     src_loginrole_day
    >             where
    >                     dt='20181106' and ip is not null and ip!=''
    >             group by
    >                     account_id
    >         )t1
    > ) t2
    > group by
    >     ip_province;
Query ID = zhangchaogui_20181107110505_99a38ced-d057-4863-895b-ed76b8abc7ae
```

图 29-2　利用 Hive 进行数据查询与统计：查询某日各个省份的登录账号数

除了直接使用命令行工具进行数据查询，我们还引入了界面更友好的 Hue（图 29-3），比起传统的命令行方式，能更方便地进行统计结果的表格化复制和导出（图 29-4）。另外，在语法错误时显示的提示信息也更直观清楚。在某些小规模数据统计与查询场景中，Hue 的效率高于命令行形式的 Hive。

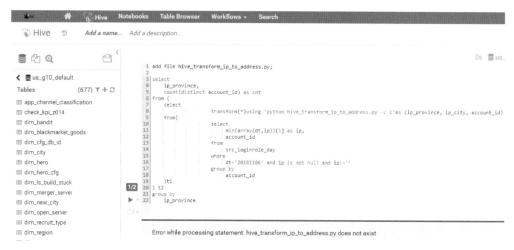

图 29-3　利用 Hue 进行数据查询与统计：查询某日各个省份的登录账号数，提示错误

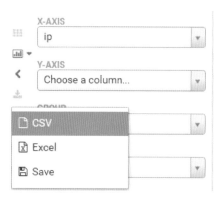

图 29-4　利用 Hue 进行数据查询与统计：把结果下载成表格

29.2.2　数据分析挖掘工具——UData、Spss、Excel、R、Python

UData 是我们自主研发的一个数据分析系统。该系统把专家知识进行沉淀，通过专题页面的形式，把属于同一主题的数据指标，按一定的逻辑进行排布，使得数据分析人员能通过一个专题页面，快速发现问题所在。

例如对于出海产品，我们关心海外各个国家的玩家的设备性能情况，玩家能否流畅地玩我们的游戏。我们可以利用 UData 提供的"全球设备"专题页面进行监控和分析（图 29-5）。该专题页面分为设备概况、Ping 值与帧率、设备跑分、安卓设备重叠率四个模块。通过该页面我们可以发现类似"巴西玩家数量规模不小，但安卓设备性能低"的结论。

图 29-5　利用 UData 专题页面进行数据分析（以上数据为 Demo 数据）

另外我们比较高频使用的数据分析工具有SPSS和Excel。其中SPSS主要用来进行批量数据描述性统计、差异显著性检验等。而Excel主要用来进行趋势分析、对比分析和数据透视表分析等。对于SPSS和Excel无法实现的分析内容，例如社交图谱分析，我们偏向于使用R或Python等工具进行编码得到结果。

数据分析过程中，经常需要利用数据挖掘技术来解决问题，例如聚类、因子分析。对于数据量不大的情况下，SPSS 是我们做聚类或因子分析的首选（图 29-6）。而当数据量过大的而无法本机处理时，我们会借助 SPARK 来完成。

图 29-6　利用 SPSS 的两步聚类，对 Steam 玩家进行聚类分析

29.2.3　游戏数据分析的方法

上一小节提到我们高频使用的数据分析工具 Excel，作为一个报表工具，为何 Excel 能成为数据分析人员不可缺失的分析工具？其原因是 Excel 能方便地执行最常用的几种数据分析方法。

/ 对比法

对比法是将两个或两个以上的数据进行比较，分析差异，从而揭示这些数据所代表的事物发展变化情况和规律性。

/ 漏斗法

漏斗法适合流程比较规范，周期比较长的业务场景的数据分析。在电商行业，漏斗法分析主要用于客户的购买过程中各个步骤的转化分析。对于游戏，漏斗法除了应用在玩家商城购买场景上，还用在登录场景上（图29-7）。

运用漏斗法能快速发现转化问题，但发现问题后，如何去定位问题？我们常用的方法是维度拆解。即从操作系统、渠道、国家、设备性能等角度进行漏斗图拆解，进一步定位到具体问题。

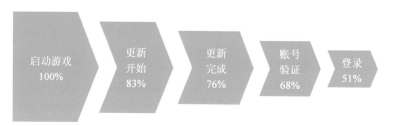

图 29-7　玩家登录步骤的漏斗法分析

/ 矩阵法

矩阵法根据业务的两个重要因素作为分析依据，进行分类关联分析（图29-8）。矩阵法呈现结果逻辑清晰，非常适用于模糊问题的拆解。

图 29-8　矩阵分析

我们在运用矩阵法的前，最重要的目标是把"重要的因素"确定好。我们常用的方法是使用自上而下法（专家经验、逻辑推导）和自下而上法（穷举、脑暴、调研、因子分析）。

/ 杜邦分析法

杜邦分析法将若干个指标按其内在联系有机地结合起来，形成一个完整的指标体系。在游戏数据分析中运用比较广泛。最常见的用于运营指标的分析，例如"DAU下降的原因分析""收入下降的原因分析"（图29-9）。其思想是按照业务逻辑，把大的指标逐层拆解细化，找到粒子性的原因。

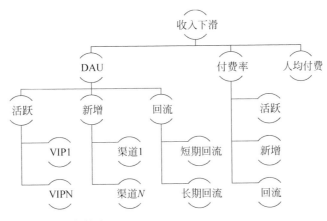

图 29-9 收入下滑原因分析探索

29.3 数据分析的业务场景和应用

29.3.1 业务场景和应用

一个游戏，按它时间发展的演进。我们可以分为：DEMO 期、游戏测试期、正式公测。每个时间段都有很多可以做的数据业务分析和应用。

/ 游戏 DEMO 期

游戏 DEMO 期，没有玩家，意味着没有游戏内的数据，这个时候是不是数据分析师就无事可干，答案肯定是否定的。从业务方的角度，他们思考的问题：我们要做个什么样的游戏？这个游戏的核心玩法是什么？这个游戏的核心玩家是什么？这个游戏的市场前景如何……

结合业务方的需求，一个是可以通过用户调研等方式来完成，除此以外，从数据分析的角度，我可以通过竞品的数据分析来给业务更多的参考。

1. 竞品的用户画像

竞品的用户的人口学属性如何：年龄、性别、地域等。以此来判断我们用户的目标用户可能是怎么样的？可以针对他们的口味更好地调整我们游戏的设计。

数据来源推荐：艾瑞 APP 指数、移动观象台等。

2. 竞品的核心数据指标分析

游戏的核心数据指标：NCR、DAU、MAU、ARPU、ARPPU、LTV 等。通过对游戏的核心数据指标的分析，了解游戏的发展潜力。

数据来源推荐：App Annie、sensortower 等。

3. 竞品的舆情分析

监控竞品的热度，确定品类的持续性和生命周期。

数据来源推荐：微博指数、百度指数、微信指数等。

/ 游戏测试期

在测试期我们应该进行哪些数据分析呢？我们核心的关注点是"玩家"。

4. 玩家是谁？有多少？

玩家是谁？我们核心其实要回答的是我们的核心玩家是怎么样的？我们的次核玩家是怎么样的？我们的潜在的泛用户是怎么样的？

核心玩家是我们游戏的头部，他们可能是高玩，可能是 KOL，可能是社交达人，他们处于金字塔的顶端。次核玩家是游戏内的普罗大众，构成了游戏内的总的生态。潜在的泛用户，影响到游戏的下沉，对于 DAU 和游戏的长久生命力非常关键。

通过数据分析玩家核心思路就是一个字"拆"。分析玩家结构，主要就是将玩家按不同的维度进行拆分。常规的拆分维度地域、性别、其他游戏偏好、游戏内在线结构、游戏内玩法偏好、渠道等。除了用各个维度进行拆解，我们还可以用聚类算法进行辅助分析，维度太多，无从下手的时候，用聚类先看看玩家整体的结构可以起到事半功倍的作用。

5. 我们玩家的留存如何，能持续性的体验游戏吗？

非付费测试，我们的核心关注是留存率，留存率高一般就皆大欢喜，但是留存率低怎么办？这时候我们往往需要进行留存流失分析。

除了用户分析和留存分析，测试期还可以做一些专项的分析：培养专题分析、玩法专题分析、付费专题分析、社交专题分析，具体可根据游戏测试的情况、灵活调整。

/ 游戏公测

游戏上线，开始真正接受市场的考验。游戏上线，核心关注点：吸量、留存、付费。其实整体思路和测试期间是一样的。那么差别在哪里，就是一个字"快"。上线之后，我们所有的数据产出需要快速、高效、准确。因为一个决策可能对产品的影响就是百万甚至千万级别的。

如何能做到快呢？

（1）思路快。对游戏的体验足够深入，前期在渠道测试期间对用户、玩法、付费、培养数值了解的足够深入，这样面对开服的一些问题，能够迅速找到分析的思路，对症下药；

（2）计算快。有完整的指标结构是分析对应的问题，对工具：SQL、Hadoop、Python 等掌握熟练，快速产出数据结果；

（3）分析快。面对数据结果，能迅速验证假设，更新假设，证实假设，并且能快速产出分析结果；

（4）落地快。和产品能迅速沟通，让他了解到问题，这个时候好的数据展现形式至关重要，比如一个新手期流失的问题，我们会用流失热力图（图 29-10）去寻找问题。

这种数据展现形式不仅方便查找问题，也更容易让产品信服。和产品确定问题以后，也有给产品一些可行的方案参考，推动产品去解决问题。

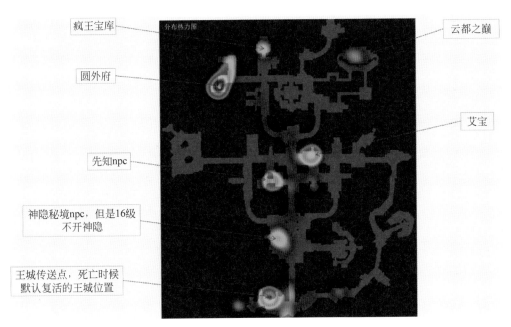

疯王宝库

圆外府

先知npc

神隐秘境npc，但是16级
不开神隐

王城传送点，死亡时候
默认复活的王城位置

云都之巅

艾宝

图 29-10 分布热力图示例

29.3.2 数据分析的应用——实战案例

以下数据分析的案例的数据都进行特殊处理。

/ 如何评估一款 MOBA 游戏的平衡性？

英雄平衡性是一款 MOBA 游戏体验的核心，如何评估一款 MOBA 游戏的平衡性？如何帮助平
衡性的更新？

我们用一个平衡性指标很好地帮产品解决了这个问题（图 29-11）。

从平衡性影响因子看MOBA游戏

· 我们再引入一个指标：**平衡性影响因子**，来**衡量某个英雄对整个游戏平衡性的影响大小**
· **平衡性影响因子 ＝ （排位胜率-50%） * （出场率/平均出场率） * 100**

· 优秀的MOBA游戏，均能将绝大部分的平衡性影响因子稳定在 [-5,5] 的区间内，且对平衡影响因子在 5以上的 的英雄，都
  在接下来的体验服进行了削弱。（如上图中的英雄1，英雄2，英雄3等）

注：将平衡性因子乘以100，主要目的为便于呈现和阅读，本身无特别的数学意义。由于英雄数量众多，图表主要目的为呈现分布趋势，故表中柱形可能与坐标轴对不上

图 29-11 从平衡性影响因子看 MOBA 游戏

通过将两个英雄核心指标的组合，我们定义了一个英雄平衡性英雄指标，一旦英雄的平衡性超出这个范畴，产品就会对英雄进行削弱和加强，利用这个平衡性指标，我们对比了公司 MOBA 产品 A 的数据（图 29-12）。

- 我们建议整个游戏的平衡性影响因子波动范围可参考王者，控制在 [-5,5] 的区间内。如果该值的波动范围大、**就意味着存在着干出场率奇高但胜率表现却很不正常的英雄，这样的英雄越多，整个游戏的平衡性感知就会越差**
- 可以看到，非人的平衡性影响因子波动范围远高于王者，且"**英雄A**"的分值特别偏高，因其在高出场率的同时还保持了高胜率，"**英雄B**"亦是；而**英雄Y、英雄Z**则是另一个极端：很多玩家爱玩他们，体验却很差。

图 29-12 从平衡性影响因子看 MOBA 游戏 A

看出公司英雄 A 的平衡性的数值波动明显高于竞品，后续这个指标也是游戏 A 进行英雄平衡性调整的主要依据。

/ 如何评估一次分享活动的好坏？

自传播是游戏吸引新增很重要的一个环节，评估自传播的效果原先一直是数据分析人员工作的一个盲点，通过和营销和运营合作获取分享数据，并结合游戏内数据，我们可以通过计算分裂系数 K 来有效评估一次分享活动的优劣。

通过计算分享裂变系数，不仅可以确定本次分享活动大概的效果，也可以横向对比历史上的各种分享活动，为产品把准自传播的脉，定位最好的自传播方式。

29.4　数据分析的一些常见误区

29.4.1　轻视业务，偏离业务

游戏内之所以进行数据分析，本质是为了产品方服务。很多数据分析人员更专注于技术层面的东西，但是对于游戏的核心体验和核心乐趣、玩法等都不甚了解，导致分析的结果和产品需求的脱节。

有的分析报告看似很漂亮，实际禁不起推敲，对产品也没有什么实质性的指导意见，甚至会把一些错误的观念传导给产品。所以，好的数据分析应该是既有方法和技术，又有深刻的游戏理解，以业务需求为核心，集合自己的分析技能，才能发挥数据最大的作用。

29.4.2　错判因果关系和相关关系

A 发生了，导致 B 发生了，我们称之为因果关系。比如醉酒导致交通事故，那么醉酒是交通事故的主要原因。

A 和 B 同时出现或者有相同的趋势，但是其实他们是同一个原因导致的，我们称之为相关关系。比如火锅消费高峰和冰淇淋消费低谷是同时出现，但是其实这两件事情的原因是同一个是天气冷了，但是他们自己不互为因果，你降低火锅消费，也不会增加冰淇淋消费。

游戏中，如果错误地把相关当成因果，那很可能就是给很多错误的意见。比如很容易发现，一件物品的点击率越高，购买的金额就越高，这个时候如果认为点击是购买的原因，那么很容易做出的一个错误决策是，增加物品的红点提示，促进用户的点击，但是实际上这么做，基本不会有效果，因为本质上衣服的吸引力导致玩家去购买，而不是点击导致的购买，点击的人为增加并不会促进消费。

29.4.3　方法使用的一些误区

/ 对比法的使用误区

对比法是非常高频使用的一种数据分析方法，但正确使用对比法并不是一件简单的事情。使用对比法需要保证"公平"，即：

（1）对比的对象要有可比性，对比的指标类型必须一致；

（2）指标的口径范围、计算方法、计量单位必须一致；

如图 29-13 展示了利用对比法进行两次节日活动的付费额度分布对比。在进行如此对比的前提是，需要先确认两次活动的形式是否有可对比性，从经验上讲会不会造成付费率和人均付费额度有明显差异。若答案是肯定的，那直接进行付费额度分布的对比意义是不大的。

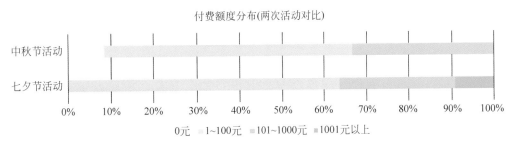

图 29-13　两次节日活动的付费额度分布对比

指标的口径范围、计算方法也是实施对比法之前需要考虑的。图 29-14 是某游戏次日流失和次日留存的角色在新增首日的平均帧率分布对比。我们从常识可知，次日留存角色在新增首日的在线时长整体上必然高于流失角色，那么如果直接进行平均帧率的计算，可能会造成留存角色的平均帧率水平低于流失角色的结果（因为留存角色体验了更长的时间、机器发热等原因造成帧率下降）。因此，对于流失或留存角色，需要取一个统一的时间窗口进行帧率计算，例如只考虑了进入游戏后有采集 300 次帧率的玩家（每 10 秒采集一次，采集超过 300 次的只考虑前 300 次数据）的数据进行指标计算，得到可进行"公平"对比的结果。

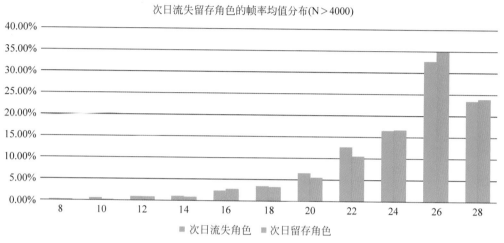

图 29-14　流失留存角色的帧率分布对比

/ 分组法的使用误区

分组法是把一群对象合理的分成若干组，观察指标的高低大小。使用分组法的一个常见误区是"分组不完全"。

例如，有一款游戏进行小范围测试，数据分析人员统计了流失的角色的设备性能分布，如图 29-15 所示。

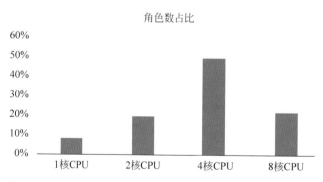

图 29-15　角色数占比 3

对于数据分析新手来讲，他可能会下如此结论：因为流失角色主要分布在 4 核 CPU 的机型上，我们要对 4 核 CPU 的机型进行优化。其实，会呈现上图数据现象的原因，可能是因为目前 4 核 CPU 是手机市场的主流，当我们把留存的角色的设备性能分布画出来后，也可能是如图 29-15 所示的数据分布。因此，4 核 CPU 的流失角色占比高，并不能说明什么问题。这个使用分组法的例子，正是由于只对了流失的角色的设备性能进行了分组，但是缺失了对留存的角色的设备性能进行分组，造成"分组不完全"，进而得到不正确的结论。

30 游戏内个性化推荐
In-Game Personalized Recommendation

"世界上没有两片完全相同的树叶。"大千世界纷繁复杂，玩家的需求也是多元化的。如何满足玩家日趋多元化的需求，让众口不再难调？通过在游戏内向玩家提供个性化的内容以满足不同玩家的不同诉求，可以在一定程度上弥补传统用户研究工作存在的不足，进一步提升产品体验。

30.1 玩家的个性化需求

个性化推荐在许多互联网产品中已得到广泛应用并取得较好的成效，在游戏内，它也拥有广阔的应用场景。推荐系统是建立在海量数据挖掘基础上的一种高级商务智能平台，本质是一种信息过滤和排序的系统，通过预测 user 对 item 的"偏好"，来向用户提供个性化的信息服务和决策支持，主要是为了解决信息过载的问题，提高用户做出最终决策的转化率。

随着游戏行业的持续发展，游戏内各种系统设计日益丰富，这对玩家来说，某种程度上也存在信息过载的问题。例如，《大话西游》手游中有非常多召唤兽，新玩家因为对游戏内的各种系统设定不熟悉，要快速找到最适合自己培养的第一只召唤兽并不容易。对于玩家而言，当康这样的血宝宝血厚成长高，适合入门使用；对于以上班族为代表而言，天龙女性价比高且比较实用，愿意在游戏内进行一定消费的情况下，值得首先培养；还有一些玩家，浪淘沙这样的神兽才足够霸气，更能满足游戏需求。因此，不同类型的玩家，对于游戏内如此多的内容，也都有着个性化的偏好。

除了对游戏内容有个性化的偏好之外，不同游戏能力的玩家对于游戏核心体验的难度也会有不同的需求。例如在《荒野行动》手游中，最初全部是真实玩家，然而，手机上射击游戏的操作难度对于游戏能力偏低的玩家来说比较大，因此部分低水平新玩家的游戏感受较差。为了照顾这部分玩家的游戏体验，产品在游戏中投放了大量的机器人以降低游戏难度。这之后开始有玩家通过不同渠道表达不满，这些主要是偏硬核且游戏能力偏高的玩家，这类玩家更追求竞技过程中击杀的成就感，因此会觉得打机器人很无聊，没有任何挑战。而真正游戏能力较低的玩家，并不反感投放机器人这个设定，击杀真人对他们来说难度略高，偶尔能击杀机器人也很有成就感。这类玩家很少到论坛发声，所以他们的诉求被掩盖了，舆情获取到的数据从全部玩家群体来看，其实是有偏差的。而游戏能力较低的玩家，在投放了机器人之后，他们留存率的提升也可以反映出这类玩家对机器人的设定比较满意。

综上来看，玩家对所接触到的游戏内容，以及所体验到的游戏难度，在不同时刻其实都有着个性化的需求。而目前游戏数据分析人员积累了海量的数据资源，再加上有成熟的个性化推荐系统架构和机器学习、深度学习等人工智能算法能力，因此完全有条件有能力在游戏内的所有场景都尽量满足玩家个性化的需求，提供更好的游戏体验。

30.2 个性化推荐业务类型

游戏内个性化推荐业务的应用场景十分丰富，只要给玩家提供个性化的内容能带来体验提升，均可换成以个性化推荐的方式来实现。目前不同产品接入了非常多不同的主题，如好友推荐、固定队推荐、礼包精准投放、玩法推荐、视频推荐、直播推荐、输入联想等。按照不同应用场景所达成的效果，这些业务大体可以分层两类：一类是降低基础操作的门槛，提升便利性从而提升用户体验，例如好友推荐、玩法推荐等；一类是降低核心体验的门槛，照顾不同能力玩家的需求，最终提升玩家整体留存，例如游戏难度动态调节等。

30.2.1 降低基础操作门槛

这类业务的主要目的是通过数据挖掘算法精准定位玩家的需求，向其推荐最感兴趣的内容，从而降低基础操作的门槛，提升便利性，本质上跟其他互联网产品中的个性化推荐目的一样，主要都是为了解决信息过载的问题。这类业务对所有玩家本质上是公平的，并且只需要更替现有的系统即可，项目成本比较低，接入很简单。

/ 消费推荐

消费类个性化推荐，是应用很广的业务，非常多的产品目前都在商城中加入了"猜你喜欢"的模块。推荐算法的核心目的是挖掘 user 与 item 之间的"关系"（图 30-1）。最常见的算法是协同过滤，又分为 user-cf 和 item-cf。其中 user-cf 是先找到跟待推荐用户相似的用户群体，将该群体感兴趣的 item 集合推荐给当前待推荐用户；而 item-cf 算法则根据待推荐用户历史喜好的 item，找到跟这些 item 比较相似的其他 item 集合并推荐给当前待推荐用户。协同过滤算法比较简单，经常被用在各种互联网产品中，而在游戏中玩家的行为除了商城相关的交互之外，还有其他更丰富的数据，因此游戏内的个性化推荐往往需要比协同过滤更复杂的算法方案。常见的方案有根据用户的各种显性标签和行为特征，利用机器学习的方法来预测用户对每个 item 的偏好程度，并向用户推荐，或者基于用户所处情境和上下文信息，利用机器学习的方案来预测用户当前最感兴趣的内容，并向其推荐。

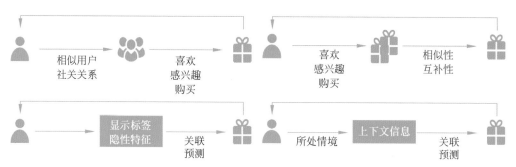

图 30-1　个性化推荐示例

此外，通过近期一些项目发现，即使是在不改变商城中道具内容的前提下，仅仅将道具的展示顺序针对不同玩家进行个性化排序，进而使玩家更容易看到自己感兴趣的内容，很好地优化购买体验，方便玩家购买物品。

除了上述业务模式之外，消费推荐还有一些其他的形式。向部分玩家精准推送个性化的商品，可以避免这类促销对非目标玩家形成过多的打扰，而增加一些惊喜感与偶然性，也能提升目标玩家的购买体验。

/ 非消费推荐

除了消费推荐之外，游戏中许多非消费相关的场景，也可以通过个性化推荐提升基础体验。

1. 社交推荐

网游的核心乐趣之一是社交，一个游戏社交系统的状态很大程度上决定了这款游戏的生命周期。新玩家想快速融入游戏中并迅速成长，能否找到志同道合的队友至关重要。固定队是游戏内最稳固的社交关系之一，目前部分游戏已加入固定队推荐系统，并获得了一些不错的成效。玩家在游戏中是否积极参与社交，本质上与游戏中投放系统的设计有很大关系。玩家如果有社交的需求，需要组队才能获得奖励，他们就会自发组队，并在组队的过程中主动社交，形成沉淀。固定队推荐是基于玩家强烈的社交需求，在已有队伍雏形但不完整的前提下，加速最后组建完整队伍的一道环节，本质是降低了固定队的组建门槛，因此取得了比较好的效果。

很多游戏也加入了好友推荐系统，其中有基于帮派的推荐，基于地理位置的推荐，也有通过数据分析人员的算法进行的推荐。然而，经过很多实验对比发现，仅仅在添加好友的界面加一个好友推荐的栏位，通过算法向玩家推荐一些"适合"的好友，并不能发挥太过明显的作用。如果游戏设计本身不能让玩家产生强烈的社交需求，也没有利益驱动，那么即使给玩家推荐好友，作用依然不大。而在有社交需求的情境中，绝大多数设定都需要通过多人而非双人组队来获取奖励，相较通过固定队推荐组建完整的队伍，仅通过好友推荐以试图最终形成稳固的社交关系，难度要高许多，因此也较难取得好的效果。

2. 游戏内容推荐

随着游戏运营时间增长，系统复杂度会逐步增加，这会对玩家理解投入产生一定的阻碍，尤其是许多非硬核玩家，不太确定游戏中哪些内容最适合当前去体验。因此许多产品接入了相关的游戏内容推荐的业务，例如玩法推荐、功绩/成就推荐、数值推荐等，也取得了不错的效果。

3. 用户原创内容（User Generated Content，UGC）推荐

不少产品现在都在游戏内加入了 UGC 模式，靠用户自发生产内容，可以进一步丰富游戏的玩法，提升产品的耐玩性，例如《荒野行动》里的直播、《阴阳师》里的朋友圈、《一梦江湖》里的小剧场等。虽然目前已有的案例尚未能影响产品的核心体验，但也显著丰富了游戏内容，这也是未来的一个趋势。而 UGC 的主要问题是内容量大，玩家要快速发现自己感兴趣的内容难度较高，这个问题一般都通过推荐系统来解决。

4. 体验优化

游戏中的很多基础操作也可以通过个性化推荐的方式进行优化。例如玩家在打字聊天时，手机输入效率较低，如果在玩家输入很少的内容时，通过算法联想其意图输入的内容并进行提示，可以极大提升玩家的打字效率，从而降低社交成本，提升整体体验。生存竞技类游戏玩家在拾取装备时，也可以根据玩家的历史枪械使用偏好，对地上或箱子中的物品进行个性化排序，提升用户的拾取效率。

30.2.2　降低核心体验门槛

这类业务的主要目的是对玩家能力进行划分，通过数据挖掘算法精准定位不同能力玩家当前时刻的需求，向其提供个性化的内容，降低核心体验的门槛，提升整体留存。这类业务需要在游戏内包装针对不同能力玩家的游戏内容，例如游戏难度动态调节、个性化推送折扣礼包等，有一定的制作成本，且本质上对于玩家是不公平的。玩家的能力有差异，不同时刻的需求也有差异，在合适的时机、合适的场景下给玩家提供不公平但更能满足当前需求的内容，能显著提升产品的用户体验。

/ 动态难度调节系统

沙盒竞技类游戏中都会投放大量的机器人，当机器人投放过多时会引起游戏能力较高的玩家的不满，本质是因为游戏挑战难度的改变未能与所有玩家的能力匹配，游戏能力较高的玩家，大多数时候都需求较高难度的挑战，因此最好的方式是动态调节游戏难度。通常，沙盒竞技类游戏玩家的一个诉求就是尽可能公平的竞技环境，然而，从数据表现上看，玩家当日最好游戏成绩跟次日是否留存有着很高的相关性，玩家一方面想要公平竞技，一方面又很希望自己能享有某些优势。所以，在沙盒竞技类游戏中，可以通过控制真实玩家的数量和机器人的数量，进行游戏动态难度调节，实现既不影响游戏公平，也能提升部分玩家在游戏过程中的核心体验。

动态难度调节系统不仅在生存竞技类游戏中获得成功，在 MOBA 类游戏中的作用也得到了验证。例如在某 MOBA 游戏中，为进一步优化用户对战体验，该功能被调整成基于机器学习算法进行

个性化投放。系统事先定制了三种不同难度类型（不同的机器人数量和伤害数值）的对局，玩家结束每局对战时，机器学习算法可实时计算出下一局对战推荐的难度类型，再投放给玩家。数据分析显示，线上的算法组和对照组两组玩家在个性化算法上线前的留存率，在不同日期互有高低，未见明显差异，而在对算法组采取个性化温暖局投放算法后，原来互有高低的留存数据全部变为算法组留存高于对照组，尤其是算法对 15 日留存率的提升较为显著。

上述案例的 AB 测试结果均显示，基于机器学习算法的方案比基于原有人工制定规则的方案取得了更好的实际效果。事实上，很多场景下，在发现玩家的不同需求后，产品设计者往往会基于自身对游戏的理解制定一些"规则"来满足玩家的个性化需求，然而基于人工制定的规则所取得的效果大多没有基于机器学习算法的效果好。

TECHNICAL AND TOOL SUPPORT FOR USER RESEARCH

08

用户研究的技术与工具支持

数据仓库与平台技术 / **31**
Data Warehouse and Platform Architecture

数据产品与数据服务 / **32**
Data Product and Data Service

其他工具与应用 / **33**
Other Tools and Their Application

31 数据仓库与平台技术
Data Warehouse and Platform Architecture

我们在前面介绍了用户研究的基本流程和常用方法，支撑这些流程和方法能顺利开展的还有很多技术和工具，这一章将介绍数据平台技术、数据服务和产品以及其他的研究辅助工具，本节先介绍数据仓库与平台技术，这是支撑我们数据分析和个性化推荐的基础。

31.1 数据仓库

游戏数据的历史，经历了从端游到手游的游戏量爆炸式的增长。在公司端游数据的时代，由于游戏数目也不多，一般数据的流程都是游戏的线上服务器直接在游戏维护的期间，把数据导出一份到对应的分析服务器进行数据处理和分析。所以显而易见，数据的更新时间是一周，在分析和统计上会有滞后延迟。数据上的滞后给统计和分析带来诸多影响，一些玩法活动的分析，系统的修改的影响等数据都要在一周之后才能了解到实际的变动和影响，缺乏了时效的属性，数据的价值就难以展现出来。随着集群的发展，目前数据一般会有离线计算和实时计算两种类型为主，离线的更新模式一般每天完成计算和指标产出，实时指标根据业务的特性和应用场景又会衍生出多种实现的模式。

公司游戏产品非常多，每个产品有对应的服务器和数据存储格式，若没有统一的存放的地方，每次使用数据都需要确认数据的地址，以及了解一遍数据的背景等情况，给用户和数据应用带来不小的使用成本和开销。有庞大的数据规模，就必然需要"仓库"来管理和存储，这样才更能高效地去使用和开发相关的应用。每个产品是一个独立的数据源，有着不同的数据样式和存储结构。因此，数据仓库就是非常有必要进行合理的设计，它收集好各个产品的数据，同时进行整理清洗，根据使用的场景进行分类和计算，最后完成一系列的分层展示。这个就如同我们工厂里面的仓库，需要对物品进行分类存储，以便于更好地管理和后续的运输或者加工的需要。因此数据仓库设计的好坏，直接影响了数据的使用效率和维护成本。

31.2 集群

单个服务器的性能，存储空间都会比较受到限制，当数据膨胀的时候，只能通过增加机器的存储空间来解决数据存储的问题。但是随着游戏的运营时间增长，数据量会越来越大，单台服务器的空间会达到上限，不能一直靠增加服务器的硬盘空间来满足到数据存储的需求，只能把历史的数据转移到其他服务器去作为备份。这种方式当我们需要统计历史数据的时候，可能需要先转移历史数据，然后再一起统计，带来的问题就是成本非常大，需要先传输数据，然后再进行统计运算，并且单台机器的计算性能也会受到限制。所以这种方式只能应付小数据的计算和存储，当游戏数据在不停增长中，很快就会遇到瓶颈的问题。所以分布式集群就是为了解决这样的问题（图 31-1），首先集群是由多台机器组成，所以在存储上能够横向扩展，并且能够让每台机器都提供计算的性能，使得计算和存储都能够随着机器的扩展而实现增容的概念。这就是分布式的大致思路，实际上过程要复杂得多，每个机器之间的同步问题，包括通信、计算资源的调度和故障检测等，每个细节的问题都需要处理和监控。所以 Hadoop 集群正是为了解决掉单服务器存储和计算带来的问题。

图 31-1　数据流程框架

31.3 Hadoop 离线数据

31.3.1 数据源与收集

数据源来源于多个地方，包括游戏服务器日志，客户端的数据以及各种数据库源。这些数据源虽然来源多个不同地方，包括不同的产品，不同的数据源格式以及世界各地的服务器地址等，但是在数据接入层这块会由统一的运维同事来处理，该内容主要是根据服务器的特定来部署对应的agent，定期地从各个源抓取数据，并且保证数据的可靠和稳定，确保数据不会丢失，客户端日志（即DRPF 日志），不经过游戏服，而是从 drpf 服务器端接收，所以 agent 也同时部署在 DRPF 接收端服务器上。由于数据接入层的统一，使得虽然数据源多样性，但是通过中间层的处理之后传输到集群上。数据经过 GDC 组的接入层之后，就会通过 kafka 数据过滤，将数据经过过滤传输到 HDFS集群上，将需要的日志内容，根据时间过滤之后导到对应的数据目录上。

类似对应的目录为：

/src/gamein/game/dateid/files

这其中 game 为每个项目对应的编号，dateid 为对应的日期区间。files 则是定期写入的文件，根据项目的数据量和时间来区分。例如每十分钟或者是十分钟内数据量超过了一个文件设置的大小之后，就会生成新文件存放在对应的目录下。

31.3.2 离线数据导入

各个产品的数据同步到 HDFS 之后，格式都是文本格式或者是一种 Hadoop 文件格式。部分历史数据或者是数据量大的数据会进行压缩存储。所以需要进行数据清洗和转换，将不同的日志处理之后，以适生成结构化的数据。因为数据量大，所以数据清洗方式需要用到 Mapreduce 的模型进行计算，将数据尽可能利用集群资源来处理。这里面需要面对的问题是有多种：

（1）不同的产品数据的格式有多种，即使有统一规范也会存在有不同类型和格式的产品数据源；

（2）游戏产品面临的数据处理逻辑都不一样，有产品在测试阶段需要过滤内服数据的，也有些需要对特定的角色（机器人）进行过滤，又或者是特定时间点进行过滤，类似于中午 1 点开测，之前的数据都是内服数据；

（3）同一种日志也会字段上的差别，在数据层上顺序也并非一致等。

针对上述的问题，对个别游戏进行处理是容易实现的，特定的场景来提供一种处理代码，这样无论应对差异再大的产品都能根据实际情况来进行转化。但是这样的处理方式显然会消耗大量的人力去适配，并且也会占用很多时间去进行维护。所以平台化的思路就需要有一个统一的处理框架，能够有公共的处理模块，同时可以针对变化的部分进行配置，而不需要去关心实际的逻辑和处理代码。

31.3.3 配置化处理

如图 31-2 所示，统一化的框架去进行数据处理，支持插件化的模块进行逻辑处理。用户可以根据场景的需要进行切换，而主体核心部分是不需要进行变动。这样只需要关心核心逻辑模块，提取出变化的内容，形成类似插件的模块，就可以试用于多个场景。模块之间是动态加载，根据自适应参数进行调整，无须用户进行设置和了解。并且，每个游戏对应目录下的配置文件 conf_file 是自动生成，可以根据游戏日志场景进行配置和管理。

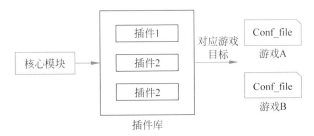

图 31-2 配置化模块

插件库的存在首先就是为了解决上面列的第一个问题，这样可以在面对新的格式的时候，单独提取出逻辑处理的一部分代码形成新的插件，后续根据实际数据形式动态加载对应的模块。另外游戏目录下的配置文件，更是可以提取出来常见的 etl 里面的逻辑，包括字符串的预处理，在实际处理前，用户可以定义预处理逻辑，例如可以把字符串更改模式、去掉非规范的格式等。在数据处理之后可以形成结构化的数据，这时候可以配置后处理函数，根据实际的情况进行转化，因为此时数据已经是结构化的模式，所以可以针对特定的日志或者字段进行任意的转换。其他的诸如设置编码等，也只需要在配置文件里面添加参数就可以，所以整个配置文件可以独立于框架代码而存在，当有需要的时候就添加到一个函数就可以完成整个的转换。最后，日志的字段也会自动生成在配置文件中，所以新游戏部署如果是无须额外处理逻辑，由统一代码生成配置文件就可以完成计算逻辑的生成。

31.3.4 数据切割

数据处理的核心的逻辑就是 hdfs 上的日志处理，并且按照 hive 的格式来输出对应的结构化的结果数据（图 31-3）。这个过程中，mapreduce 的逻辑可以简化理解成是输入端读入数据，根据默认或者是游戏的配置逻辑进行数据的清洗转换，然后进行相应的结构化转换之后，最后写到 hdfs 的过程。其中，reducer 的数据量会根据文件的大小进行自动调整，目的是为了更高效和快速地完成处理逻辑操作。并且由于输出是根据 hive 表的结果来存放，所以输出文件的名字需要根据 hive 表对应的名字进行识别。这个过程中，由于日志的大小不一致，比如某个日志量特别大，所以默认以日志作为文件名输出的话，可能会存在数据切斜的问题，因此在输出的过程里面，在每个 key 里面加上一个随机数，该数的大小等于 reducer 的数量，保证在写盘的过程里面，所有的数据都是均匀不会产生切斜的，以达到最高效地利用每一个 reducer。最后，输出文件之后需要进行合并文件，因为小文件的数量太多会给 namenode 带来较大的压力，所以会根据输出文件的数据量来评估是否需要合并文件。

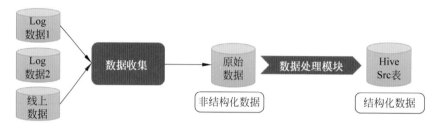

图 31-3　日志处理流程图

如图 31-4 所示，数据切割在 mapreduce 完成之后会存放在 hdfs 结果目录中，紧接着需要做的就是将数据入库操作，这样才能让 hive 将这部分结构化的数据完成读取并且识别到内容。旧有的方式是进行 load data 的操作，这样的话可以将每个 hive 表对应的分区数据进行导入操作，并且能够更新 hive 的元数据信息。但是因为一个表的结果数据可能有多份文件，并且表的数量也可能会非常多，导致了在部分游戏里面每次 load 数据操作都需要每个文件进行移动操作，带来较大的开销。后面的做法是输出结果改为每个 hive 表的分区样式，后面只需要做的是将整个分区数据移动到对应的 hive 表目录下，这样只需要进行目录移动操作，不需消耗掉更多的文件移动操作开销，带来的提升也更多，最后再给每个 hive 表显示增加分区的操作就可以。

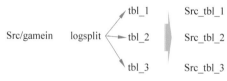

图 31-4　数据切割示意图

整个离线处理部分逻辑大致过程就是如此，但是涉及的细节处理会比较多，以及配置化的实现减轻维护负担等工作，为整个处理过程带来更多平台化的模式，在完成这步操作的后续就是中间层表和表报的计算。

31.4 实时数据

运营指标，玩家的信息监控以及充值等数据的反馈，需要实时的计算和展示。实时的数据产出将有助于发现和了解到产品的动态内容。结合传统的离线批数据处理，会更有效地作为数据的互补，将数据内容根据需要分别通过离线计算和实时计算完成对指标内容的构建。

实时指标计算：

hdfs 的数据会定期从 agent 采集过来，根据产品的数据密度或者依据特殊情况配置。

31.4.1 通过 HDFS 方式进行计算

通过 hdfs 方式进行实时计算，比较便于维护与升级处理（图 31-5）。在部署 storm 之前，就是通过这种方式来实现实时指标计算的。为了改变以往的指标更新时间，后续针对 hdfs 的数据进行了模块的开发，这样对集群的环境依赖程度比较低，便于维护与升级处理，所以能够快速的部署，特别适用于中小项目在内测、渠道测试等公测之前进行快速部署上线。在性能效率上也是秒级能完成输出，通常从数据从线上服务器落到 hdfs 开始，到计算完指标以及展示，在 10 秒以内可以完成，通过多线程的方式来进行读取，和并行指标计算，可以看成是小批量文件处理的模式。

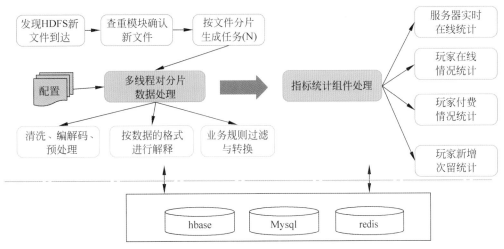

图 31-5　HDFS 实时处理示意图

数据的处理方式大致由几个模块组成。数据获取模块，该模块的内置监视器，主要职责是通过定期扫描游戏的日志目录的文件列表，发现新增的文件通过并发的方式对文件进行解释，将文件拆分成结构化数据进行下一步数据预处理。数据拆分和预处理模块跟离线的逻辑思路基本一致，会共用离线的配置文件进行管理。指标统计模块通常是从业务的需求出发，制定一系列的处理模块。主要是结合 hbase 和 hadoop api 进行数据存储和计算，实现类似于用户去重、新增判断和量值统计等各种内容。这里面举一个常见的指标，比如算当天新增的用户数量。涉及用户去重和用户新增的判断，在每个批次拿到数据之后只有当前批次的信息，所以数据去重和新增的判断都需要有"历史"数据做支撑，需要用到 hbase 数据作业数据存储，把历史数据以及当日活跃用户存按照固定的格式存放，这样每个批次的用户通过判断 hbase 里面的数据可以作为新增以及是否已经统计去重数量作为判断。因此对 rowkey 的设计也是十分重要的，因为随着注册用户的增加，将会导致大量的玩家的信息存储，为了避免 hbase 的倾斜，实际就是为了减少数据都堆积在少量的 region 里面，所以 rowkey 的设计需要根据业务的场景，以及维度等信息进行合理的设计，一方面可以使数据在读取的时候能够直接命中，同时也需要进行 hash 化，保证数据的均匀在各个 region 中。

31.4.2　Storm 实时计算

随着接入的游戏越来越多，各式各样的日志对旧有的实时系统提出了新的挑战，包括日志的规模，游戏的数量和部署模块的多样性。storm 本身因为其分布式，并且是可靠和容错的特性，能够做到非常低的延迟完成指标的更新。所以在游戏的运营指标计算以及玩家的监控方面都有实际的应用（图 31-6）。

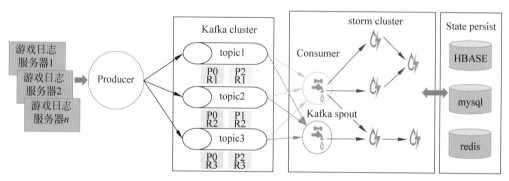

图 31-6　storm 处理流程图

数据以流的方式从 agent 进入 kafka，直接接入到 storm 进行消费，数据来源更近，因此延迟更小，从消费到完成产出延迟控制在秒级完成更新。

真正实现动态计算资源调整（线程和进程级别），业务的实现也通过多次优化更新，整个框架可达到纵向和横向扩展，能够在目前业务场景下进行多种复杂的指标计算，达到指标输出和监控度量。

数据做到真正的、精确的一次性处理，对于进入流的数据，数据是动态流向的，像流水般地传输，保证不会重复计算以及不会漏掉数据，为准确性提供保障。

拓扑有更为完善的监控机制，集群提供了更丰富的错误或异常的诊断机制，更好实现不间断的运行。

31.4.3 准实时数据处理

随着实时数据的关注度的提高，会有更多的数据和场景需要用到更加快速的数据计算和产出。由于业务的复杂性，为了能够更快速完成部署，需要提供另外一种实时性要求在 5~10 分钟，但其开发可以直接复用离线指标的 HQL 脚本，能够直接接入到 kafka 流之后就能直接上线（图 31-7）。

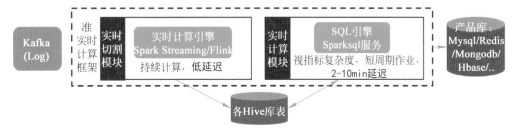

图 31-7　准实时处理流程图

该模式的过程主要体现在，对数据实时切分，接入的是 spark-streaming 来完成数据处理，并将结果的数据存放到数据仓库中。其次通过 kyuubi 服务来实现业务逻辑的计算。每一次的统计请求结果直接通过内存转入到对应的 sink 来完成数据存储，使到数据最高效。

因此在数据层面，具有离线，实时等多种计算方式，根据业务的场景和数据特性有多种选择，可以针对特定的内容进行开发，兼顾数据性能和开发效率等多因素。

数据仓库与平台技术 / **31**
Data Warehouse and Platform Architecture

数据产品与数据服务 / **32**
Data Product and Data Service

其他工具与应用 / **33**
Other Tools and Their Application

32 数据产品与数据服务
Data Product and Data Service

数据产品与数据服务是利用数据创造价值的重要途径。本节将介绍为游戏产品和用户研究设计的不同数据产品和服务类型。

32.1 数据产品需求

从 IT 时代迈向 DT 时代，我们不再怀疑数据的价值，就像我们不再怀疑石油的价值。石油从提炼到加工成煤油、汽油等丰富的高价值产品，需要经过复杂的技术与流程。同样地，数据要在业务中体现价值，也需要一系列复杂的技术与流程，包括收集、整合、处理、挖掘，最终实现数据处理平台化，数据产品化或服务化。

不同类型的用户对数据有不同的需求，如表 32-1 所示。数据产品主要展示游戏运营数据，及作为玩家行为数据的分析工具，以满足用户需求，为游戏分析和决策提供数据支撑、监控和检验。

表 32-1　数据产品的用户类型与需求

用户类型	数据需求
公司高层、产品经理	查看游戏运营数据，例如新增、登录、收入、同时在线人数等核心指标； 了解市场现状，以及公司或竞品游戏在市场中的表现
策划：数值策划、执行策划	查看指标数据、汇总数据，用于数据探索，分析游戏玩法； 利用玩家画像、群体画像或玩家级别的数据，更深入地理解游戏和玩家； 更好用的分析工具，如定制需求，或数据可视化； 数据监控、检验，辅助决策
数据科学：数据工程师、数据分析师、算法工程师	数据分析工具，快速反馈业务需求； 方便处理、管理和监控数据的工具； 为算法应用提供配置、效果监控等平台化工具
其他职能，如用户研究员、游戏测评师、QA、营销 / 商务	信息共享，流程协作； 辅助自身岗位工作，例如数据报警、问题清单、测评中心等； 商务合作、游戏测评等流程管理

32.2　数据产品设计

数据产品与公司核心业务强相关，例如搜索引擎、电子商务、社交网络、在线游戏等。业务领域不同，数据产品的设计也会有很大差异。这时我们限定讨论的范围为游戏领域。我们通过指标定义、游戏数据、市场数据和部门协作 4 个部分来阐述数据产品的设计。

数据产品一般从公司自身产品数据入手，逐步扩展至外部市场数据，例如应用商店的榜单，以及不同社交和社区平台的玩家评论等。丰富的市场数据可帮助把握市场趋势，了解自身及竞争对手的产品在市场中的真实表现。实际工作中，数据产品常用作部门及多岗位协作的枢纽，如信息共享、流程协作等。数据产品整体的设计如图 32-1 所示。

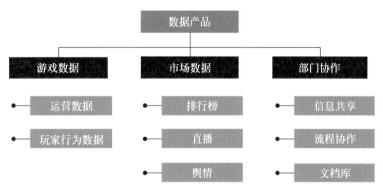

图 32-1　数据产品整体设计

32.2.1　指标定义

整体上我们可以将游戏数据划分为两类：运营数据和玩家行为数据（游戏内数据）。前者刻画产品的市场表现，后者用于描述和分析游戏内玩家行为，它们与游戏类型强相关。

描述运营数据的指标也可分为两类：一类与"人"有关，例如 DAU、新增、ACU/PCU、留存率等；另一类与"钱"有关，例如付费金额、付费次数 / 玩家数、ARPU/ARPPU、LTV 等。查看这些指标往往还需要按某些维度进行细分，例如平台（iOS、Android）、服务器、渠道、国家 /地区等，时间粒度也会区分实时、日、周、月、季等，而描述玩家又可以选用账号、角色或设备等。

运营指标相对固定，可用于游戏间横向对比。而玩家行为数据，则与游戏类型与玩法相关。指标一般为总数、次数、比率等，而常见的维度有类型、ID（物品、玩法）、种族、门派、等级等。也可以根据需要定义特定的指标。

实际上，游戏间的差异很大，所选择的指标定义也有区别。例如《梦幻西游》《大话西游》是时间收费游戏，人均游戏时长、时间收入（来源于点卡）都是重要的指标。VR 游戏 *Raw Data*，由于它特殊的产品和商业模式，在线人数、ARPPU/APRU 这样的指标就意义不大。因此数据产品中，需要根据游戏的实际情况和业务问题，选取合适的算法，或重新定义新指标。

32.2.2　游戏数据产品

游戏数据是游戏数据产品中最重要的内容，不同数据需求场景采用不同的页面设计，以下将分别介绍不同类型的页面。

/ 实时数据

利用实时计算技术，实时呈现游戏最核心的运营指标，如在线、登录、新增、收入等。特别是在游戏刚测试或上线时，可及时了解游戏表现。同时通过实时在线人数曲线，也可以监控服务器是否运行正常、是否需新开服等。

/ 运营报表

运营报表呈现不同维度下的游戏运营指标的趋势，维度包括平台（iOS & Android）、服务器、渠道等，玩家也有账号、角色及设备三种角度。时间上包括日、周、月、季等不同时间粒度的视图，为长期运营的游戏查看月或季趋势提供便利。

/ 专题页面

例如留存、付费、货币流转、服务器负载、新手分析、全球分析、全球设备等众多页面，它们在不同类型的游戏中具备共性。这些页面针对某个具体主题而设，一般有较多的维度选择，可对数据进行分解。具体对问题的多视角分析能力，一

般是数据产品与数据分析师共同设计的结果。

/ 定制页面

数据产品经常要面临游戏间的差异，需要作相应的适配。例如《梦幻西游》《大话西游》两款端游是时间收费游戏，游戏收入有相当部分是时间收费。《我的世界》PC 版是一个 Launcher，它对比一般的手游而言，则无平台或渠道区分。非在线的 VR 游戏则差异更大。当差异很大，或面临个性化的需求时，一般可采用定制页面，它们一般与游戏特色有关，如为棋牌游戏《网易棋牌》定制的牌局分析页面，为 MOBA 游戏《决战！平安京》定制的式神（英雄）分析页面。

/ 页面模板

固定设计的页面不能满足另外一类需求，这类需求往往零碎且与游戏内容强相关。在实际工作流程中，也是游戏策划关心且需平台化的需求（相对于一次性的、临时的需求）。策划向数据分析人员提出需求，而数据分析人员会将问题分解，与数据工程师一起，利用底层数据进行计算得到相应的数据表，最后通过页面模板（配置包括页面类型、维度、指标等）上线数据产品并反馈给策划，快速完成需求。

/ 玩家画像和群体画像

通过指标数据，可以宏观分析游戏，但有时我们也需要深入理解某个具体或某个群体的玩家，与一般的用户画像相似的，利用许多不同类型的"标签"来刻画玩家。这些标签可以是社会学标签，例如性别、年龄、地域、职业等，也可以是基于玩家行为归纳的描述型标签，例如 PVP 玩家、"挂机党"等。通过玩家画像，可以分析某一账号或角色在游戏内行为是否正常，也可以了解某类特定玩家（如大 R 玩家）的典型特征。而群体画像可以看出不同标签的分布，以及标签之间的交叉分析，例如不同国家/地区玩家的玩法和道具消费偏好。

/ 玩家级分析

试想这样的数据探索需求：购买了某一物品的

玩家对参与玩法类型有何偏好？《梦幻西游》中每天抓鬼超过 40 次的玩家付费金额如何？类似这样的需求，通过指标或汇总数据是无法实现的，画像中也仅有刻画玩家的标签，没有相应的指标。数据产品中需要专门设计开发这样的分析工具，可用于玩家粒度数据的筛选、查询与统计，可以交叉分析不同主题（例如交叉物品购买与玩法、交叉社会学标签与玩法等）。玩家级分析数据规模大，分析模式多样复杂，特别是数据探索过程反复，对执行速度有较高要求，对于产品的设计与开发都是不小的挑战。

/ 数据可视化

数据产品中最多的是普通图形与表格，对于某些情况的数据其表现能力有限，这时若可以用适当的可视化技术，往往可以起到一图胜千言的效果。图 32-2 是为沙盒竞技类游戏提供的 "战斗地图分析神器"，在地图上呈现交战、死亡、搏杀等数据的散点图和热力图。图 32-3 为手游界面操作热力图，以直观的方式观察玩家在界面上的操作情况，分析玩家的操作负荷、误操作及操作手感等问题。图 32-4 展示的是操作量 3D 柱形图，方便对比玩家在界面不同区域的操作次数分布。

图 32-2　战斗地图分析神器（网易游戏内部数据产品有数视觉设计稿）

图 32-3　手游界面操作分析 - 热力图（《荒野行动》测试样本）

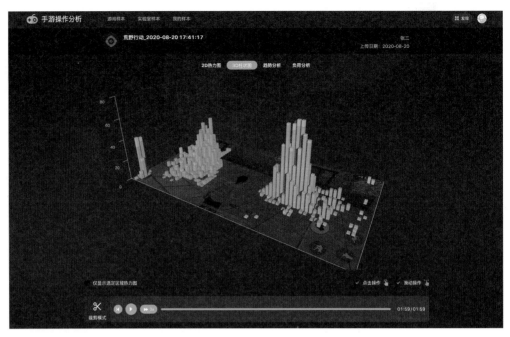

图 32-4　手游界面操作分析 -3D 柱形图（《荒野行动》测试样本）
网易游戏内部数据产品有数 UData Web 视觉设计稿，其中游戏地图、背景、图标等图片元素由《荒野行动》等游戏工作室提供

/ 数据产品 APP

数据产品 APP 为公司高层和产品经理随时随地查看数据提供了便利。一般在 App 上提供实时数据和运营数据，及市场的排行榜数据等。由于手机屏幕大小和打字输入不便等限制，一般不宜在手机端查看大量数据或进行复杂的操作，因此一般不提供玩家行为数据的查看或分析工具。

32.2.3　市场数据产品

数据产品除了公司内部数据外，往往也要囊括游戏市场数据，分析自身和竞品游戏在市场中的表现，以作为内部数据的补充。

32.2.4　部门协作产品

数据产品在实际工作中还常扮演着协作平台的角色。例如游戏关键数据监控与报警，策划需要对玩家的货币消耗产出进行监控，数据工程师根据策划提供的业务规则，利用实时计算技术进行处理和报警判断，数据产品实现推送报警消息、呈现报警详情，以及为 QA 或策划跟进报警流程提供便利。

又如，数据产品还提供信息共享或其他数据的录入、管理与呈现等功能。例如公司内部产品立项、评审、测试、上线等事件的登记维护，供多部门多岗位共享产品信息；或用户研究员记录用研问题清单，策划跟进问题并记录处理情况；或商务发现并登记外部产品，测评工程师提供测评报告，给出是否代理建议等，都可能集成到数据产品中。

32.3 数据服务

数据的价值不局限于数据产品，也可以采用接口或服务的形式，提供给产品本身或第三方使用。更多的数据应用场景，代表着更大的数据价值。

32.3.1 岂止于产品

除数据产品之外，数据即服务（Data as a Service, DaaS）为数据进一步发挥价值提供了更多可能。与软件即服务（Software as a Service, SaaS）、平台即服务 (Platform as a Service, PaaS) 和基础设施即服务（Infrastructure as a Service, IaaS）同为"as a service"家族成员中的一员。数据即服务将基础异构的数据进行整合、处理、挖掘，将数据作为资源，以服务的形式（例如 Web Service）提供出去，实现数据的按需获取。

数据即服务有诸多优势。一是敏捷性，使用者无须关心数据底层的处理逻辑，仅关心业务需求即可，实现业务驱动、松耦合的合作模式。二是成本效益，将数据的收集、处理和整合将平台化，作为通用的统一的底层架构，提高复用率，同时保持为各类需求提供灵活实现的能力。三是高质量，通过服务来控制数据访问，使得只须更新一点所有服务即生效，简化了保证数据一致性的工作，有利于数据质量改进。此外，高并发、高性能、高可用也是数据服务的应有之义。

数据产品是数据服务的自然延伸。在数据产品中，数据被查看与分析，而数据服务则将数据直接作为产品输入，直接作用于业务。对游戏领域就是将数据直接用于游戏或游戏相关的第三方产品。通过数据服务，形成了"产品－数据－产品"的闭环， 极大地缩短了数据与业务的距离。

32.3.2 实践案例

以下实践案例用以说明数据服务的基础模式，但数据服务不仅局限于此，更多有价值的场景等待我们探索和发现。

/ 角色名搜索

社交是游戏玩家的天然需求，在一些游戏中（如沙盒竞技和 MOBA 类游戏）邀请好友一起玩更是玩家最大的乐趣来源。但游戏中添加好友经常不太便利，游戏一般仅提供角色 ID 或角色名完全匹配，由于角色 ID 太长或角色名包含生僻字或火星文，搜索好友常遇到困难。角色名搜索服务改善了这一体验。基于 elastic search 支持模糊匹配搜索，还提供简繁转换、拼音、拼音首字母搜索。利用实时计算，将玩家新建角色的日志，及时将新角色名更新到库中（一般延迟 5~10 秒）。目前该接口已服务《荒野行动》《终结战场》《第五人格》等多款游戏。图 32-5 为《荒野行动》角色名搜索示例。

图 32-5 《荒野行动》角色名搜索

/ 自定义接口

实际工作中有许多个性化的场景，需要自定义的数据接口。例如，为《阴阳师》提供的实时地图接口，可以实时展示全球不同国家 / 地区的在线人数。《天下手游》上线初，为了方便《天下 3》端游老玩家找回曾经的好友（包括游戏内夫妻、师徒、同势力、好友等好友类型），我们提供自定义的网易好友接口，老玩家在手游选择服务器列表时，可以看到不同服务器自己好友的分布，方便选择相应的服务器，找回好友共同游戏。在游戏内好友列表，也会推荐添加原来的好友。类似的接口还有更多，常见的场景是运营推广页面，或游戏内定制的数据需求等。如《大话西游》端游时间机 H5 页面数据接口、《光明大陆》游戏内传奇装备均价接口、《大唐无双手游》游戏内好友召回数据接口、《大神》游戏好友数据接口等。

数据仓库与平台技术 **/31**
Data Warehouse and Platform Architecture

数据产品与数据服务 **/32**
Data Product and Data Service

其他工具与应用 **/33**
Other Tools and Their Application

33 其他工具与应用
Other Tools and Their Application

工欲善其事，必先利其器。除了数据技术和产品外，我们还借助很多自主研发或者外部的自动化测量工具来帮助我们进行具体问题的分析诊断，帮助我们在用户研究中获得更客观准确的数据，数量较多，以下仅列举 3 个工具进行说明。

33.1 玩家操作测量工具

33.1.1 工具使用场景

在日常的游戏战斗测试当中，我们经常会听到类似"这个游戏点得我手指都酸了""界面对手残党很不友好"之类的反馈，这类反馈所指向的游戏问题很可能是游戏操作对玩家造成的负荷过重。但是负荷到底有多重？是哪些方面的问题造成了负荷过重？在哪些关卡中问题更为突出呢？为了更好地量化玩家操作，我们开发了涵盖 PC 端和手游端的玩家操作测量工具，以辅助用研人员快速定位问题。

33.1.2 工具作用与效果

用研人员组织实验室测试，邀请玩家体验游戏，工具将自动收集玩家操作记录。只需调节好相关参数，工具便可以直接输出包括操作类型、点击频数、移动距离、操作位置等指标在内的数据，并自动生成可视化图表。图 33-1 为《荒野行动》可视化图标参考。

对于具体产品，用研人员通过使用该工具实现：

（1）选取点击频率、滑动频率、滑动距离等数据指标，追踪玩家的操作；

（2）从时间趋势、左右手对比（图 33-2）等维度对上述的指标数据展开分析，并结合玩家体验回放，诊断出游戏在体验节奏、关卡难度等游戏设计方面存在的问题点；

（3）通过界面操作热力图了解界面各个 UI 控件的使用情况，计算控件的误触概率，从而甄别 UI 布局、控件尺寸等 UI 界面方面的问题点。

更进一步的，用研人员还可以通过使用该工具实现跨产品、跨阶段、跨具体游戏内容（例如副本、角色等）的数据对比，从而获取指标的标准参考区间。这对产品建立设计标准以及诊断体验问题都具有重要的作用。

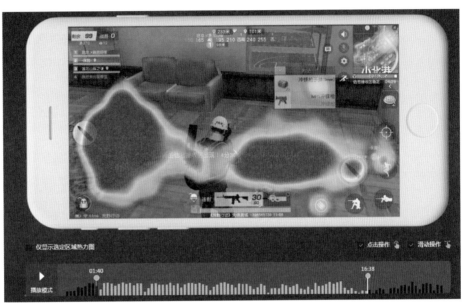

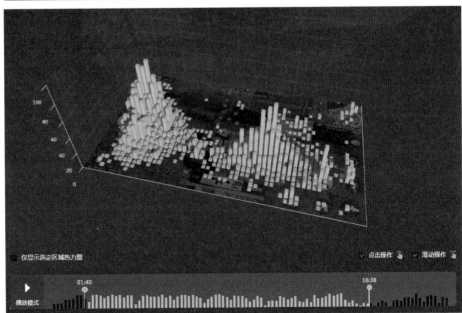

图 33-1   《荒野行动》使用操作量统计工具的操作量数据图

图 33-2　单局左右手操作数据对比

33.1.3　案例介绍：游戏前期体验节奏分析

以一个端游的研究项目为例，在该项目中我们通过前期的实验室观察及玩家访谈了解到，不少玩家在游戏前期的体验中存在"惊慌失措"（狂点鼠标）的情形以及"玩起来好累"之类的反馈。为了明确问题所在，我们借助了玩家操作测量工具进行了竞品对比分析。

参考图 33-3，通过与同类优秀竞品前期操作量的对比，我们可以明显看出本品在"游戏节奏"上的问题。本品游戏在前期的鼠标点击一直处于高频状态，说明玩家一直处于比较紧张的战斗操作之中。回归到游戏的实际体验，玩家在进入游戏后一直处于"剧情＋战斗"的连续链条之中；加上怪物的主动攻击机制，使得玩家并没有足够的时间探索，休整调整技能和装备。而适当的休整能使玩家在心理上获得"安全感"，当前的设计显然会让新手玩家感到紧张，进而产生"累"的感受。

反观优秀竞品，在节奏设计上更胜一筹，能够让玩家得到"松弛有度"的体验。通过上述的问题定位，我们有效推动了产品在前期新手体验设计以及怪物的 AI 机制上的优化。"游戏节奏"的问题，倘若单纯地看任务流失、地图流失一类的数据，或者仅凭玩家的反馈往往是难以判断问题症结所在的，操作量测量为我们提供了另外一个切入、定位问题的角度。

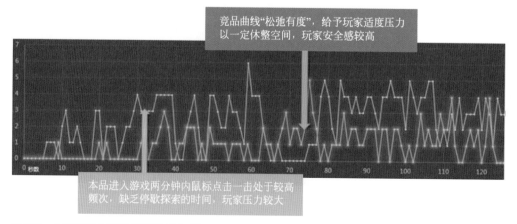

图 33-3　本品与竞品前期操作量随时间变化对比图

33.2   逐帧解析工具

游戏中小到一个人物动作，大到一段剧情表演，本质上是由一帧一帧的动画所构成。每秒钟屏幕中可以发生很多的事情，单靠肉眼难以准确分辨。当这些动画存在某些不协调之处，或者与玩家操作的心理预期不符合时，就会引起玩家的某种不良感受——"感觉怪怪的，但说不出哪里不对"。我们需要更精确地了解玩家所遇到的情境，以便定位问题所在，此时逐帧分析就可以发挥其作用。

33.2.2   工具作用与效果

研究人员通过录制玩家体验的视频，截取可能存在问题的片段，通过工具进行逐帧解析，从而得到完整的帧序列图。通过与时间节点及玩家的操作记录进行匹配，我们可以精确地了解到玩家在该节点所遭遇的情境，从而判断问题症结所在。图33-4是通过逐帧分析将角色动作进行抽象提取，与竞品进行对比分析。

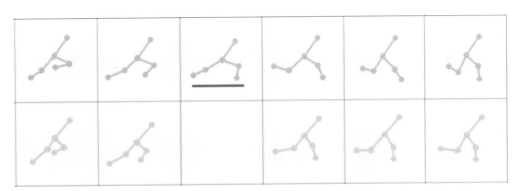

图 33-4   对某游戏人物的跑步动作进行逐帧分解

33.2.3   案例介绍：角色招式动作逐帧分析

在对某即时制动作向游戏的测试中，我们收到不少目标玩家的舆论反馈，提出某些角色动作"战斗出招很慢""动作不流畅"。问卷的定量数据也验证了目标玩家对此感受的强烈反应，产品希望进一步了解造成"慢"的具体原因。

根据经验，用研人员首先查看了帧率、网络延迟状态等方面的数据表现，发现并未出现异常的节点，排除了由于性能原因所造成的卡顿或延迟。我们判断，问题很可能出在战斗技能招式设计本身。故采用逐帧分析的手段（图33-5），对角色动作进行了还原。

通过与标杆产品的对比发现，该产品的角色招式普遍前摇较长，且在释放过程中无法通过闪避或其他招式进行打断，玩家只能看着动作做完，才能进行下一步的动作。从玩家的操作心理分析，只有当玩家的操作输入与角色做出的动作反应足够及时，玩家才会有"行云流水"一般的操作体验；反之，则会出现"慢""不流畅"之类的不良感受。

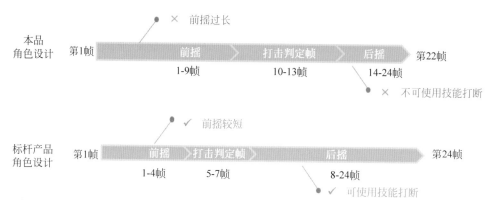

图 33-5 角色出招动作逐帧分析对比图

上述案例在玩家反馈的基础上，通过逐帧分析的方式定位问题症结，有效推动了产品对角色动作设计的更新，提高了目标动作向玩家的感受。

33.3 交互实验工具

33.3.1 工具使用场景

比较理想的情况下我们希望游戏开发的每个环节都能做多套原型方案，通过测试来筛选出最优的设计，但是实际操作中迫于开发进度压力等客观条件限制，我们可能只能做一套方案。这个时候可以通过做一些简单的交互原型来模拟，虽然效果上不如实机环境，但是总要比凭空去向被测讲述概念要更可靠。

交互测量的另外一个用处，是为某些主观数据难以衡量的研究课题，提供客观的数据支撑。比如要衡量一个玩家的操作水平，如果直接采用问卷量表由玩家自报的形式，会出现"我就是大神"的自我抬高偏差。而通过交互实验，被测在未被告知真实测试目的的情况下，得到的数据相对更为可靠。

33.3.2　工具作用与效果

用研人员进行实验设计，包括实验流程、交互方式、刺激物呈现形式、执行流程等，并使用工具编写实验脚本。程序自动记录被测行为，采集得到的数据为反应时间、准确率等客观行为数据，减少主观因素干扰如图 33-6 所示。通过实验辅助支撑交互方案的对比、交互规律的探索以及交互规范的制定。

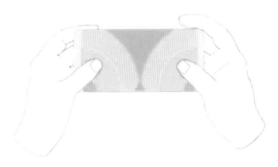

图 33-6　横屏双手操作效率热区图

33.3.3　案例介绍：图标辨识实验

我们借助交互测量工具对游戏图标的辨识度进行了客观的测量。好的图标不仅要好看美观，而且还需要有较高的辨识度，能够提高玩家信息加工的效率。

在这个实验中（图 33-7），被测图标被设定以一定的概率和随机的顺序在屏幕上呈现，被测需要以最快的速度搜索目标并做出按键反应，程序自动记录被测所用的时间（精确到毫秒）以及准确率。

通过对比备选图标的识别效率来衡量图标的辨识度，再结合美观度、匹配度等主观维度，对图标进行综合评估。

平均图标辨识时间(毫秒)

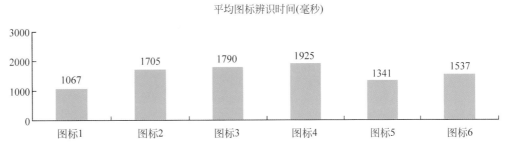

图 33-7　备选图标辨识效率对比

最后，工具只是提供了便利性，更重要的在用研工作中，我们应当不懈追求更敏捷的效率、更细致的颗粒度、更精准的问题定位以及更有效的落地。

AFTERWORD-
CASE STUDY

后记——案例研究

在今天，在互联网行业，尤其在游戏领域，用户体验已经不再是一个陌生的词，而我们公司的游戏开发一直秉承着"直面真实用户、满足用户需求"的开发理念。在前面几章我们介绍了很多保障用户体验的理论和方法，在本书的最后，我们聊聊这些方法工具是如何在游戏开发运营中应用的，如何保障在实践中"关注用户体验"。

除了我们每天在用户实验室里和真实玩家进行沟通、在问卷里收集玩家意见、在电话里和玩家进行沟通外，我们也更多地走到外面去，深入到玩家的生活里。在中国境内，我们的足迹可以说已经踏遍了各个角落：往西走，我们进入拉萨，与当地藏民深入交流，了解他们对于游戏中所出现的民风民俗的看法；在辽宁，我们结识了因为身患重病、只能在我们的游戏里重新感受真实世界的特殊玩家；在湖南，一个职高女孩告诉我们她希望成为一个设计师，但无奈于现实，她只能顺从父母意愿从事幼师职业，所以现在她真正的梦想只能在游戏中实现了；而在广州、杭州两地，我们还会每个月组织小规模的街头调研，验证我们每一款产品是否符合玩家的需求。在国外，我们也频繁去到美国、日本、泰国等国家，针对本地化问题、玩法体验需求等多维度问题进行深入研究。我们面对面接触的玩家每年超过十万人，这里面年龄最大的玩家超过了60岁、最小的玩家还不到10岁。之所以要接触这么多不同的玩家，是因为我们知道每个玩家都是鲜活的。

不过，很多时候要制作一款面向茫茫市场的游戏产品时，我们一开始并不知道究竟有哪些玩家会接触到哪一款游戏。那么如何才能照顾到每一个玩家的体验呢？每个游戏产品在决定开发前，就会有自己的定位，通常是由产品经理、策划等人共同讨论、决定的。以志怪为题材，真的有人会对这个题材的游戏感兴趣吗？如果有，他们是谁？他们在哪里？这些问题回答得越早，对游戏的帮助越大。游戏市场其实是一个万花筒，从不同角度看会发现不同的玩家：有的玩家会说"我要把所有可爱的神仙鬼怪都

收集起来"；有的玩家会希望体验自己制服鬼怪的过程；有的玩家会说"我想要看一个感人的神仙故事"；还有的玩家会说"我想要跟朋友一起去救助落难的仙兽"……玩游戏的目的不同，从中偏好的乐趣不同，从而衍生出来的需求也不同，越早对目标玩家进行拆分，就能越好地解决不同玩家在意的体验问题。大家熟知的《神都夜行录》是在调研了不同圈子的玩家后，才深刻认识到原来对于"妖怪"，不同类型的玩家会因为自己一直以来所接受的不同价值观、文化、作品的熏陶，从而展现出各不相同的立场。当时我们在一个传道QQ群里结交了一位"道长"，这位道长其实只是一位18岁的高中生，但因为他逢人便自称是道门中人、常在北京白云观的道术通真QQ群与道友交谈一二，甚至还参加过群里举办的静宸道长讲文始经活动，所以大家都尊称他一声"道长"。道长生平有两大嗜好，一是论道，二就是痴迷游戏——《天下》《镇魔曲》他都玩得很溜，在《王者荣耀》里也是位钻石玩家。作为道家子弟，他本来就对中国的妖怪作品略知一二，他是这么总结妖怪的："妖非妖，魔非魔，人非人，道非道。当一个人，心存恶念，绝对比妖魔可怕。当一个妖，心中有了善念，比菩提还要温暖。"而另一位特别沉迷日式二次元的萌妹子则是因为一些取材于日本的神话和鬼怪故事——比如《夏目友人帐》《虫师》，才对妖怪略知一二的。在她眼中，所谓降妖题材不应该是单纯的打打杀杀或者是捉妖，更美好的应该是能更进一步去挖掘妖怪和人之间的情感羁绊。还有更多不同玩家的态度这里不一一列举，但正是看到了他们每个人对"妖怪"的不同态度，我们的开发团队才意识到，其实求同存异才是妖怪世界观下的核心理念，进而提炼出了"世间妖怪，皆有温度"这一最终的、核心的游戏概念。而我们另一款成功的游戏《阴阳师》，也是在开发初期就明晰了目标用户后，才推动了后续所有开发都紧紧围绕着目标用户需求的合理优化，从游戏内容制作到营销、运营，都不断向增强代入感、强化收集体验的方向发展。

在《荒野行动》公测的第一周，我们在对舆情的监控过程中发现，无论是新玩家还是老玩家，都对我们的物资拾取颇有微词，用玩家的话说，就是我们游戏的拾取体验看上去有点"弱智"，不仅不能让玩家顺利实现拾取操作，还会增加玩家的错误和无效操作。当时，我们提出了第一版修改方案，重点是让玩家的拾取操作变得流畅。但是很快地我们发现这并没有彻底解决"弱智"的问题。小刘是我们当时进行一场新手测试邀请来的玩家，他是第一次玩《荒野行动》，我们的研究同学发现他虽然听说过 AK-47、M4A1 这些名声在外的枪，但他压根不知道这两把步枪要用不同型号的子弹！于是类似这样的对话经常出现："你刚刚捡的子弹都是给 AK 用的，但是你现在没有 AK，你手上拿的枪是 M4，你得找一些 5.56 的子弹。"我们的研究同学是这样耐心地告诉小刘。"5.56 的子弹是什么？在哪里有？那我换一把枪是不是更好？"小刘一头雾水地反问。"我怎么捡不了东西了？"小刘的背包里塞满枪托、燃油、绷带，此时他在游戏里的角色身边有一瓶饮料，他很想捡起来，因为刚才我们的研究同学提示过饮料的用途。老王是另一名受到我们邀请来参加测试的玩家，他经常逛手游论坛，早就玩过一些以射击为核心体验的游戏了，因此很快就对《荒野行动》的操作了然于心。但是对于拾取的问题他也同样很困扰："很烦的是我明明穿着二级甲了，还是会提示我一级甲的存在，一不小心就点错了。"显然，不同玩家的差异需求是难以用一套写死的对策来满足的，我们需要的是做个性化推荐，这样才能真正地照顾到每个玩家的体验、量体裁衣。

游戏的世界观、基础体验可以通过不断地与玩家交流、多次反复的玩家调研，最终打造出更好的游戏体验，对游戏设计者和我们来说，更多考验的是我们的功夫和能力。但有一类体验，涉及面广、对玩家重要性高，除了考验我们的功夫和能力外，更需要我们对游戏设计初衷、游戏社会价值、游戏对更广大玩家的影响进行思考，这就是游戏的付费体验。

在手游时代，游戏玩家数量级增长，涌入了更多非端游玩家、年轻群体、三四线城市的玩家，和端游玩家比，人群更为复杂。2018 年我们走访了 13 个省，32 个不同的乡镇，与玩家进行了几千次的面对面沟通访谈。很多玩家都在访谈中提到一些由于付费所带来的负面感受。比如，有些游戏体验内容做了限制，仅对排行榜前 10% 的玩家开放某些特定玩法，而广大普通玩家没有办法接触到。再比如玩家缺少某武器而组不到队伍，或者好不容易组到队伍又被其他玩家嫌弃或踢出队伍，而该武器仅能通过付费获得，且该武器没有其他替代品，这就给普通玩家非常不好的游戏感受了，他既无法正常地体验游戏内容，又得不到正常的社交体验。

有时不公平不仅仅存在于花钱和不花钱的玩家之间，因为在做付费设计时缺乏更全面的考虑，对于愿意在游戏中投入一定金钱的玩家也会带来不公平的付费感受。在韶关调研时，访谈到的阿波（化名）跟我们抱怨了很久他前段时间正在玩的手游。那是一个他喜欢的电视剧 IP 的同名手游，所以他就和朋友一起去玩，他朋友一开始就充了 648，而他觉得想先看看好不好玩，再决定要不要充钱。结果当天打排行榜的时候，他朋友就上了排行榜前三，获得了非常核心的材料，这些材料其他地方没有办法获得，他朋友使用这些材料使得自己的战力再上一个台阶，阿波当天是排行榜前五百。阿波觉得差距有点大，所以第二天也充了钱，但是他朋友因为第一天所获得的优势却再也无法被撼动，他先付费所产生的收益不断地在滚雪球，而阿波也从此止步在三十之外，被他朋友一路碾压，且彼此的差距越来越大。

公司在后续的新产品立项上都特别重视付费体系的公平性，禁止数值膨胀道具，并尽可能给玩家打造绿色体验的游戏环境。未来，游戏市场可能还会出现新的变化，只要我们心系用户体验、用游戏给玩家传递快乐，我们就能守住初心、回到元点。